高等学校城市地下空间工程专业规划教材

地下工程施工

张　彬　刘艳军　李德海　主编

人民交通出版社股份有限公司

北京

内 容 提 要

本教材系统论述了城市地下空间的施工技术、施工方法及施工组织与管理,重点论述了特殊水文地质条件下地下水患的治理方法。全书分为七章,主要包括:绪论、地下工程掘进技术、地下工程支护技术、浅埋地下工程施工方法、盾构技术、地下工程水防治技术、地下工程施工组织与管理等。

本书除作为城市地下空间工程、道桥与渡河工程、地下建筑工程专业的教材用书外,亦可作为从事上述相关专业工程技术人员的技术参考书。

图书在版编目(CIP)数据

地下工程施工 / 张彬,刘艳军,李德海主编. —北京:人民交通出版社股份有限公司,2017.1
高等学校城市地下空间工程专业规划教材
ISBN 978-7-114-13372-5

Ⅰ. ①地… Ⅱ. ①张… ②刘… ③李… Ⅲ. ①地下工程—工程施工—高等学校—教材 Ⅳ. ①TU94

中国版本图书馆 CIP 数据核字(2016)第 237336 号

高等学校城市地下空间工程专业规划教材
书　　名:地下工程施工
著 作 者:张　彬　刘艳军　李德海
责任编辑:张征宇　赵瑞琴
出版发行:人民交通出版社股份有限公司
地　　址:(100011)北京市朝阳区安定门外外馆斜街 3 号
网　　址:http://www.ccpcl.com.cn
销售电话:(010)59757973
总 经 销:人民交通出版社股份有限公司发行部
经　　销:各地新华书店
印　　刷:北京建宏印刷有限公司
开　　本:787×1092　1/16
印　　张:15.75
字　　数:372 千
版　　次:2017 年 1 月　第 1 版
印　　次:2022 年 6 月　第 2 次印刷
书　　号:ISBN 978-7-114-13372-5
印　　数:3001—3500 册
定　　价:36.00 元
(有印刷、装订质量问题的图书由本公司负责调换)

高等学校城市地下空间工程专业规划教材

编 委 会

序　言

近年来，我国城市建设以前所未有的速度加快发展，规模不断扩大，人口急剧膨胀，不同程度地出现了建设用地紧张、生存空间拥挤、交通阻塞、基础设施落后等问题，城市可持续发展问题突出。开发利用城市地下空间，不但能为市民提供创业、居住环境，同时也能提供公共服务设施，可极大地缓解城市交通、行车、购物等困难。

为适应城市地下空间工程的发展，2012年9月，教育部颁布了《普通高等学校本科专业目录》(以下简称专业目录)，专业目录里将城市地下空间工程专业列为特设专业。目前国内已有数十所高校设置了城市地下空间工程专业并招生，而在这个前所未有的发展时期，城市地下空间工程专业系列教材的建设明显滞后，一些已出版的教材与学生实际需求存在较大差距，部分教材未能反映最新的规范或标准，也没有形成体系。为满足高校和社会对于城市地下空间工程专业教材的多层次要求，人民交通出版社股份有限公司组织了全国10余所高等学校编写"高等学校城市地下空间工程专业规划教材"，并于2013年4月召开了第一次编写工作会议，确定了教材编写的总体思路，于2014年4月召开了第二次编写工作会议，全面审定了各门教材的编写大纲。在编者和出版社的共同努力下，目前这套规划教材陆续出版。

这套教材包括《地下工程概论》《地铁与轻轨工程》《岩体力学》《地下结构设计》《基坑与边坡工程》《岩土工程勘察》《隧道工程》《地下工程施工》《地下工程监测与检测技术》《地下空间规划设计》《地下工程概预算》等11门课程，涵盖了城市地下空间工程专业的主要专业核心课程。该套教材的编写原则是"厚基础、重能力、求创新，以培养应用型人才为主"，体现出"重应用"及"加强创新能力和工程素质培养"的特色，充分考虑知识体系的完整性、准确性、正确性和适用性，强调结合新规范、增大例题、图解等内容的比例，做到通俗易懂，图文并茂。

为方便教师的教学和学生的自学，本套教材配有多媒体教学课件，课件中除教学内容外，还有施工现场录像、图片、动画等内容，以增加学生的感性认识。

反映城市地下空间工程领域的最新研究成果、最新的标准或规范，体现教材的系统性、完整性和应用性，是本套教材所力求达到的目标。在各高校及所有编审人员的共同努力下，城市地下空间工程专业系列规划教材的出版，必将为我国高等学校城市地下工程专业建设起到重要的促进作用。

高等学校城市地下空间工程专业规划教材编审委员会

人民交通出版社股份有限公司

前　言

　　城市地下空间是指在城市地面以下由长度、宽度及高度所给出的空间。随着城市化进程的加快,城市地下空间开发利用已经成为提高城市容量、缓解城市交通、改善城市环境的重要手段,是实现建设资源节约型、环境优良型城市的重要途径之一。城市地下空间的种类很多,诸如地下仓库、地下铁路、共同沟、地下停车场、地下商业街、深基坑等等。城市地下空间施工是地下工程施工的一种,与其他地下工程施工相比,其施工特点是:受地面建筑及城市基础设施约制;直接影响地面交通、生产与生活;土体松软,土体维护困难;受地下水、地下管线影响较大。本书旨在使读者通过学习和研讨,熟悉并掌握城市地下空间建设所进行的挖掘(进)、支护及相应的技术管理工作。地下建筑施工方法很多,但有其共同的特点,均包含两大基本操作,即掘进(开挖)和支护(衬砌)。本书重点论述地下工程施工的基本技术、软土施工技术、地下水处理技术及施工组织与管理等。

　　本书以我国最新出版的有关技术标准和规范为依据,力争反映地下建筑施工技术最新的科学技术成就。在编写过程中,吸收国内外成功的经验及最新的科研成果,应用成熟的理论和方法,注重理论与实践的有机结合,突出实用性,使读者对地下建筑施工技术有比较全面的了解。

　　为帮助师生对《地下工程施工》进行更加深入和立体学习,我们针对本书的特点,制作了部分大型施工工艺辅助视频(书中的二维码),以增加学生的感性认识,实现课堂教学与施工现场"零"贴近。

　　本书共分七章,张彬、刘艳军、李德海为主编,赵文华、金佳旭、张晓帆为副主编,全书由张彬统稿。编写分工为:张彬(辽宁工程技术大学)第一章、第六章(部分内容);刘艳军(南京林业大学)第四章、第五章;李德海(黑龙江工程学院)第七章;赵文华(辽宁工程技术大学)第二章;金佳旭(辽宁工程技术大学)第三章;张晓帆(山东商务职业学院)第六章(部分内容);顾云(阜新市交通局)参与了本书部分章节的编写工作。王亮(北京建筑大学)提供了施工动画视频。

　　书中难免有错误或不当之处,恳请有关院校师生及读者批评指正,以便修改完善。

编　者

2016 年 5 月

目　　录

第一章 绪 论

第一节 概 述

一、地下工程分类

地下工程是一个较为广阔的范畴。它泛指修建在地面以下岩层或土层中的各种工程空间与设施,是地层中所建工程的总称。通常包括矿山井巷工程、城市地铁隧道工程、水工隧洞工程、交通山岭隧道工程、水电地下洞室工程、地下空间工程、军事国防工程、建筑基坑工程。

地下工程有许多分类方法:可按使用性质分类、按周围围岩介质分类、按设计施工方法分类、按建筑材料和断面构造形式分类,也有按其重要程度、防护等级、抗震等级等分类的。

1. 按使用功能分类

地下工程按使用功能依次可分为交通工程、市政管道工程、地下工业建筑、地下民用建筑、地下军事工程、地下仓储工程、地下娱乐体育设施等。

可以按其用途及功能再分类如下:

(1)地下交通工程:地下铁道、隧道、过街人行道、海(江、河、湖)底隧道等。

(2)地下市政管道工程:地下给排水管道、通信、电缆、供热、供气管道,将上述管道汇集到一起的共同沟。

(3)地下工业建筑:地下核电站、水电站厂房、地下车间、地下厂房、地下垃圾焚烧厂等。

(4)地下民用建筑:地下商业街、地下商场、地下停车场等。

(5)地下军事工程:人防工程、地下军用品仓库、地下战斗工事等。

2. 按四周围岩介质分类

可以把地下工程分为软土地下工程、硬土地下工程、水下或悬浮工程;按照地下工程所处围岩介质的覆盖层厚度,又分为深埋、浅埋、中埋等不同埋深地下工程。

3. 按施工方法分类

地下工程常分为:浅埋明挖法地下工程、盖挖逆作法地下工程、矿山法隧道、盾构法隧道、顶管法隧道、沉管法隧道、沉井基础工程等。

4. 结构形式分类

地下建筑和地面建筑结合在一起的常称为附建式,独立修建的地下工程称为单建式。地下工程结构形式可以分为隧道形式,横断面尺寸远小于纵向长度尺寸,即廊道式。平面布局上也可以构成棋盘式或者如地面房间布置,可以为单跨、多跨,也可以单层或多层,通常的浅埋地下结构为多跨多层框架结构。地下工程横断面可根据所处部位地质条件和使用要求,选用不

同的形状,最常见的有圆形、马蹄形、直墙拱形、曲墙拱形、落地拱、联拱、穹顶直墙等。

5. 按衬砌结构材料分类

衬砌结构材料主要有砖、石、砌块混凝土、钢筋混凝土、钢轨、锚杆、喷射混凝土、铸铁、钢纤维混凝土、聚合物钢纤维混凝土等。

二、地下工程性质

地下工程是规划、勘测设计、施工、管理、维修的综合性应用科学技术,是土木建筑工程的一个分支。地下工程的规划、设计与施工需要运用工程测量、岩石力学、工程力学、工程设计、建筑材料、建筑结构、建筑设备、工程机械、技术经济及管理科学等学科门类,也需计算机应用及工程测试方面的技术知识。因此地下工程是一门涉及范围广泛的综合性学科。

由于受地质、水文地质条件的影响及作业空间与环境的限制,地下工程施工与地面工程施工相比,前者复杂多变、工程难度大、成本高、工期长,在特殊的地质与水文地质条件下显现得更为突出。

地下建筑工程具有显著的不同于地面建筑的特征:

(1)有良好的热稳定性和密闭性。

(2)具有良好的抗灾和防护性能。

(3)具有很好的社会效益和环境效益。

(4)地下工程施工困难,工期一般较长,一次性投资较高。

(5)使用时须充分考虑人的心理状况。

(6)对通风干燥要求较高。

三、地下工程施工特点

根据地下工程的特殊性,地下工程的施工作业和地面工程的施工作业具有一定的差异,主要表现在施工环境条件差、施工工艺复杂、施工监测全面、施工危险性大,可以从以下四个方面来把握。

1. 地下工程基本作业

基本作业=开挖+支护+内衬砌。

(1)开挖方法选择的考虑因素。

(2)地下工程开挖方法。

(3)隧道开挖方法。

(4)支护与内衬砌技术。

为确保地下工程开挖的安全,必须对其进行支护。一般分临时支护与永久支护两大类。形式上有木支撑、格栅支架、钢支架、锚杆、喷射混凝土及其组合支护。内衬砌技术,一般有现浇混凝土与预制混凝土两大类。

2. 辅助作业

地下工程辅助作业是配合基本作业的必需环节,一般包括:风、水、电的设计、安装与供给;施工场地的规划与布置;出渣运输计划与设备配置等。

3. 环境监控

主要研究解决施工过程中的安全问题及其对周围环境的影响,如洞室开挖位移过大引起塌方、支护结构位移太大引起结构失稳与倾斜、地表沉陷过大对地面建筑或设施造成破坏甚至倒塌事故、地下水控制等。

主要技术手段是量测监控,发现异常情况应及时通报,并采取相应的加固措施(辅助施工手段),更改施工方案。

4. 施工管理

科学施工组织与管理是保障安全施工和高质量完成建设目标的前提。主要途径有:编制科学合理的施工组织设计;加强施工现场的监督与指导;充分协调现场施工管理部门与监理机构的关系;搞好施工过程的四大控制,即质量控制、进度控制、成本控制及安全控制,使四大控制点相互约束相互协调,以期达到工程施工在保证安全的前提下,高质量、低成本、最短的工期内完成。

第二节 地下工程简介

一、城市地下工程

城市地下空间利用是城市发展到一定阶段而产生的客观要求。同时,城市所在地自然地理环境和地缘政治对其开发利用地下空间的动因、重点、规模、强度等都有一定影响。这些因素构成地下空间发展的背景和条件。例如,日本经济虽然发达,但国土狭小,人口众多,资源短缺,城市空间非常拥挤,因而在 20 世纪 50 ~ 80 年代,日本结合城市改造进行立体化的再开发,大量开发利用了城市地下空间。一些西欧和东欧国家在 20 世纪后半叶的冷战时期,为了防止在欧洲和两大阵营之间可能发生的大规模战争中受到袭击或波及,曾一度大规模修建地下民防工程,并成为这些国家城市空间利用的主体。瑞典等北欧国家缺少能源,故利用优越的地质条件,大量建造各类地下储油库,建立国家的石油战略储备,同时还在地下空间中储存热能、冷能、机械能、电能等多种能源。加拿大冬季漫长,气候寒冷,冰雪给城市生活造成很大不便,因此各大城市在建地下铁路的同时,大量建造地下步行街,进而形成大面积的地下商业街。

目前,城市地下空间开发利用的功能,几乎涉及城市功能的全部,但从整体而言,根据功能,城市地下工程可分为以下几类。

1. 地下交通设施

利用地下空间建设各种地下交通设施,是世界各大城市解决城市交通问题的重要手段。目前,地下交通设施不仅包括地下车库等城市的静态交通设施,而且还包括地下道路、地下立交、地下步行系统、地铁等快速轨道交通设施、大型的地下换乘枢纽以及其他的城市动态交通设施。地下交通设施是现代城市地下空间开发利用的主要功能类型之一。

2. 地下市政设施

市政设施是城市基础设施的重要组成部分,也是城市地下空间开发利用的重要内容,除传

统的市政管线外,地下市政设施还包括共同沟、地下污水泵站、地下变电站、地下水库以及地下垃圾回收与处理设施、地下污水处理厂等设施。

3. 城市防灾设施

随着城市化水平的不断提高,城市的地位与作用越来越重要,所以城市防灾设施就成为城市可持续发展的重要领域,并成为城市化建设的重要内容。除利用地下空间建设城市的防空工程体系外,一些发达国家还利用地下空间建设了城市防洪、抗震等各种防灾设施,并在城市的防灾减灾过程中发挥了重要作用。

4. 地下公共空间

科学技术水平的不断提高和经济的不断发展,使地下空间开发利用的功能也不断扩大,其中最显著的是各种城市公共空间向地下不断发展,如地下商城、地下综合体、地下图书馆、地下试验室、地下体育馆、地下医院等,地下公共空间是城市地下空间开发利用的方向之一。

5. 其他地下设施

其他地下设施,如城市中的各种危险品仓库、粮库等各种仓储设施等,也是现代城市地下空间开发利用的重要内容。

二、矿山地下工程

矿山地下工程主要以巷道为主,包括巷道的设计、掘进以及支护。其中,主要考虑的是巷道的围压,即巷道的顶压、侧压及底压。

1. 地压的概念

开巷后围岩将发生变形、移动弯曲、裂缝、掉渣等一系列变化,这种现象叫作地压现象。未经掘进或回采工作破坏的岩层,其中任何一处的岩石都受到上下、左右、前后岩石的挤压。如果岩石不再受其他外力的干扰时不会发生变形和移动、也不会破坏的、这种静止不动的状态,就叫作岩石的平衡状态。在岩层中开掘了巷道时情况就发生了变化,将使岩石发生形状的改变和位置的移动。

为了使巷道保持一定的断面形状和大小,需要阻止巷道围岩发生变形和破坏。有的围岩本身的强度就可以抵抗这种变形的发生。当围岩强度不够时,就要在巷道中设置支架。

地压的大小,是随巷道围岩的性质、巷道形状大小、开巷后的时间长短等因素变化而变化,在矿山设计和生产实践中,研究和掌握巷道地压现象及规律,对合理设计巷道支护方法、保证安全生产、节约国家资源,具有重要意义。矿山生产中,常常由于巷道布置和支架结构不合理,使巷道维护十分困难,支架需要经常翻修,有时支架的承载力不够,支架被破坏,影响正常生产,甚至发生冒顶事故。有时支架承载力过大,超出实际需要,因而浪费支架材料和费用。这些现象的发生,主要是由于未能掌握各种情况下巷道地压规律所致。由此可见,研究巷道地压是十分必要的,其目的在于:一是选择合理的巷道断面形状和尺寸;二是合理地设计和改善支架结构形式和尺寸;三是合理选择巷道布置位置,改善巷道维护条件。

2. 巷道的维护方法

从长期的生产实践中,人们找到多种维护巷道的方法。

（1）合理地选择巷井位置和断面形状。服务年限较长的巷道，应布置在较坚固的岩层中，尽量避开不利的地质条件，如含水层过大的岩层、断层破碎带等。也可以把巷道开成拱形，以降低支架的压力。

（2）在巷道内架设支架。这是过去应用最广泛的一种方法。支架的作用，一方面可以阻止围岩的变形和破坏的发生，另一方面可以承托破碎了的岩石，防止塌落。

（3）尽量防止由于掘巷而破坏围岩的稳定性。如利用喷浆法加固围岩并防止风化，利用锚杆加固围岩，或采取其他加固围岩的措施。

支护方法要根据当地的具体条件合理选择，充分考虑地质条件、矿山压力、支护材料来源和技术水平等因素，确定采用技术上可行、经济上合理的支护方法。

三、隧道工程

1. 隧道概述

对于洞道式地下工程，不同的行业有不同的称谓，公路及铁路部门称为隧道，在矿山称为巷道，水利水电部门称之为隧洞，而军事部门则称为坑道或地道，在市政工程中又叫通道或地道。隧道通常是指修筑在地下或山体内部，两端有出入口，供车辆行人等通过的通道。大部分隧道的设置以交通运输为主要目的，如交通运输方面的铁路、公路和人行隧道、城市地下铁道隧道、海底及水底隧道等。

2. 隧道的种类

隧道的种类很多，有多种分类方法，例如依据隧道所穿过岩土的性质可分为岩石（硬土）隧道和土质（软土）隧道；依据隧道的位置可分为山岭隧道、城市隧道和水底隧道；依据隧道的埋置深度可分为浅埋隧道和深埋隧道。

上述分类方法的实际应用不多，通常依据隧道的用途进行分类。

1）交通隧道

交通隧道作为运输孔道，是克服平面障碍、充分利用城市地下空间的重要手段。依据其作用的不同可分为下列几种隧道形式：铁路隧道、公路隧道、水底隧道、城市地下铁路（简称地铁）、航运隧道、人行地道。

2）水工隧道

水工隧道是水利枢纽工程的一个重要组成部分，包括：引水隧道、尾水隧道、导流（或泄洪）隧道及排砂隧道等。

3）市政隧道

市政隧道是指安置各种市政设施的各种孔洞，也称地下孔道。常见的市政隧道有：给水隧道、污水排放隧道、管路（煤气、暖气、热水等）隧道、线路（动力电缆和通信电缆）隧道等。如果将上述各类隧道合并为一个大型的综合隧道，则称其为"共同沟"。另外，人防工程中的隧道工程也属市政隧道范畴。

4）矿山隧道

矿山隧道也称矿山井巷，它是地下开采、运输、通风、排水等各类孔洞的总称。矿山隧道是一个庞大的、复杂的系统工程，工期长、施工难度大，最大埋深可达千米以上。

矿山隧道一般由井筒(立井、斜井或平洞)、平巷和各类洞室所组成,开拓系统见图1-1。

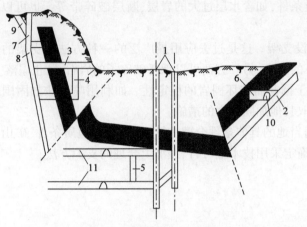

图 1-1　矿山井巷开拓系统图

1-立井;2-斜井;3-平洞;4-暗井;5-溜井;6-煤门;7-上山;8-下山;9-风井;10-岩石平巷;11-运输大巷

第三节　地下工程施工新进展

一、地下工程施工技术沿革

地下工程应用可追溯至4000多年前,公元前2200年就出现了巴比伦河底隧道,公元前200年出现了罗马地下输水道及储水池。近代由于工业革命推动了社会的发展,1863年,英国采用明挖法在首都伦敦建成了第一条地铁。1867年,美国在纽约也建成了第一条地铁。随后世界上多个国家相继修建了地铁,到了20世纪30年代,日本开始发展以地下交通为基础的地下商业街。20世纪末期,世界上已有100多个城市修建地下隧道,大量的地下存储库、地下停车场、地下商业街以及地下管线等连接为一体的地下综合建筑群体出现。

我国在地下工程应用方面的历史也比较久远,公元前208年,秦朝修筑了宏伟的秦始皇地下陵墓工程。隋朝时期,我国在洛阳东北建造了数量众多面积很大的地下粮仓。宋朝时期我国在河北建造了40km的军用地道。步入现代,1969年,北京建成第一条地下铁路。1979年,香港建成全长43.2km的地铁。1980年,天津也建成7.4km的地铁。1995年,上海地铁1号线正式开通运营。截止到2008年,我国内地城市运营地铁线路总长746km,北京、上海、重庆、武汉等城市都在大规模的建设城市轨道交通。预计到2020年,我国建设城市轨道交通线路将达2000~2500km。

我国在地下工程施工技术与方法上取得了较大进步,先后采用了明挖法、逆作法、暗挖法、沉井法、盾构法、顶管法及沉管法等施工技术方法,这些技术的研究与应用有的已达到国际先进水平。

1)明挖法施工技术

明挖法也称基坑开挖技术,指的是先将隧道部位的岩(土)体全部挖除,然后修建洞身、洞门,再进行回填的施工方法。具有施工简单、快捷、经济、安全的优点,城市地下隧道式工程发展初期都把它作为首选的开挖技术。其缺点是对周围环境的影响较大。

明挖法适用于地面开阔和地下地质条件较好的情况。明挖法主要运用于工程实践中所出现的大量的深基坑工程,并形成了种类齐全的多种基坑围护开挖技术。20 世纪 90 年代以来,基坑工程规模不断加大,深度不断加深,与建筑物等已有设施距离越来越近,推动了深基坑工程的设计向更高水平迈进,使我国基坑工程的设计施工进入环境设计阶段,促进了时空效应基坑工法的生产与应用,并达到了国际领先水平。

2)逆作法施工技术

逆作法是以地下结构本身作为挡墙,同时又作支撑体系,从上往下分步依次开挖和构筑地下结构体系的施工方法。因为它与传统的先支挡后开挖的顺序施工法呈反向作业,故称为逆作法。逆作法的原理是以结构本体(楼盖体系)作为支撑,其刚度相当大,也减小了支护结构整体变形,显示了明显的优点,逆作法需先设置临时立柱及立柱桩,要增加一些费用,且在混凝土浇筑的各个阶段都分先浇和后浇工序,其交接处给施工带来不便。另外,因临时支撑结构与防水等问题,对施工计划与质量管理也提出了更高要求。

3)暗挖法施工技术

暗挖法施工技术是在地表下面进行施工,优点是对人们生活无干扰,但技术要求和造价较高。主要有新奥法、浅埋暗挖法、管幕法三种工法。

(1)新奥法:所谓新奥法,即"新奥地利隧道施工法"国际上简称为 NATM,是一种在岩质、土砂质介质中开挖隧道,以使围岩形成一个中空筒状支撑环结构为目的的隧道设计施工方法。

(2)浅埋暗挖法:浅埋暗挖法是以加固和处理软弱地层为前提,采用有足够刚性的复合衬砌(由初期支护和二次衬砌及中间防水层所组成)为基本支护结构的一种用于软土地层近地表修建各种类型地下洞室的暗挖施工方法。

(3)管幕法:管幕法是以单管顶进为基础,各单管间依靠锁口在钢管侧面相接形成管排,并在锁口间注浆,形成密封的止水管幕。然后对管幕内的土体进行加固处理,随后边内部开挖边支撑,直到管幕段贯通再浇筑结构体。

4)沉井法施工技术

沉井法又称沉箱凿井法,是适用于不稳定含水地层中建造竖井的一种特殊施工方法。在不稳定含水地层掘进竖井时,在设计的井筒位置上预先制作一段井筒,井筒下端有刃脚,借井筒自重或略施外力使之下沉,将井筒内的岩石挖掘出的施工方法。

5)盾构法施工技术

盾构隧道施工法是指使用盾构机,一边控制开挖面及围岩不发生坍塌失稳,一边进行隧道掘进,并在机内拼装管片形成衬砌实施壁后注浆,从而不扰动围岩而修筑隧道的方法。

盾构的适用范围:掘进隧道允许在纵长的地下结构以下施工,覆盖层浅,在不稳地层和含地下水的地层都不会引起地表断裂或较的沉陷。它可应用于很松散的土质或高压强的地中,如在软塑性的或流动的地层;在暂时稳定地层中也实现了有效的应用,尽管这时的盾构只起部分保护作用。在盾构法施工技术掘进隧道这一领域中,日本处于世界领先地位。其次,德国的盾构法施工技术也达到了很高的水平。因而盾构法有着很广阔的应用范围和前景。

6）顶管法施工技术

顶管法是采用液压千斤顶或是具有顶进、牵引功能设备，以顶管工作井作为承压壁，在地层土体开挖的同时，将预制好的地下管道（或隧道）一起沿着设计路线分节向前推进，直达目的地。它是隧道或地下管道穿越铁路、道路、河流或建筑物等各种障碍物时采用的一种暗挖式施工方法。

7）沉管法施工技术

沉管法也称预制管段沉放法，即在船坞内预制钢筋混凝土结构，然后放水浮运，沉埋到设计位置，建成水下工程。这种方法优点是：容易保证隧道施工质量；工程造价较低；在隧道现场的施工期短；操作条件好，施工安全；适用水深范围较大；断面形状、大小可自由选择，断面空间可充分利用。其缺点是技术要求高。

二、地下工程施工技术前沿

随着地下工程建设规模的扩大和密度的提高，面临的技术挑战和施工风险也越来越大，特别是在沿江、沿海软土地区，由于其地质环境极脆弱敏感，建设难度剧增。

基坑工程的周边环境越来越复杂，环境保护要求日趋严格，节能减排、走可持续发展道路等要求给软土基坑工程新技术的应用提供了广阔的舞台。支护结构与主体结构相结合技术、超深水泥土搅拌墙技术、软土大直径可回收式锚杆支护技术、预应力装配式鱼腹梁支撑技术等新技术，以其鲜明的技术特点、有利于节能降耗和可持续发展等优点进入了工程应用行列，取得了良好的经济和社会效益。

1. 支护结构与主体结构相结合技术

支护结构与主体结构相结合技术是采用主体地下结构的一部分构件（如地下室外墙"水平梁板"中间支承柱和桩）或全部构件作为基坑开挖阶段的支护结构，不设置或仅设置部分临时支护结构的一种设计和施工方法。

按照支护结构与主体结构结合的程度进行区分，可将支护结构与主体结构相结合工程归为三大类型，即周边地下连续墙两墙合一结合坑内临时支撑系统采用顺作法施工、周边临时围护体结合坑内水平梁板体系替代支撑采用逆作法施工、支护结构与主体结构全面相结合采用逆作法施工。

目前，我国大部分深基坑工程仍采用常规的临时支护方法。临时围护体如钻孔灌注桩工程费用巨大，而其在地下室施工完成后，就退出工作并被废弃在地下，造成很大的材料浪费；临时水平支撑及竖向支承系统往往造价高，施工周期长，土方开挖与地下工程结构施工不便，且混凝土支撑还需拆除，而混凝土支撑拆除困难，浪费了大量的人力、物力和社会资源；采用锚杆虽然可以避免设置内支撑，但其在地下室施工完成后即被废弃在地下，为后续工程留下了严重隐患。与传统的深基坑工程实施方法相比，支护结构与主体结构相结合技术具有利于保护环境、节约社会资源、缩短建设周期等诸多优点，符合国家节能减排的发展战略，是进行可持续发展的城市地下空间开发和建设节约型社会的有效技术手段。

2. 超深水泥土搅拌墙技术

随着地下空间开发向超深方向发展，承压水处理成为一个棘手的问题。对于环境条件苛刻的基坑工程,有时需采用水泥土搅拌墙截断或部分截断深部承压水层与深基坑的水力联系,控制由于基坑降水而引起的地面沉降,确保深基坑和周边环境的安全。

铣削深层搅拌技术(CSM)是另一种创新性深层搅拌施工法,它通过钻具底端的两组铣轮以水平轴向旋转切削搅拌土体,同时注入水泥固化剂与土体进行充分搅拌混合,形成矩形槽段改良土体,CSM工法铣轮的切削力矩大,可以用于较坚硬的地层如粉砂、砂层、卵砾石层等,可以切削强度35MPa以内的岩石或混凝土。

TRD工法也是一种新型水泥土搅拌墙施工技术,采用链锯型切削刀具插入土中横向掘削,注入固化剂与原位土体混合搅拌,形成水泥土搅拌墙。

3.软土大直径可回收式锚杆支护技术

锚杆目前主要应用于岩石及硬土层中,对于软土基坑工程,由于土的工程性质较差,锚杆支护技术由于其锚固力不高,变形控制效果不好,其应用受到很多限制。另一方面,锚杆体埋置于地下结构周边的地层中,当工程结束后,作为基坑支护结构的锚杆就失去了作用,一般就被废弃在地层中,形成城市地下建筑垃圾,就会影响周边地下空间的开发与利用。

近年来,工程界提出了一种旋喷搅拌大直径锚杆支护结构,该技术是采用搅拌机械在软土中形成直径达到500~1000mm的水泥土锚固体,通过在锚固体内加筋,并对锚杆体预先施加应力,从而形成一种大直径预应力锚杆,该技术对软土基坑的变形控制产生了较好效果。同时,通过对可回收式锚杆技术的开发与应用,实现了锚杆体的再利用,减少或消除了地下建筑垃圾的产生,通过在上海、天津、武汉等地多个软土基坑工程的应用,取得了良好的经济效益和技术效果。

4.预应力装配式鱼腹梁支撑技术

当基坑采用传统钢支撑时,杆件一般较密集,挖土空间较小,在一定程度上降低了挖土效率。预应力鱼腹梁装配式钢支撑系统(IPS)是一种以钢绞线、千斤顶和支杆来替代传统支撑的临时支撑系统。该技术在韩国、日本、美国等国家已得到广泛运用,近年来也已被引进国内。预应力鱼腹梁装配式钢支撑系统采用现场装配螺栓连接、不需焊接,且大大增加了基坑的挖土空间,可显著缩短基坑工程的施工工期,材料全部回收重复使用,彻底避免了混凝土等建筑材料的使用,降低了造价。预应力鱼腹梁可随时调节预应力,便于周围土体位移控制和由温度变化引起的支撑伸缩量控制,可以较好地控制深基坑的变形,有效地保护了基坑周边的环境。此外,IPS支护结构的破坏模式为延性破坏,因此针对可能发生的较大水土压力或突发荷载可以采取有效而及时的应急措施。IPS技术已在上海轨道交通5号线西渡站配套工程等多个工程中成功应用。

5.地铁和过江隧道施工新工艺

随着我国城市化快速发展,大城市的交通压力日益增大,大规模的城市地铁建设势在必行,对于沿江规划的城市过江隧道的建设也越来越多。这类工程建设往往规模大、施工环境恶劣、施工技术复杂。

随着我国城市化进程的加快,城市建设快速发展,规模不断扩大、人口急剧膨胀,城市地下空间的开发和利用不仅引起了人们的高度重视,而且也得到了较快的发展。目前,我国隧道总里程7000km以上,而且每年还以450km以上的速度增长。以地下铁道为代表的城市地下施

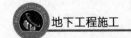
工技术,凭借其快速、安全、低能耗、小污染的优点,越来越为城市居民所青睐。但我国隧道及地下工程建设仍有不足,由于城市地下施工技术是集土建、机械、电气、环境控制等多个学科门类的复杂的系统工程,因此,造价高、施工周期长、风险大等因素制约了地下空间的发展。在施工中自主创新,研发新的施工技术形式,采取先进的施工工艺,可以减少施工风险,降低工程造价,对于加快我国的地下空间建设具有重要意义。

思考题

1. 地下工程的施工特点是什么?
2. 举例说明地下工程施工与地面建筑施工的主要区别。
3. 地下工程项目的管理目标是什么?
4. 地下工程施工的主要技术难题是什么?
5. 地下空间的发展方向是什么?

第二章 地下工程掘进技术

第一节 概 述

地下工程受地理与地质环境、工程情况、经济水平、材料科学发展的水平、施工过程控制水平以及地下工程在国民经济中的地位等因素的影响,其建设过程具有复杂性。通常,地下工程建设周期较长,少则几个月,多则十几年。地下工程的掘进技术包含两个方面:一是岩土的开挖;二是支护结构的施工。通常,称掘进、排渣和支护(包括临时支护和永久支护)工作为地下工程施工的基本操作。地下工程建设过程中,开挖通常都要破坏岩体原有的力学平衡,从而使围岩发生应力重分布与应力集中,如果应力集中的程度超过了岩体的破坏极限,就会引起岩体发生位移、冒顶、片帮、岩爆等一系列破坏活动,如果岩体的这些破坏活动对人类生命财产或生产活动造成了毁损,就形成了地下工程开挖灾害。另外,地下开挖会造成地表移动变形,从而导致地表塌陷、边坡失稳等灾害。因此,在地下工程施工中要根据工程的实际情况、施工的特点,合理地选择施工方案以及掘进方法。

一、地下工程施工特点

地下工程不仅在设计理论和方法方面不同于地面建筑,在施工设备和技术等方面和地面建筑也有较大差异。由于地下工程中岩体和土体复杂多变,其性质难以确定。因此,地下工程在施工中,必须充分考虑工程的特点,才能在保证施工安全的条件下,快捷、优质、低价地完成施工任务。地下工程施工特点可归纳为以下几点:

(1)地下工程属隐蔽工程,由于地质条件的复杂性、不确定性,使得地下工程建设过程中的地下水、地表沉陷等地质问题造成工程灾害事故频发,导致人员伤亡、设备损失、工期延误和工程失效等,给施工安全带来了重大灾难和无法估计的经济损失。因此,工程地质和水文地质条件对施工的成败起着重要的,甚至是决定性的作用。这就要求在勘测设计阶段应做好详细的地质和水文地质调查与勘探工作,内容包括:岩层的物理力学性质、裂隙产状、应力分布特征、岩体稳定性、地下水状态、有害气体和地温状况等,为初步确定合理的施工方案及相应的施工技术措施提供可靠的依据。

另外,由于地质和水文地质的复杂多变性及勘探手段的局限性,施工中难免出现一些未预料到的情况。因此,在地下工程施工中,还应采取其他辅助勘探措施,如试验导坑、水平超前钻孔、声波探测、平行领先导坑等,及时掌握前方的地质及水文地质变化,为调整或制定新的技术措施提供更为准确的依据。

(2)地下工程属线形地下结构物,一般情况下仅有一个掘进工作面。相对其他地面交通工程来讲,地下工程的施工速度比较慢,工期也比较长,为了加快施工进度,可在适当区段开挖竖井、斜井、横洞等辅助坑道增加掘进工作面。

地下空间断面较小,工作场地狭长,一些施工工序只能顺序作业,而另一些工序又可以沿具体的地下工程纵向展开,平行作业。因此,施工中应加强管理、合理组织、避免相互干扰。

(3)地下作业环境较差,如阴暗、潮湿、地下水、粉尘、有害气体、噪声等。完全消除这些不利环境因素是不可能的,施工中应采取有效的措施加以改善,如照明、排水、防尘、通风、消声、隔音等。

(4)地下工程中的交通隧道大多穿越崇山峻岭,施工工地一般都位于偏远的深山峡谷之中,往往远离既有的交通线,材料、设备运输不便,洞外场地布置困难,这些也是地下工程规划设计应当考虑的主要问题之一。

(5)由于受地下管线和周边建筑或基础设施的影响,城市地下工程难度加大。为了保证施工安全,施工前必须查阅市政、设计部门的原始设计文件及必要的现场探测,弄清地下管网及建筑基础状况,避免施工中发生塌陷或建筑坍塌事故。

地下工程一旦建成就难以修改。所以事先必须审慎规划和设计,施工中还要精心组织,增强质量意识,加强质量管理,确保工程质量。

(6)一般来说,地下工程施工不受或少受地面环境的影响,如昼夜更替、季节变换、气候变化等,可以竟日终年、稳定地安排施工。

二、地下工程施工方法

地下工程类型很多,工程特点各异,相应的施工方法也应有所不同。施工方法的选择直接影响工程的质量、进度、成本及施工安全。影响施工方法选择的因素很多,选择施工方法时,应着重考虑以下因素。

(1)工程的重要性。一般由工程的规模、使用上的特殊要求,以及工期的缓急体现出来。

(2)地下工程所处的工程地质和水文地质条件。包括围岩类别、地下水及不良地质条件等。

(3)工程投资与投入使用后的社会效益和经济效益。

(4)周边建筑的位置、基础埋深及特殊要求等。

(5)施工条件(人员素质、施工习惯及施工机械装备条件)、动力及原材料供应情况。

(6)有关污染、地面沉降等环境方面的要求和限制。

(7)施工安全状况。

应当看到,地下工程施工方法的选择是一项综合决策过程,它依赖于有关人员的学识、经验和创新精神,也是集体智慧的结晶。对于重点工程或重点部位的施工方法则需汇集专家们的意见,广泛论证。必要时应当进行实地测试、开挖试验,对理论方案进行实践验证,并进行必要的调整。表2-1是地下工程施工中常用的施工方法。

施工方法分类表 表2-1

序号	施工方法	主 要 工 序	适 用 条 件
1	新奥法	1.全断面法:钻眼爆破;安装拱部锚杆并喷第一层混凝土;喷(浇注)第二层混凝土	Ⅳ~Ⅵ类均质坚硬围岩
		2.台阶法	Ⅳ~Ⅵ类均质坚硬围岩,整体稳定性较差
		(1)长台阶法:上半断面施工;下半断面施工;全断面二次衬砌	

序号	施工方法	主要工序	适用条件
1	新奥法	(2)短台阶法:同长台阶法	Ⅱ~Ⅵ类围岩
		(3)超短台阶法:掘进机开挖上断面;安装拱部锚杆、钢筋或钢支撑并喷边墙锚杆、钢筋或接长钢支撑并喷第一层混凝土;全断面二次衬砌	Ⅲ类以下不稳定围岩
		3.分部开挖法	土质或易坍塌的软弱围岩
		(1)台阶分部开挖法:掘环形拱部,架立钢支撑并喷混凝土;掘进拱部核心土和下台阶,接长钢支撑并喷混凝土;全断面二次衬砌	
		(2)单侧壁导坑法:开挖侧壁导坑并初次支护;开挖上台阶,拱部初次支护;开挖下台阶,另侧边墙初次支护;全断面二次支护	软弱松散围岩
		(3)双侧壁导坑法:间隔开挖两侧壁导坑并初次支护;开挖上部核心土,拱部初次支护;开挖下部核心土,全断面二次支护	围岩松散极不稳定
2	明挖法	1.敞口放坡法:基坑开挖;构筑地下结构;回填	施工场地开阔,土质稳定
		2.护壁直槽法:护壁结构施工(工字钢、钢板桩、灌注桩、地下连续墙等);基坑开挖;构筑地下结构;回填	施工场地狭窄,土质稳定性差
3	盖挖逆筑法	1.桩梁支撑盖挖法:打桩或钻孔桩;加顶盖恢复交通;顶盖下开挖;构筑地下结构	地面交通繁忙,土质较坚固稳定
		2.地下连续墙盖挖法:构筑地下连续墙;加顶盖恢复交通;顶盖下开挖;构筑地下结构	地面交通繁忙,且两侧有高大建筑,土质不稳定
4	水域区施工法	1.围堰法:构筑围堰;排水;按明挖法施工	较浅水域且无地下水补给过江、河或海底
		2.沉埋法:水下挖出沟槽;将预制结构段漂浮运至设计位置并沉入槽内;填土后贯通	
		3.沉箱(沉井)法:分段预制工程结构并沉入水下;箱(井)内排水并开挖土体;下沉至设计位置	地下水位高,涌水量大,过湖、河流等地区
5	特殊施工法	1.钻井法:钻头破岩并用排液器排渣;下放预制井壁;固井	含水不稳定围岩,竖井施工
		2.隧道掘进机法:掘进机破岩并排渣;锚喷衬砌,必要时二次衬砌	含水率不高的各类围岩
6	浅埋其他工法	1.盾构法:盾构机开挖地层,并在其内装配管片式(或现浇混凝土)衬砌,同时排渣	不稳定松软地层
		2.顶进法:将预制钢筋混凝土管道结构切入地层,顶进和开挖同时进行	同上
		3.管棚法:顶部打入钢筋管,向钢管内压注浆液,开挖并立钢拱架,喷混凝土,构筑地下结构	同上

当施工中遇有含水不稳定岩层时,上述方法往往不能独立奏效,此时可考虑采取辅助施工法,如注浆法、冻结法、降低水位法。

第二节　掘进机掘进技术

掘进机法是利用岩石隧道掘进机在岩石地层挖掘隧道的一种施工方法。隧道掘进机是一种集掘进、出渣、支护和通风、防尘等多功能为一体的高效隧道施工机械。全断面隧道掘进机的英文名称是 Full Rock Tunnel Boring Machine,简称掘进机(TBM)。它是利用回转刀盘同时借助推进装置的作用力从而使得刀盘上的滚刀切割(或破碎)岩面以达到破岩开挖隧道(洞)的目的。按岩石的破碎方式,大致分为挤压破碎式与切削破碎式两种;前者是将较大的推力给予刀具,通过刀具的楔子作用将岩石挤压破碎;后者是利用旋转力矩在刀具的切线方向及垂直方向上进行切削。如果按刀具切削头的旋转方式,可分为单轴旋转式与多轴旋转式两种。从构造方面来讲,掘进机是由切削破碎装置、行走推进装置、出渣运输装置、驱动装置、机器方位调整机构、机架和机尾,以及液压、电气、润滑、除尘系统等组成。

掘进机问世于 1952 年,由美国 Robbins(罗宾斯)公司生产,发展至今,掘进技术已经很成熟。实践证明:当隧道长度与直径之比大于 600 时,采用掘进机进行隧道施工比较经济。国外 3km 以上的隧道,使用掘进机开挖已相当普遍,掘进机直径随工程对象的需要而变化。一般来说,水工隧洞直径为 3～10m;铁路隧道直径为 6～10m;公路隧道,一般断面较大,采用的施工方法有两种,一种是采用直径 8～12m 的掘进机,一次成洞,另一种是采用小直径的掘进机进行导洞施工,然后采用钻爆法扩挖成形。21 世纪初,国外采用掘进机施工的隧道总长度达 4000km 以上,掘进机施工技术已逐渐成为一种成熟并具高竞争力的隧道施工技术。

一、掘进机类型

最常用的分类方法是根据切削方式、开挖对象、结构形式等进行分类。

1.按切削方式分类

目前常被使用的掘进机,可大致分为全断面切削方式和部分断面切削方式两类。部分断面切削方式在采矿工程中使用广泛,全断面切削开挖的断面一般是圆形的。

2.按开挖对象分类

1)土质隧道掘进机

目前,通用的土质隧道施工专用机械设备的各种形式掘进机分类方法有以下几种。

(1)根据开挖面上的挖掘方式,可以分为人工挖掘(手掘)式、半机械挖掘式和机械挖掘式。

(2)根据切削面上的挡土方式,可以分为开放型方式和封闭型方式(土体能自稳时采用开放型方式、土体松软而不能自稳时则用封闭型方式)。

(3)根据开挖面施加压力的方式,可分为气压方式、泥水加压方式、削土加压方式和加泥方式。

2)岩石隧道掘进机

如美国 Robbins 公司将隧道掘进机分为四大类:主梁式隧道掘进机、双护盾隧道掘进机、单护盾隧道掘进机、土压平衡盾构机。

3.按结构形式分类

根据掘进机的结构形式,可将其分为开敞式掘进机、单护盾式掘进机、双护盾式掘进机。

1)开敞式掘进机

开敞式掘进机是一种利用支撑机构撑紧洞壁,以承受向前推进的反作用力和力矩的全断面岩石掘进机,见图 2-1。典型机型有德国 Wirth 公司生产的双排支撑靴结构方式和美国 Robbins 公司生产的单排支撑靴结构方式两种。

开敞式掘进机适用于岩石不易坍塌和地层比较稳定的软硬岩隧道。在较为破碎的地层中掘进时,需要在刀盘护盾后及时进行喷网支护。掘进时,由掘进机刀盘后的指形条格栅板支撑,在安装有喷网格栅拱架的保护下进行,必要时贴近指形条格栅板支撑下部安装钢拱架,指形条格栅板支撑随掘进机推进前移后,即进行喷射混凝土初期支护。开敞式掘进机掘进隧道的最终支护方式是模筑混凝土或钢纤维喷射混凝土。

2)单护盾式掘进机

与开敞式掘进机不同的是,单护盾式掘进机配置有完整的圆形护盾,推进则依靠推进缸支撑在安装好的管片获得支反力,见图2-2。

图2-1　开敞式掘进机　　　　　　　　　图2-2　单护盾式掘进机

3)双护盾式掘进机

双护盾式掘进机配置有前后护盾,在前后护盾之间有伸缩护盾,后护盾配置有一套支撑靴,见图2-3。

与开敞式掘进机相比,双护盾式掘进机必须采用管片,由于管片造价比模筑混凝土衬砌高,导致工程造价增加。

二、掘进机基本构造

下面以秦岭隧道使用的 TB880E 型掘进机为例,介绍开敞式掘进机的结构。

TB880E 型掘进机是我国铁路隧道施工中首次成功应用的大型成套设备,该机主要适用于硬岩隧道掘进施工,对局部断层地带也具有一定的通过能力。该机主要由主机、后配套系统及附属设备三大部分组成。

图2-3　双护盾式掘进机

1.主机

TB880E 主机由以下部分组成:刀盘部件、刀盘护盾、刀盘轴承及刀盘回转机构、刀盘密

封、机架、X 支撑及推进系统、前后下支承、出渣设备、激光导向系统、除尘装置、支护设备和司机室等组成。

1）主机构造

采用内外凯氏方机架为该机的一个特色。前、后、外凯氏方机架上装有前后 X 形支撑靴，内凯氏方机架前端与刀盘支承壳体连接，后面装后下支承。刀盘与回转机构由可浮动的前下支承、可调的顶部支承、两侧的防尘盾包围并支承。

刀盘回转机构置于前后 X 支撑靴之间，推进液压缸置于机架后部。刀盘上装有盘形滚刀、若干切刀与铲斗，可将被破碎的岩渣送到置于内凯氏方机架中的带式输送机上。

2）刀盘部件

由刀盘、铲斗、刀具等组成的刀盘为焊接的钢结构件，装配时用螺栓连成一体，滚刀为后装式。

刮渣器与铲斗沿刀盘周边布置，用以将底部的石渣运送到顶部，再沿石渣槽送到输送带上面的石渣漏斗。

3）刀盘护盾

护盾提供了一套保护顶篷，以利于安装圈梁。它用于防止大块岩石堵住刀盘，并在掘进或者在掘进终了换步时，支持掘进机的前部。刀盘护盾由液压预加载仰拱即前下支承与三个可扩张的拱形架组成。三个可扩张的拱形架均可用螺栓安装格栅式护盾，以便在护盾托住顶部时，安装锚杆。

4）主轴承与刀盘回转机构

主轴承为一两重式轴向、径向滚柱的组合体。轴向预加荷载，内圈旋转，小齿轮通过联轴器与驱动轴连接到带有液压操作摩擦离合器的水冷式行星减速器与水冷式双速电动机。减速器与电动机置于两凯氏外机架之间，另设有液压驱动的辅助驱动装置（微动装置），用以使刀盘转至某一定位置，以便更换滚刀及进行其他维修保养作业。

5）刀盘密封

主轴承与末级传动由三唇式密封保护，此密封又用迷宫式密封保护，后者经常不断地由自动润滑脂系统清洗净化。

6）机架

凯氏方形内机架既作为刀盘进退的导向，也将掘进机作业时的推进力与力矩传递给凯氏方形外机架。内机架的后端装有后下支承，前端与刀盘支承壳体连接，亦为上部锚杆孔设备提供支座。凯氏方形外机架连同 X，形支撑靴可沿凯氏方形内机架做纵向滑动。16 个由液压操作的支撑靴将外机架牢牢固定在挖好的隧道内壁，以承受刀盘传来的反力矩与掘进机推进力的反力。

各个护盾需要有足够的径向位移量，以便掘进机在通过曲线时转向（如有必要，还可用以拆除刀盘后面的圈梁）。

7）X 支撑及推进系统

作用在刀盘的推力的反力，经由凯氏内机架、外机架传到围岩。因凯氏外机架分为前后两个独立的部件，各有其独立的推进液压缸。后凯氏外机架的推进液压缸将力传到凯氏内机架，而前凯氏外机架则将推进力直接传到刀盘支承壳体上。

掘进循环终了,凯氏内机架的后部支承伸出至隧道仰拱部上(以承重),支撑靴板回缩,推进液压缸使凯氏外机架向前移动以使循环重复。

8)后下支承

后下支承位于凯氏外机架的后面,装在凯氏内机架上。液压缸使后下支承伸缩,其还可做横向调整。一旦支撑靴板缩回,凯氏内机架的位置可做水平方向与垂直方向的调节,用以决定下一个掘进循环的方向,保持 TBM 在要求的隧道中线上。

9)除尘装置

采用洞外压入式通风方式,在洞口外约 25m 装有串联轴流式风机,软风筒悬挂在洞顶。吸尘器置于后配套的前部,吸入管接到 TBM 凯氏内机架与刀盘护盾。吸尘器在刀盘室内形成负压,以使供至 TBM 前的新鲜空气的 40% 进入刀盘室,并防止含有粉尘的空气进入隧道。

一旦空气进入吸尘系统,吸尘器的轴流式风扇将驱使含尘空气穿过喷水空间后通过汇流叶片再穿过吸尘器。大量尘埃被分离出来而流向集尘器,集尘器配有再循环水泵。

集尘器的排气管端对着隧道通风系统的管道,通过一增压通风机使吸尘器排出的空气随隧道内的废气又回到作业面。

10)激光导向系统

在 TBM 上安装 ZED 260 导向系统,有两个靶子与一套激光设备。前靶装在刀盘切削头护盾的后面,由一台工业用 VT 照相机监测,它将 TBM 相对于激光束的位置传送到驾驶室内的屏幕上。另有一套装置用来测量 TBM 的转向与高低起伏,并将数据传送至驾驶室。驾驶室内可在 TBM 再设置时,对 TBM 的支承系统做必要的纠正。

2.后配套系统

后配套系统为双线,掘进机全部供应设备与装运系统均置于其上。石渣由列车运出,后配套由若干个平架车和一个过桥组成,过桥用于将平架车与 TBM 连接,平架车摆放在仰拱上的轨道上面,过桥下面。TBM 前进时,在 TBM 的后面拉着过桥与平架车前移。

后配套系统中,分别装着 TBM 的液压动力组件、配电盘、变压器、主断电开关、电缆槽、电缆卷筒、集尘器、通风集尘管、操纵台与输送带,也为喷射混凝土装置、注浆装置与灰浆泵提供了空间。

3.附属设备

1)通信联络系统

此系统使 TBM 操作人员可以控制三处,一是直接到刀盘切削头后面,二是到钢轨安装与材料卸载处,三是到后配套末尾石渣换装处。

2)灭火系统

在后配套系统上,为液压设备与电力动力设备提供了一套人工操作的干式灭火系统,此外,在 TBM 与后配套上还放置若干手提式灭火器。

3)数据读取系统

此系统将监测与记录下列数据:时间与日期、掘进距离、推进速度、每一步的行程长度与延续时间、驱动电动机的电流数、接入的驱动马达数、推进液压缸油压、支撑液压缸油压。TBM

操作人员也要将换刀时间、停机时间进行填表记录。

监测装置、打印装置可置于头部或作业面处。TBM 一定的参数任何时候均可以显示,包括数字显示与模拟显示。当发生故障时,警告灯就会提醒操作人员从不同的屏幕上查找故障种类与原因。

4)甲烷监测器

本机提供一套带探测甲烷的监测装置,当甲烷气浓度超过临界值,此装置报警或关机。

5)通风管

地下工程通风系统的终端,为后配套设备末尾处的通风管,根据耗风量设计后配套的通风系统,采用钢管连接。

三、掘进机施工工艺过程

本文以美国 Robbins 公司生产的 260 系列高性能开敞式硬岩掘进机为例,介绍 TBM 隧道施工技术。

1.掘进机的适用范围

掘进机的适用范围,除要考虑开挖的可行性外,还需根据岩石的抗压强度,裂隙、节理发育状态,涌水状态等地层岩性条件的实际状况,机械构造,以及隧道的断面、长度、埋深、选址条件等进行判断,综合考虑。

从地层岩性条件来看,掘进机一般只适用于圆形断面隧道,隧道开挖直径为 $3.0 \sim 12m$,一次性连续开挖隧道长度不宜短于 6km。岩层的地质情况对掘进机进尺影响很大。在良好岩层中,月进尺可达 $500 \sim 600m$,而在破碎岩层中,月进尺只有 100m 左右。在塌陷、涌水、暗河、溶洞地段甚至要通过安全停机处理故障后才能掘进,鉴于掘进机对不良地质条件十分敏感,选用掘进机开挖施工隧道时应尽量避免复杂地层,或增加较多的辅助设备,才能处理不良地质段,但增加辅助设备会增加设备的成本。

掘进机的选用还受机械条件的限制,如使用刀盘旋转掘削时有开挖直径的问题。另外,挖掘机械是采用压碎方式还是切削方式,对实际应用的适用范围也有差别。

掘进机对作业场地和运输方案也有特殊要求。掘进机属大型专用设备,全套设备重达几千吨,最大部件的质量达上百吨,拼装长度最长达 200 多米。同时,洞外配套设施多,这些对隧道的施工场地和运输方案等都提出了很高的要求,有些隧道虽然长度和地质条件较适合掘进机施工,但运输道路难以满足要求,或者现场不具备布置掘进机施工场地的条件。

同时还需考虑企业自身的实际能力,如制造维修能力,经济能力,施工队伍的技术、管理水平以及传统施工习惯等。

2.TBM 施工方法

1)导向控制

TBM 掘进方向的控制极为重要。若方向控制不当,一方面会造成盘型滚刀受力不均,致使刀具提前损坏,增加换刀的次数和配件成本,影响施工进度。另一方面,会使得隧道出现超、欠挖过大,增加后期工程的工作量,影响工程质量。因此,在隧道施工中应严格控制掘进方向,将偏差控制在允许范围内。

2）掘进施工

（1）刀盘后部的侧向撑靴向洞壁撑起并稳固在洞壁岩面上，同时用楔块油缸将侧支撑的位置牢牢锁定，并将推进反作用力传给洞壁，掘进的水平方向锁定，同时调整前支撑，将掘进的垂直方向（即坡度）锁定。

（2）水平支撑靴定位以后，推进推力油缸并转动刀盘开始掘进。掘进时，刀盘上的每一个滚刀可产生最大 250kN 的推进力，使强度为 100MPa 的掌子面围岩产生破裂，并形成直径 10cm 左右的碎块。

（3）根据 TBM 设备的力矩—转速曲线的基本性能，结合围岩情况选用合理的转速达到控制力矩的作用。

（4）刀盘的推力由推进油缸提供，推进的反作用力被传递到水平支撑靴板上，水平支撑靴板由水平支撑油缸紧紧地撑到洞壁，直接将推进油缸的推力传递到洞壁，刀盘驱动系统驱动刀盘旋转，由此产生的反力矩由机头架、大梁及滑块、鞍架和斜缸通过水平支撑板传递到洞壁。

（5）钻进的工作行程结束，初步支护工作完成后，支撑靴将收回，这时，TBM 的重量将由后面的后支撑支撑。TBM 及其后配套系统通过收缩牵引油缸，支撑靴重新支撑洞壁来向前移动到新的掘进位置。当推进行程结束时，水平支撑油缸缩进，此时 TBM 的操作手要调整好 TBM 的轴线方向，通过激光方向锁定系统来操纵推力油缸控制方向，由此开始一个新的推进行程。

3）刀具更换

TBM 在掘进过程中，由于刀具对岩石的不断切削，会造成刀具磨损严重，进而影响施工进度与质量，为此需要对刀具进行及时调整和更换。

4）粉尘控制

掘进过程中，随着岩石的不断切削破碎，将产生大量的粉尘污染物，影响施工环境，并容易造成设备润滑系统、液压系统产生故障，为此，需要采取措施及时处理。

（1）在 TBM 刀盘后面设有一防尘钢护盾，作业面上产生的粉尘，在刀盘区域内分离出来，从卸渣区域吸出，经主大梁内密封系统，然后再经吸管，吸到安装在后配套上的除尘器，及时进行清理。

（2）刀盘前方的喷嘴座上装有喷水嘴，通过喷射水雾对产生的粉尘进行控制。水雾基本上防止了切削产生的粉尘粒子扩散，并且根据地层条件的要求，对作业面上的喷射水量可以进行调节，最大限度地降低粉尘悬浮率。

5）施工中的注意事项

（1）支撑与洞壁一定要完全接触，由于刀盘的稳定对于滚刀的连续作业轨迹十分关键（消除余振和位移），一个稳定的刀盘和一致的、重复的刀具轨迹，可以提高 TBM 的进尺和延长刀具及大轴承的寿命，因此，支撑的稳固情况就显得尤为重要。

（2）在 TBM 刀盘前方的喷嘴座上装有喷水嘴，正常施工掘进时，通过喷射水雾来降低刀具的温度，并抑制粉尘的扩散，因此要经常、及时地对喷嘴进行检查，防止因水质不净而堵塞，从而影响施工环境和降低刀具的使用寿命。

（3）在通过软岩、断层和破碎带时，需尽可能加大支撑靴板与洞壁的接触面积，使支撑靴板在保证足够的支撑力时，对于洞壁的比压足够小，这样可以避免支撑靴板在不良地质条件下陷入洞壁，保证 TBM 的连续掘进，进而减小机体的振动，保证施工安全、控制掘进速度。

（4）因TBM掘进时,抑制粉尘扩散和冷却刀具均需要消耗大量的水,并且在掘进过程中还可能遇到洞壁涌水,这些积水过多时会将刀座淹没,此时需根据水位传感器收集的信号及时起动机头架后面的潜水泵快速排水,以保证TBM的连续掘进不受影响。

（5）在每天预留的检修时间内,需对刀盘、支撑系统等重要部位的螺栓、连接装置及液压推进系统的供油管路等进行检查,将事故隐患消灭在萌芽状态。

（6）检修期间内,需对刀盘刀具的数量及磨损情况进行认真检查,合理安排刀具的更换。

（7）注意掘进方向的控制与调整。

①对于水平方向的调整,主要是活塞腔和活塞杆都充满压力油的水平支撑油缸在缸筒内的单方向移动,因缸筒与滑块是以十字销轴方式连接在一起的,为此滑块和大梁也随着水平支撑缸筒移动,从而实现水平方向上的调整,防止超挖和欠挖情况的发生。

②对于垂直方向的调整是使用安装在鞍架和大梁之间的斜缸,当斜缸伸长时,大梁相对于水平支撑油缸升高,TBM机器向下掘进。相反,当斜缸缩进时,大梁相对于水平支撑油缸下降,TBM则向上掘进。因此,要控制好前进轴线方向,避免偏斜。

（8）掘进过程中,要密切注意数据采集系统提供的信息,发现异常情况,及时采取措施,以保障施工的正常行。

第三节　城市地下工程钻爆法

随着城市化进程的加快,城市人口高度集中,生产和交通工具密集,使有限的城市空间不断超荷,城市用地严重不足,因此开发利用地下空间,向地下发展已是必然的趋势。随着城市建设的快速发展,城市交通面临越来越大的压力,城市地铁的建设是解决城市交通拥堵的有效手段。我国许多大城市将修建地铁及地下工程,受我国地域广阔性和地质多样性的影响,使得广州、深圳、青岛、重庆、大连等城市出现必须在硬岩中开挖地铁的情况。

在当前技术条件下,钻爆法仍然是硬岩地区地铁隧道开挖的主要施工方法之一。在城市中的地铁隧道爆破,是我国工程爆破技术发展的一个新阶段。在此之前,都是在荒郊野外、人烟稀少、周围环境简单的地区进行爆破作业,人们对之都有极大的安全危机感。而城市地铁的施工地点大部分都位于城市中心地带,人口流动性较大,周围建筑物非常密集,地层中各种管线分布复杂,导致实际爆破开挖的施工难度大增。另外,城市地铁隧道通常埋深较浅,一般为10~30m,施工过程中很容易造成严重的安全问题,尤其是爆破地震波对地表建筑物的危害问题,如果不及时采取恰当的抗振措施,地铁开挖爆破地震波产生的爆破振动效应极有可能会对周边市民及建筑物的安全造成危害。因此,在城市地铁的开挖爆破过程中,建筑物能否安全地承受住爆破地震效应造成的振动成为人们最关心的问题。采取一切措施控制爆破振动强度、降低爆破地震效应,从而保证地面建筑物的安全,是城市地铁爆破施工过程中经常遇到的问题,研究施工爆破振动效应及其对地面城市环境的影响,制定控制爆破振动效应的标准和施工方案,对于硬岩地区城市地铁隧道施工具有重要的现实意义。

一、凿岩机械

凿岩机械是地下工程钻爆法生产过程中的主体设备,凿岩钎具是凿岩机械的配套工具产品。凿岩机械的发展动态就预示着凿岩钎具的发展方向。随着科学技术的飞速发展,凿岩机械呈现以下发展态势,一是设备向大型化发展;二是地下凿岩的液压化已成定局;三是自动化和智能化程度越来越高;四是维修性和可靠性日益提高。

1.液压凿岩机

液压凿岩机起源于 20 世纪 70 年代初期,具有力矩大、冲击力和推力大、频率高等特点,广泛应用于矿山、水电、隧道交通等诸多领域。与气动式凿岩机相比,液压凿岩机在凿岩速度、能量消耗、振动和噪声等性能指标方面较气动凿岩机均有较大改善。液压凿岩机由冲击和回转两大机构组成,并配有供水、防尘、润滑系统,如图 2-4 所示。

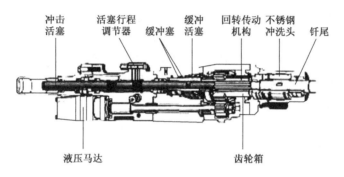

图 2-4　COP2150/COP2550 凿岩机的结构

冲击结构是冲击做功的关键部件,主要由缸体、冲击活塞、活塞行程调节器、蓄能器等主要部件和导向与密封装置等组成。其中,活塞行程调节器为适应钻凿不同性质的岩石,可通过调节活塞行程获得不同的冲击频率。回转机构主要用于转动钎具和接卸钎杆,主要由液压马达、齿轮箱、回转传动机构组成。

冲击式凿岩作业包括冲击、推进、回转、冲洗四个动作,如图 2-5 所示。冲击主要是推动缸体内活塞做反复运动,不断冲击钎尾端部。钎尾端部受冲击后,以压应力波形式传递给岩石,使岩石破碎。

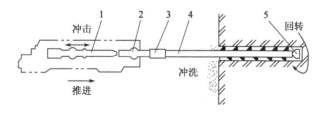

图 2-5　冲击凿岩作业原理
1-活塞;2-钎尾;3-接杆套;4-钎杆;5-钎头

2.气液联动凿岩机

气液联动凿岩机采用压气作为冲击动力、液压作为旋转动力来共同驱动凿岩机进行凿岩机械,气动冲击机构结构简单、工作可靠,旋转机构具有液压马达体积小、功率大,钻进速度快,整机的可靠性高,便于现场维护的优势。如图 2-6 所示,气液联动凿岩机由气动冲击机构、液压转钎机构、排渣系统和钎具系统构成,冲击机构和转钎机构各自独立。

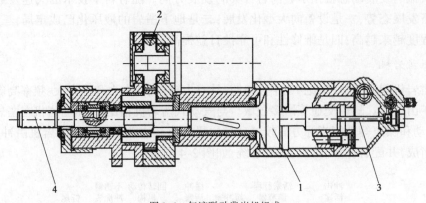

图 2-6　气液联动凿岩机组成
1-冲击机构;2-液压转钎机构;3-排渣系统;4-钎具系统

冲击机构:采用成熟的无阀配气冲击机构,能较好地利用压缩空气的膨胀做功,其耗气量较低。便于维护保养,具有较高的可靠性。

液压转钎机构:由液压马达通过齿轮和转动套带动钎尾转钎机构。

排渣系统:采用压气排粉,压气经凿岩机尾端进气接头、水针、钎尾进气孔、钎杆中心孔进入孔底排粉。

钎具系统:采用 R38 螺纹钎杆及相应的连接套筒,钎头根据钻孔直径确定。如有可能应尽量选用 MF 型钎杆,这将有利于提高钻速,便于拆卸、缩短辅助时间、提高台班效率。

3. 凿岩台车

凿岩台车是将一台或几台凿岩机连同推进器安装在特制的钻臂上,并配以底盘,进行凿岩作业的设备,合理应用凿岩台车是提高施工速度的重要途径。凿岩台车分为全液压凿岩台车和全电脑凿岩台车,在地下工程施工中,凿岩台车发挥着越来越重要的作用,它对改善施工条件、减轻劳动强度、加快施工进度、提高施工质量,都具有十分重要的意义。凿岩台车具有凿岩速度快、爆破效果好、炮孔精度高、钻臂定位耗时短、工作环境好等优点。因此,在地下工程的开挖中进一步推广使用凿岩台车已势在必行。

全液压凿岩台车主要由液压凿岩机、推进梁、钻臂、底盘、液压系统、电缆卷筒、水管绞盘、供气系统、电气系统和供水系统等组成,如图 2-7 所示。

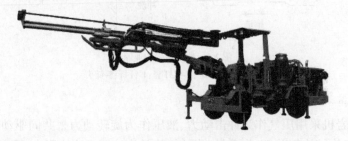

图 2-7　汤姆洛克某型凿岩台车

全电脑凿岩台车,如图 2-8 所示,最早由挪威 AMV 公司研制,2010 年阿特拉斯公司推出了具有人机交互能力的 BoomerXL3D 三臂凿岩台车,全电脑凿岩台车能实现高精度钻孔,其原理为借助于给定的参照系,利用计算机控制系统实现隧道凿岩过程的自动化。计算机控制系统由隧道挖掘项目管理和信息分析工具软件组成,是智能化隧道开挖的基石。该系统能够优化钻爆模式,可以对流程各阶段提供指导,因此能够降低项目成本,保证隧道挖掘项目顺利进行。

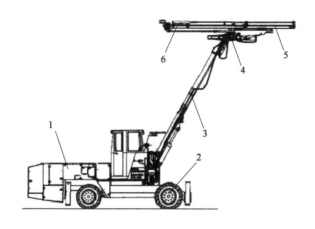

图 2-8　AMV21SGBC-CC 型全电脑凿岩台车
1-发动机及电控系统;2-底盘;3-钻臂及工作平台臂;4-吊篮;5-推进梁;6-凿岩机及自动防卡钻装置

二、炮眼布置

地铁施工段涉及居民楼的数量比较多,其周围人员流动比较大,施工环境比较复杂。因此,在进行钻爆时一定要结合施工环境以及地质情况进行合理的安排。钻爆设计应该遵循"减振、安全"的原则,采取多打眼、少装药,多分段的方式,通过一定的技术条件,最大限度降低钻爆对周围居民的影响。

为了达到预期的爆破效果,地下工程爆破工作面划分出不同的炮眼种类,由于各类炮眼在爆破过程中的作用不同,而要求有与之相适应的装药结构、起爆顺序及起爆方法。

掘进工作面的炮眼,按其作用和位置的不同可分为掏槽眼、辅助眼和周边眼三类炮眼。其爆破必须是顺序延期起爆,即首先是掏槽眼,其次是辅助眼,最后是周边眼。三类炮眼的布置简图,见图 2-9。

掏槽眼的作用是首先在工作面上将某一部分岩石破碎并抛出,在一个自由面的基础上崩出第二个自由面,为其他炮眼的爆破创造有利条件。掏槽效果的好坏对掘进进度起着决定性的作用。从大量的施工监测数据来看,隧道进行钻爆法施工时,振动的最大值一般发生在掏槽位置。因此,讨论工作面炮眼的合理布置,关键是探讨掏槽眼的布置方法。下面以城市硬岩隧道为例,介绍掏槽眼的类型及布置。

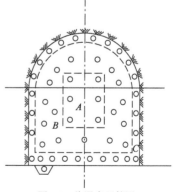

图 2-9　炮眼布置简图
A-掏槽眼爆破区域;B-辅助眼爆破区域;C-周边眼爆破区域

目前,地下工程常用的掏槽形式有直眼掏槽和斜眼掏槽两类。掏槽眼一般布置在掘进工作面的中央靠近底板处,这样便于打眼时掌握方向,并有利于其他炮眼炸药爆炸时,岩石能借助自重崩落。

1.直眼掏槽法

直眼掏槽的特点是:所有的掏槽眼都垂直于开挖面,各炮眼之间均保持平行,可以实行多机凿岩、钻眼机械化和深眼爆破,从而为加快掘进进度提供了有利条件。直眼掏槽一般都有不装药的空眼,它起着附加自由面的作用。一般情况下,直眼掏槽采用逐孔起爆,由于中间空孔作为自由面,从掏槽减振效果来说,直眼掏槽优于斜眼掏槽,但直眼掏槽的炮眼数目和单位用药量要增多,炮眼位置和钻眼方向也要求高度准确,才能保证良好的掏槽效果,技术比较复杂。

直眼掏槽可分为直线掏槽(又称龟裂法)、角柱式掏槽和螺旋掏槽三种。

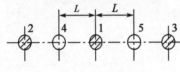

图 2-10　直线掏槽

直线掏槽打眼质量要求高,所有炮眼必须平行且眼底要落在同一平面上,否则就会影响爆破效果。此方法掏槽适用于中硬岩石的小断面掘进工作面,尤其适用于作面有较软夹层或接触带相交的情况。炮眼布置见图 2-10 所示。

螺旋式掏槽是围绕空眼逐步扩大槽腔,能形成较大的掏槽面积,用于中硬以上的岩石都能取得良好的效果。在钻眼技术条件允许的情况下,空眼最好采用大直径(眼径 75～120mm),这样不容易产生压实现象,而且空眼愈大爆破愈容易,掏槽效果也愈可靠。

螺旋式掏槽除空眼外,一般有四个炮眼即可,炮眼的布置关键是合理确定 1 号和 0 号炮眼的眼距,其他炮眼据此而定。1 号和 0 号炮眼的眼距取决于岩石性质,炮眼布置见图 2-11 所示。国外在较大的掘进施工断面中,常采用双螺旋式掏槽,见图 2-12。这种掏槽方式能进一步扩大掏槽面积,同时能大大提高进尺。

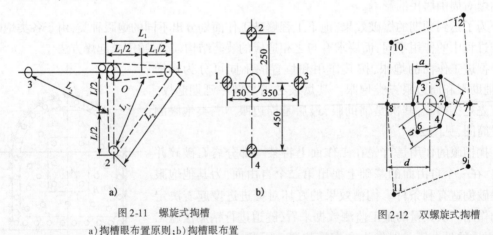

图 2-11　螺旋式掏槽
a)掏槽眼布置原则;b)掏槽眼布置

图 2-12　双螺旋式掏槽

角柱式掏槽方式很多,包括三角柱式掏槽、菱形式掏槽和五星式掏槽等。掏槽眼的布置多采用对称式,打眼不像螺旋式掏槽那样变化而易于掌握。一般在中硬岩条件下采用效果很好,故应用较为广泛。

三角柱式掏槽的炮眼布置形式,见图 2-13。它适用于中硬以上的小断面地下工程。掏槽眼一般采用毫秒雷管分两段或三段起爆,眼距为 100～300mm(据岩石的条件而定)。菱形式掏槽见图 2-14,五星式掏槽见图 2-15。适用于各类岩层,在坚硬岩层和深孔爆破中较为常用。

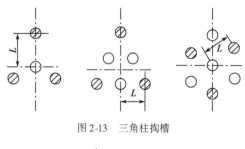

图 2-13　三角柱掏槽

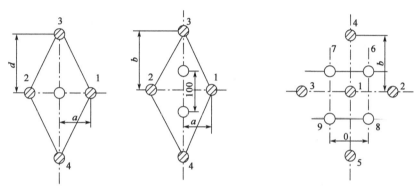

图 2-14　菱形式掏槽　　　　　　　　　图 2-15　五星式掏槽

近年来,现场多采用直眼掏槽,随着重型凿岩机械的使用,尤其是钻取炮眼直径为 100mm 以上的液压钻机投入施工,使得直眼掏槽形式在地下工程中有了较大发展。试验成功的几种大孔中空(即临空孔)平行直眼掏槽形式,在施工中证明有良好的掏槽效果。初步结论是:对于钻孔深度为 3.0～3.5m 的深孔爆破,采用双临空孔形式,爆破效果更佳;钻孔深度为 3.5～5.15m 的深孔爆破,采用三临空孔形式,爆破效果更佳;钻孔深度在 3m 以下的,则可采用单临空孔形式。

2. 斜眼掏槽法

斜眼掏槽的特点是掏槽眼与开挖面斜交,可分为单向和多向(包括楔形和锥形)两种,见图 2-16。斜眼掏槽的优点是可以按岩层的实际情况选择掏槽方式和掏槽角度,容易把岩石抛出,而且所需炮眼的个数少。缺点是受工作面尺寸限制,也不便于多台钻机同时凿岩。

单向斜眼掏槽仅用于有明显软弱夹层的掘进工作面,并将掏槽眼置于软弱夹层中,才能取得良好的爆破效果。

在中硬岩层中,多采用楔形斜眼掏槽。由于锥形斜眼掏槽的炸药相对集中程度高,在坚硬岩层中采用可取得良好的爆破效果。

辅助眼(又称崩落眼)是布置在掏槽眼和周边眼之间的炮眼。它是大量崩落岩石和刷大断面的主要炮眼。其布置原则应充分利用掏槽眼所创造的自由面,最大限度地爆破岩石,且崩落下的岩块大小堆积距离均便于装运。辅助眼眼距一般为 500～700mm,方向基本垂直于工作面,尽可能均匀布置。采用光面爆破时必须为靠近周边的第二圈崩落眼创造条件,使其爆破后,周边眼有最好的预留光面层,即使留下的岩层厚度恰好等于周边眼的抵抗线,以确保周边

眼的光爆效果。

周边眼的布置是决定地下工程掘进成型优劣的关键。按照光面爆破的要求,其眼口中心都应布置在地下工程设计掘进断面的轮廓线上,眼底应稍向轮廓线外偏斜,一般不超过 100 ~ 150mm,这样可使下一循环打眼时凿岩机有足够的工作空间,同时要尽量减少超挖量,眼间距应符合光面爆破的要求。

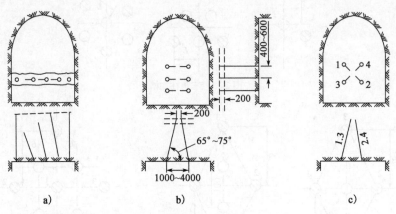

图 2-16 斜眼掏槽(尺寸单位:mm)
a)单向;b)多向(楔形);c)多向(锥形)

处于底板处的周边眼也称为底眼。底眼的主要作用是控制地下工程底板高程以及抛掷已破碎的岩石,一般底眼眼口应高出底板水平 150mm 左右以防止灌水,眼底向下倾斜,可扎到底板高程以下 200mm 左右,以防止拉底和漂底。

三、炸药选择

炸药是以氧化剂和可燃剂为主体,按照氧平衡原理构成的爆炸性混合物。地下工程中,广泛应用的炸药为工业炸药,具有成本低廉、制造简单、应用可靠等特点。工业炸药品种繁多,按组成特点可分为铵梯炸药、硝甘炸药(硝化甘油类炸药)、铵油炸药、含水炸药(乳化炸药、水胶炸药和浆状炸药)和特种炸药(含铝炸药、液体炸药等)。通常,也按照使用场合分为岩石炸药、许用炸药和露天炸药等。

目前在工程实际中,选择炸药时一般都考虑采用类比法,对于不同爆破目的、不同爆破条件、不同爆破环境等的工程建筑爆破开挖,衡量其爆破效果的好坏,除强调开挖进尺外,还须强调开挖轮廓平整和保护洞壁围岩的稳定性。如何合理地选择和使用炸药,从而取得最低的费用、最好的爆破效果和最优的安全性,已成为工程爆破中非常重要的问题。实践证明,只有在充分了解岩石性质对破碎特性和程度的影响、熟悉炸药爆炸特性,爆破作用机理及综合要求时,才能较好地解决上述问题。

1. 从岩石性质考虑选择炸药

不同炸药在同一岩石中或同一炸药在不同岩石中爆炸所激发的冲击波压力不同,则爆炸能量转换成粉碎、破坏和抛掷的能量不同,破坏效率不同。岩石有坚硬、中硬和软弱之分,而相应的也有爆速高、中、低的炸药与之相匹配。炸药类型选择必须和爆区的岩石硬度相匹配,只有这样才能在保证爆破效果,同时降低爆破成本。

一般说来,对于松软岩石,爆破时宜选用低密度、低威力炸药,如普通的铵油炸药、低密度的乳化炸药等;而对于坚硬难爆的岩石,通常选用高威力、高爆速的炸药,如铝化铵油炸药、高威力的乳化炸药、胶质炸药、TNT 含量较高的铵梯炸药等。

2. 从爆破组织方面考虑选择炸药

炸药选择要符合爆破参数的要求,包括爆破的方法和目的、合格破碎块度、炮孔直径、炮孔含水率、装药结构等。

当爆破方法和目的不同,应选用不同的炸药。如当破碎度在爆破效果等评价因素中起控制作用时,主要考虑炸药爆速这一因素;对有减振要求而采用的预裂及光面爆破,应选择爆速低、猛度低、密度小的小直径炸药;为确保传爆可靠,宜选用水胶或乳胶炸药以消除间隙效应的影响;在城市中进行控制爆破可选用普通工业炸药等。

合格破碎块度是工程爆破的主要经济技术指标,它对爆破劳动生产率和经济效益有重要的影响。一般情况下,破碎块度主要取决于炮孔装药的能量集中程度。经验表明,钻孔空间里炸药能量愈集中,爆破矿岩破碎块度愈小愈均匀。这种炮孔装药的能量分布可以通过炸药的威力和密度来控制。

炮孔直径和有效容积的变化必然影响所选用的炸药品种。一般来说,炮孔的直径越小,要求炸药的爆轰感度越高。例如,大直径炮孔爆破通常选用乳化粒状铵油炸药和普通铵油炸药,而小直径的光面爆破药卷一般宜选用低密度的粉状硝化甘油类炸药和低密度乳化炸药。

受岩石性质、地质条件和气候条件的影响,钻孔中含水率发生着变化。对于干孔可任意选用那些能与矿岩特性相匹配的炸药;对于含水率大的炮孔,宜选用抗水性能好的乳化炸药、浆状炸药和水胶炸药,也可选用硝化甘油类胶质炸药;而对于含水率较少的炮孔可以选用低含量乳胶的乳化粒状铵油炸药、铵松蜡炸药、铵沥青炸药。

为充分发挥不同类型的炸药特性,当孔径较大时,采用组合装药结构更经济合理。组合装药是在同一炮孔内分段装填不同的炸药,组合装药的基本原则是:炮孔上部装填低威力炸药,炮孔下部装填高威力炸药。通常,在炮孔底部装填浆状炸药,上部装填铵油炸药。

另外,在选择炸药时还要考虑炸药的性能、施工的安全性以及爆破的成本等。

四、装药结构及起爆方法

根据各类炮眼的不同要求(作用范围性质方向等),其装药结构有所不同。一般的,掏槽眼和辅助眼的装药结构可分为正向装药和反向装药两种方式,见图 2-17。

正向装药是先将被动药包依次装入眼内,然后装入起爆药包,所有药包和雷管的聚能穴一致朝向眼底,最后用炮泥填满炮孔。有时,为了防止相邻炮眼爆炸时产生"带炮"现象,也可将起爆药包放在距眼口第二个药包的位置上。由于该方式易遗留残药并有拒爆现象,故应用较少。

反向装药是先将起爆药包装入眼底,后再装入被动药包,要求药包和雷管的聚能穴一致朝向眼口,最后装满炮泥(也可不加炮泥)。

实践证明,反向装药有利于提高炮眼利用率、掏槽眼和辅助眼装药结构减少炮眼、作业安全,炮眼愈深,爆破效果愈好。反向装药不宜用火雷管起爆或炮眼较浅(1.5m)的场合。

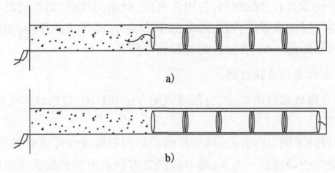

图 2-17　掏槽眼和辅助眼装药结构

a)正向装药;b)反向装药

　　为了使爆力分布均匀,保证掘进轮廓光滑、成型好,周边眼一般采用间隔装药结构见图 2-18,光面爆破更是如此。药卷间的距离,应当考虑炮眼中药卷的殉爆距离小于地面药卷的殉爆距离。所以,起爆药包的殉爆距离,应通过现场炮眼试验确定。

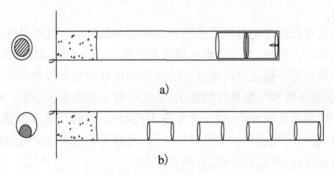

图 2-18　周边眼装药结构

a)单段空气柱装药;b)空气间隔分节装药

　　间隔装药爆破也称为轴向不耦合装药爆破,通常指在装药之间或装药与炮泥之间填充空气或水,爆炸冲击波在通过填充介质时强度大幅降低。相关研究结果表明,该技术的运用可使炮孔内的能量分配更加合理,岩体的过破碎情况减少。目前,根据装药结构的不同分为:连续不耦合装药、连续耦合装药、分段不耦合装药和分段耦合装药,分别如图 2-19a)、b)、c)、d)所示。

　　水间隔装药爆破技术是当前重点推广的爆破技术之一。由于水具有近似的不可压缩性和不膨胀性,水耦合爆破时孔壁所受初始冲击压力以及随后因气体膨胀而产生的准静态应力都大于空气耦合爆破。另外,水的流动性使应力场分布更加规律。通过对比试验得出,水间隔装药的综合爆破效果优于空气间隔装药,大块减少,炸药单耗降低。研究表明,该技术的应用可节省炸药 15% ~20%,隧道爆破炮眼利用率达到 97.4%,粉尘浓度降低 42.5% ~92%,有毒有害气体得到有效控制。

　　近年来,孔底间隔装药爆破技术发展迅速,该技术是一种在炮孔底部放置一定高度空气层或水层后进行装药填塞的爆破方法,结构如图 2-19e)所示。根据冲击波理论,爆轰波通过空气(水)层传播到达孔底后绝大部分发生反射,反射回来的冲击波使空气(水)层内的准静态压力迅速升高,从而使岩石破碎更加充分,炮眼利用率提高,大块、根底减少,地震效应减弱。

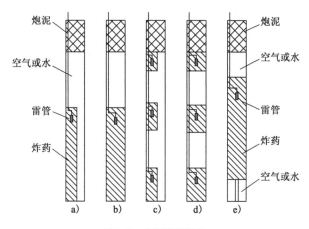

图 2-19　间隔装药结构

在工程爆破中,起爆技术对爆破作业安全和爆破效果的保证,具有特别重要的意义。为了很好地把握起爆技术,就应当正确地选择起爆方法。例如,黑火药可由导火索引爆;胶质炸药或硝胺类炸药要通过火雷管、电雷管或导爆索引爆;铵油炸药、胶质炸药等类低感度炸药,除了需要电雷管、导爆索以外,还需要一定比例的中继药包(起爆体)才能达到良好的爆破效果。

一个药包的起爆过程,通常需要由下列顺序来完成:

点火(火花、电力)→起爆(火雷管、电雷管)→中继起爆(导爆索、起爆体)→药包爆炸。

五、钻爆参数计算

地下工程的爆破效果在很大程度上取决于钻眼爆破参数的合理选择。主要钻眼爆破参数包括:单位耗药量、装药直径、炮眼直径、炮眼数目、炮眼深度等。电爆网路的计算是保证全部雷管安全起爆的基础,应予足够的重视。

1. 单位耗药量

爆破每立方米原岩所消耗的炸药量称为单位耗药量,单位耗药量不仅影响岩石破碎块度、岩块抛掷距离和爆堆形状,而且影响炮眼利用率、钻眼工作量、劳动生产率、材料耗量、掘进成本、地下工程轮廓质量及围岩的稳定性等。因此,合理确定单位耗药量具有十分重要的意义。

影响单位耗药量的因素很多,主要有:岩石的物理力学性质、掘进断面、炸药的性质、装药直径、炮眼直径和炮眼深度等。因此,精确计算单位耗药量是很困难的。可采用理论计算和查表的方法估算单位的耗药量,再通过现场试验进行调整。

计算单位耗药量的经验公式很多,这里只介绍修正的普氏公式。该公式的简单形式如下:

$$q = 1.1 Ke \sqrt{\frac{f}{S}} \qquad \text{kg/m}^3 \qquad (2\text{-}1)$$

式中:f——岩石坚固性系数;

$\quad S$——地下工程掘进断面积,m^2;

$\quad Ke$——考虑炸药爆力 P(mL)的校正系数,$Ke = 525/P$。

单位耗药量也可以参考炸药消耗定额表确定,表 2-2 是根据炸药消耗定额所折算出的每米隧道炸药消耗量。

表 2-2

每米隧道炸药消耗量炸药爆力(280mL)

隧道掘进断面(m²)	每米隧道炸药消耗量(kg/m)			
	岩石坚固性系数			
	2 ~ 4	5 ~ 7	8 ~ 10	11 ~ 14
4	7.28	9.26	12.80	15.72
6	9.30	12.24	16.62	20.58
8	11.04	14.80	19.92	24.88
10	12.06	17.20	23.00	28.80
12	14.04	19.32	25.80	32.40
14	15.40	21.42	28.70	36.12
16	16.64	23.36	31.04	39.36
18	17.82	23.38	33.66	42.30

根据炮眼布置及每个炮眼的装药量,所得的实际单位耗量 q_0 按下式计算:

$$q_0 = \frac{Q}{Sl\eta} \tag{2-2}$$

式中:Q——个循环进尺的总装药量:

$$Q = Q_1 + Q_2 + Q_3 \tag{2-3}$$

式中:Q_1、Q_2、Q_3——掏槽眼、辅助眼和周边眼的总装药量,kg;

　　　S——掘进断面积,m²;

　　　l——炮眼深度,m;

　　　η——炮眼利用率。

2. 装药直径和炮眼直径

耦合装药(或散装药)时,装药直径即炮眼直径;不耦合装药时,不耦合程度以不耦合系数表示,不耦合系数 κ 按公式(2-4)计算。但在装药过程中,炸药密度和药卷直径均有所增大,操作时应适当考虑。

$$\kappa = \frac{D}{D_0} \tag{2-4}$$

式中:D——装药直径,mm;

　　　D_0——药卷直径,mm。

不耦合系数一般控制在 1.1 ~ 1.4,药卷与炮眼壁之间的空隙一般为炮眼直径的10% ~ 15%。

炮眼平均直径近似等于钻头最小和最大直径的平均值,通常所说的炮眼直径均是指炮眼平均直径。

3. 炮眼数目

工作面上的炮眼数目 N 可通过经验公式估算,也可通过三类炮眼满足爆破及炸药定额要求的实际布置加以确定。以下是根据单位耗药量估算炮眼数目的经验公式:

$$N = \frac{q \times S \times m}{a \times P} \tag{2-5}$$

式中:m——每个药包长度,m;

　　a——装药系数,即装药长度与炮眼长度之比,一般取 $0.5 \sim 0.7$;

　　P——每个药包的重量,kg。

其他符号同前。

4. 炮眼深度

炮眼深度 L_b 是确定掘进循环劳动量和工作组织的主要钻爆参数,通常根据任务要求、钻眼设备和循环组织来确定。下面以按任务要求为例,解释确定炮眼深度的方法。

$$L_b = \frac{L}{t \times \eta \times n_m \times n_s \times n_c} \tag{2-6}$$

式中:L——掘进段全长,m;

　　t——规定完成掘进任务的时间,月;

　　n_m——每月工作日,考虑备用系数每月按 25 天计算;

　　n_s——每天工作班数;

　　n_c——每天循环数。

应当指出的是,上式只是炮眼深度的估算,合理确定炮眼深度还应同时考虑围岩条件、支护方式、钻眼及排渣设施等因素。

六、电爆网路的连接与计算

地下工程掘进时,往往要求大量雷管同时通电起爆。为使这些雷管都能获得起爆所需的电流,必须将它们按一定方式连接起来组成电爆网路。

1. 电爆网路的连接方法

电爆网路连接方法有串联、并联和串并联等几种。各类电爆网路的连接方法,见图 2-20。

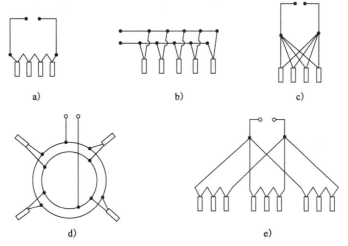

图 2-20　电爆网络连接方法

a)串联;b)分段并联;c)并簇联;d)闭合反向分段并联;e)串并联

串联网路是将每个雷管脚线依次连接成一串,最后接到放炮母线上。这种连接方法电路的总电流小,适用于电压高、电容小的起爆器。母线电阻稍大影响不太显著,电路便于用导通表检查,连线操作简单,在含有易爆气体条件下使用安全。缺点是一发雷管断路就会导致全部雷管拒爆,因此,在装药之前必须对全部雷管做导通检查。另外,该网络一次起爆的雷管数量有限,适用于起爆数量较少的项目。

并联网路是各个雷管的两根脚线分别连到两根母线上。这种连接方法又可分为分段并联和并簇联两种。并簇联(俗称两把抓)的连线特别迅速方便,但需要雷管的脚线稍长才能连到一起。分段并联由于连接线有一定的电阻,容易使电路电流分配不均,只有在爆破断面特大时才采用。使用分段并联应当尽量设法减小连接线的影响,简单的方法是采用闭合反向电路。并联网路雷管的导通性使用仪表不易查出,但是,个别雷管的断路不会影响其他雷管的准爆。这种电路需要的总电流大,必须使用线路电源并且容易产生外露火花,在含有易爆气体的条件下使用不安全。

串并联网路是将若干个雷管先串联起来组成若干个串联组,然后再将各组并联起来的连线方法。它的突出优点是在相同条件下能起爆的雷管数目最多,缺点是连线复杂容易出错。串并联网路也应使用线路电源。

2. 电爆网路计算方法

电爆网路的计算实质上是计算电路的电流强度。当电流强度大于每个雷管的准爆电流时,电爆网路即刻起爆。上述电爆网路的电流强度均可按以下公式计算:

$$I = \frac{u}{nr + mR} \qquad (2\text{-}7)$$

式中:I——通过每个雷管的电流,A;

u——放炮电源电压,V;

n——串联雷管的个数,并联时 $n = 1$;

m——并联雷管的个数,串联时 $m = 1$,串并联时为雷管并联的组数;

r——雷管的全电阻,2m 铁脚线康铜桥丝雷管为 $3 \sim 4\Omega$,镍铬桥丝雷管为 $5 \sim 6\Omega$,脚线加长时也应加大;

R——母线电阻 R_1 与电源电阻 R_2 之和,欧母线电阻 R_1 可查得导线规格表,或按下式计算:

$$R_1 = \frac{\rho L}{S} \qquad (2\text{-}8)$$

式中:L——导线长度,m;

S——导线断面积,mm^2;

ρ——导线电阻系数。

在串并联电爆网路中,雷管部数 $N = n \times m$,即 $n = N/m$,带入式(2-7)中,通过数学变换得出最优分组数为:

$$m = \sqrt{\frac{Nr}{R}} \qquad (2\text{-}9)$$

七、钻爆说明书及爆破图表

钻爆破说明书和爆破图表,是地下工程施工组织设计中的一个重要组成部分,是指导和检查钻眼爆破的工作的技术文件。说明书主要内容包括以下几点。

(1)简单描述地下工程的特征(名称、用途、位置、断面形状和尺寸、坡度),穿过岩层的名称、地质条件、岩石的物理力学性质、可燃气体情况等。

(2)钻眼机械设备及工具的选择。

(3)爆破器材的选择。

(4)钻眼爆破参数的选择与计算。

(5)电爆网路的计算。

(6)爆破采取的各项安全措施。

爆破图表包括三个部分:第一部分是爆破原始条件表;第二部分是炮眼布置图,并附有说明表;第三部分是预期爆破效果表。表格的形式与内容,见表2-3~表2-5。

爆破原始条件表 表2-3

序号	名　称	单位	数值	序号	名　称	单位	数值
1	掘进断面	m²		5	易燃易爆气体情况		
2	岩石坚固性系数 f			6	××炸药		
3	炮眼深度	m		7	雷管	个	
4	炮眼数目	个		8	总装药量	kg	

炮眼排列及装药量表 表2-4

序号	炮眼名称	眼深	眼长	装药量			倾角		爆坡顺序	连线方式
				(个/眼)	(kg/眼)	(小计)	水平	垂直		
$1-n_1$	掏槽眼								I	
n_2-n_3	辅助眼								II	
n_4-n_5	帮眼								III	
n_6-n_7	顶眼								IV	
n_8-n_9	底眼								V	
n_{10}	水沟眼								VI	
共计										

预期爆破效果表 表2-5

序号	名　称	单位	数值	序号	名　称	单位	数值
1	炮眼利用率	%		5	每米掘进进尺炸药耗量	kg/m	
2	每循环工作面进尺	m		6	每循环雷管耗量	个/m³	
3	每循环爆破实体岩石	m³		7	每米掘进进尺雷管耗量	个/m	
4	炸药消耗量	kg/m³					

第四节　新奥法理论与实践

一、新奥法施工理论

新奥法即新奥地利隧道施工方法的简称,是奥地利学者拉布西维兹教授于 20 世纪 50 年代提出的。它与法国的收敛约束法或有些国家的动态观测设计施工法的基本原则一致。目前,新奥法几乎成为在软弱破碎围岩地段修建隧道的一种基本方法,技术经济效益是明显的。新奥法理论是从对松弛荷载理论到岩石承载理论的认知中逐步发展而来的,两大理论核心如下。

1. 松弛荷载理论

其核心内容是:稳定的岩体有自稳能力,不产生荷载;不稳定的岩体则可能产生坍塌,需要用支护结构予以支撑。这样,作用在支护结构上的荷载就是围岩在一定范围内由于松弛并可能塌落的岩体重力。这是一种传统的理论,其代表人物有泰沙基和普氏等人。

2. 岩石承载理论

其核心内容是:围岩稳定显然是岩体自身有承载自稳能力;不稳定围岩丧失稳定是有一个过程的,如果在这个过程中提供必要的帮助或限制,则围岩仍然能够进入稳定状态。这种理论体系的代表性人物有拉布西维兹、米勒—菲切尔、芬纳—塔罗勃和卡斯特奈等人。

由以上可以看出,前一种理论更注意结果和对结果的处理。而后一种理论则更注意过程和对过程的控制,即对围岩自承能力的充分利用。由于有此区别,因而两种理论体系在过程和方法上各自表现出不同的特点。新奥法是岩石承载理论在隧道工程实践中的代表方法。

新奥法的基本要点可归纳如下。

(1)岩体是隧道结构体系中的主要承载单元,在施工中必须充分保护岩体,尽量减少对它的扰动,避免过度破坏岩体的强度。为此,施工中断面分块不宜过多,开挖应当采用光面爆破、预裂爆破或机械掘进。

(2)为了充分发挥岩体的承载能力,应允许并控制岩体的变形。一方面允许变形,使围岩中能形成承载环;另一方面又必须限制它,使岩体不致过度松弛而丧失或大大降低承载能力。在施工中应采用能与围岩密贴、及时筑砌,又能随时加强的柔性支护结构,例如,锚喷支护等。这样,就能通过调整支护结构的强度、刚度和它参加工作的时间(包括闭合时间)来控制岩体的变形。

(3)为了改善支护结构的受力性能,施工中应尽快闭合,而成为封闭的筒形结构。另外,隧道断面形状应尽可能圆顺,以避免拐角处的应力集中。

(4)通过施工中对围岩和支护的动态观察、量测、合理安排施工程序、进行设计变更及日常的施工管理。

(5)为了铺设防水层,或为了承受由于锚杆锈蚀,围岩性质恶化、流变、膨胀所引起的后续荷载,可采用复合式衬砌。

（6）二次衬砌原则上是在围岩与初期支护变形基本稳定的条件下修筑的,围岩和支护结构形成一个整体,因而提高了支护体系的安全度。

二、新奥法原理分析

新奥法是一个具体应用岩体动态性质的完整工程概念,它是建立在大量工程与科学实践所证明的基础之上的,现归纳起来有以下几点。

（1）隧道结构的主要承载是围岩。在隧道围岩支护过程中,一方面允许围岩有一定位置移动,进而产生受力区;另一方面,为避免围岩变形过大而产生严重松弛卸载,必须限制围岩位移的程度。

（2）为使围岩在开挖卸载后不失去原有的强度,开挖后需对围岩进行加固。

（3）初次支护主要作用是避免围岩严重松弛和卸载,需要围岩的承受自身重量,不是用来承担隧道围岩所失去的承载力。应适时地建造初次支护,在挖开围岩后间隔一定时间,使围岩发生形变进而形成承力保护区,起到较好的支撑性能。

（4）围岩自我稳定时间,一方面通过在建造过程中量测隧道周边的位移来评定;另一方面依靠对围岩地质条件的初步调查。

（5）通常可视其整体的结构效应为薄壳,是因为喷射混凝土本身的强度高和轻度变形的特点决定了它的可塑性和收缩的能力。

（6）在没有被腐蚀破坏的情况下,就可把初次支护看作承重结构的一部分。

（7）由于喷射混凝土具有结合围岩、填平洞壁不平整面等特点,因此喷射混凝土常作为初次支护,并且能使围岩不发生应力重分布以及使用钢筋网、锚杆和钢拱架。

（8）孔洞的施工方法决定了从开挖到封闭所需的时间。施工时通过测量控制和修改围岩的变化,通过前期的地质调查对施工资料进行估计。

（9）为规避施工时工程荷载对隧道受力的影响,限制围岩的二次应力重分布程度以及松动圈的范围,通常利用对拱部减少开挖次数进行一次开挖方案。

（10）从物理静力学的角度看,为避免出现应力集中现象,隧道横截面应尽可能接近圆形或椭圆形。并且限制超挖和欠挖,开挖后及时封闭结构,并建造仰拱。

（11）可建造薄层内衬砌,以提高隧道结构的安全性,最终达到密封的效果,内层与外层相互之间只传递压力,使结构内不产生过大的弯曲应力。

总之,运用新奥法进行施工的指导思想是:保护围岩,且充分发挥围岩的自身承载作用。

三、新奥法施工作业程序

1. 开挖

开挖是先导工作,施工中有三种不同的方法,即全断面法、台阶法和分部开挖法。因开挖在整个隧道的施工过程中至关重要,故专业分工比较细,设有量测画线组、钻孔组、爆破组和清渣等班组。施工机械配有空压机、风动凿岩机、大吨位自卸汽车、轮式装载机,以及通风和照明等设备。开挖工作是以施工机械为主和一般劳动手段为前提的一种劳动组合,每一个工作循环的进尺在2m左右。

洞身爆破开挖,综合了毫秒爆破和光面爆破技术,用侧翻装载机、大型挖掘机装渣和大吨位的自卸汽车或传输带出渣。首先是将隧道划分为上下两个半部,分别布孔并采用不同的装药量。由于采用的是毫秒爆破技术,这样在爆破过程中,因各部位起爆时向差异的关系,增大了临空面,可以减少爆破时对围岩扰动影响的因素,而爆破后的石渣又便于装载机装渣。因此,根据围岩类别、洞身埋深、炮孔孔深、炮孔的类别(掏槽孔、辅助孔、周边孔、底板孔)和实际出渣能力等因素,各部位炮孔之间的间距以及装药量也各不相同。其主要的是在施工过程中通过采用技术措施,最大可能地降低爆破对围岩体的扰动,确保安全;另一方面也能满足采用台阶法爆破施工技术的要求。

围岩横断面的各部设计开挖尺寸,是按照高速公路隧道建筑限界标准加上复合衬砌厚度、预留沉降、初期支护厚度等确定的设计开挖线,也就是进行编制工程造价和计量支付的计价线。

从算出的各类围岩的横断面积来看,其设计开挖面积的大小不同,以致衬砌的厚度有所不同,故设计开挖面积就有差异。根据统计,新奥法由于综合了毫秒爆破和光面爆破技术,与矿山法相比,开挖断面少4.7% ~10.0%、超挖回填量降低50%。

新奥法的核心技术是,光面爆破开挖、锚喷支护和监控量测。所谓量测并不是一般用花杆和皮尺去丈量或检验一下现场,而是因隧道地质的复杂性和不可预见行性,初始设计未必完全符合客观实际情况。所以,在施工过程中应边开挖边监测,对地质情况作出预报,据以调整支护形式和施工方案,是隧道施工过程中极为重要的一个工作环节。由于这项工作是在施工中进行的,所以又被称为信息化施工或现场临床诊断式施工。它的主要评价指标是围岩体是否稳定和支护形式是否合理。因此,为了切实做好这一量测工作,在劳动组合中,一般都设有负责量测画线的专业小组。

2.初期支护

洞身开挖前,首先在进洞口设置管棚(先钻孔,再放导管,后注浆),加固围岩(一般长度10 ~45m),再根据围岩情况进行开挖,并决定开挖长度,接着喷浆,设置各种锚杆,设置钢拱支撑、钢丝网、连接钢筋,最后喷射混凝土,完成初期支护。

喷锚支护指初期柔性支护,一般在开挖后的渣堆上开始进行,在开挖后围岩自稳时间的1/2内完成。喷锚施工一般设有喷射混凝土和锚杆两个班组。这项工作常分为两次进行,一次是在爆破后,经找顶,进行初步清渣和初步喷锚支护;在清渣工作全部结束后,按设计要求完成锚杆、挂钢筋网或铁丝网、喷射混凝土的全部工作。需要配备混凝土喷射机和凿岩机等设备。

山岭公路隧道衬砌,通常采用喷锚技术。"喷锚"是喷射混凝土、喷射混凝土与锚杆、钢筋网或铁丝网喷射混凝土与锚杆等类型的支护或衬砌的总称。喷射混凝土有干法喷射和湿法喷射两种。根据施工实践经验,在喷射过程中,其回弹量可高达50%左右,故应注意做好材料的回收利用,这是一个重要的问题。喷射混凝土应按分段、分片由下而上顺序进行喷射。每段长度不应超过6m。一次喷射的厚度,如不掺速凝剂,拱部为3 ~4cm,边墙为5 ~7cm。二次如掺速凝剂,拱部为5 ~6cm,边墙为7 ~10cm。当分多次喷射时,后一层喷射应在前层混凝土终凝后进行。锚杆一般采用Ⅱ级钢筋做成。其类型和用途比较多,它与喷射混凝土等共同形成永久性支护。根据施工实践,按新奥法施工的隧道,爆破对围岩扰动的影响范围最大不会超过1.5m。所以锚杆的长度一般不应小于1.5m。

3.二次衬砌模筑混凝土

初期支护完成且围岩趋于稳定之后,铺设防水层(防水层之外设置各种排水管),然后开始二次衬砌。复合衬砌中的二次衬砌,大多采用现浇混凝土,为有别于喷射混凝土,故习惯称为模筑混凝土(指立模现浇混凝土,其模板则宜采用专用纵向长度8～12m组合式的门式模板台车浇筑混凝土整体衬砌)。

上述新奥法的基本要点可扼要概括为:"少扰动、早喷锚、勤量测、紧封闭"。其作业工序见图2-21。

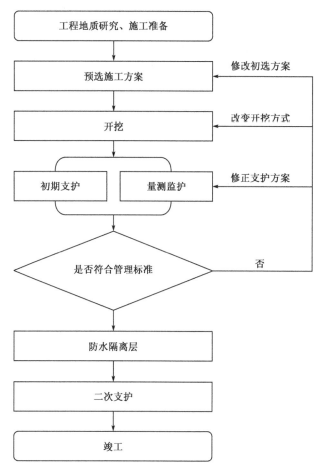

图 2-21 新奥法作业程序

四、新奥法施工中可能发生的问题及其对策

新奥法施工的基本原则为"短开挖、弱爆破、早支护、快封闭、勤量测"。洞身开挖过程中"短开挖、弱爆破",以确保开挖对隧道围岩整体自身稳定性的扰动和破坏,缩短围岩应力松弛时间。开挖后及时做初期喷锚支护,形成永久承载结构,尤其是承受部分水压和全部土荷载的

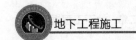

浅埋隧道、海底隧道。其初期喷锚支护则承受全部水荷载和围岩荷载,而二次模筑衬砌则作为安全储备。在隧道施工全过程中,通过对洞内外地质与支护状态观察、拱顶下沉、地表下沉、钢架内力及外力、围岩体内位移、围岩压力、两层支护间压力、锚杆轴力、爆破振动及渗水压力水流量等项目指标的监控量测,实时准确掌握围岩(或围岩加支护)的受力状态和稳定状态,实现动态设计、动态施工。表2-6是新奥法施工中经常发生的一些异常现象及相应的技术措施。

新奥法施工的异常现象及处理措施   表2-6

项目	施工中现象	措施 A	措施 B
开挖面及其附近	正面变的不稳定	1.缩短一次掘进长度 2.开挖时保留核心土 3.向正面喷射混凝土 4.用插板或并排钢管打入地层	1.缩小开挖断面 2.在正面打锚杆 3.采取辅助施工措施对地层进行加固支护
	开挖面顶部掉块增大	1.缩短开挖时间及提前喷射混凝土 2.采用插板或并排钢管 3.缩短一次开挖长度 4.开挖面暂时分部施工	1.加钢支撑 2.预加固地层
	开挖面出现涌水或者涌水量增加	1.加速混凝土硬化增加速凝剂等 2.喷射混凝土前作好排水 3.加挂网格密的钢筋网 4.设排水片	1.采取排水方法(如排水钻孔、井点降水等) 2.预加固围岩
	地基承载力不足,下沉增大	1.注意开挖,不要损害地基围岩 2.加厚底脚处喷混凝土,增加支承面积	1.增加锚杆 2.缩短台阶长度,及早闭合支护环 3.用喷混凝土临时底拱 4.预加固地层
	产生底鼓	及早喷射底拱混凝土	1.在底拱处打锚杆 2.缩短台阶长度,及早闭合支护环
喷混凝土	喷层脱离,甚至塌落	1.开挖后尽快喷射混凝土 2.加钢筋网 3.解除涌水压力 4.加厚喷层	打锚杆或增加锚杆
	喷混凝土层中应力增大,产生裂缝和剪切破坏	1.加钢筋网 2.在喷混凝土层中增设纵向伸缩缝	1.增加锚杆(用比原来长的锚杆) 2.加入钢支撑
锚杆	锚杆轴力增大,垫板松弛或锚杆断裂		1.增加锚杆(加长) 2.采用承载力大的锚杆 3.为增大锚杆的变形能力在锚杆垫板间夹入弹簧垫圈等
钢支撑	钢支撑中应力增大,产生屈服	松开接头处螺栓,凿开喷混凝土层,使之可自由伸缩	1.增强锚杆 2.采用可伸缩的钢支撑,在喷混凝土层中设纵向伸缩缝
	净空位移量增大,位移速度变快	1.缩短从开挖到支护的时间 2.提前打锚杆 3.缩短台阶、底拱一次开挖的长度 4.当喷混凝土开裂时,设纵向伸缩缝	1.增强锚杆 2.缩短台阶长度,提前闭合支护环 3.在锚杆垫板间夹入弹簧垫圈等 4.采用超短台阶法,或在上半断面建造临时底拱

注:A指进行比较简单的改变就能解决问题的措施,B指包括需要改变支护方法等比较大的变动才能解决问题的措施。

思考题

1. 简述地下工程掘进技术及地下工程施工的特点。

2. 在地下工程施工中可能出现的状况及其处理办法有哪些？

3. 简述掘进机的种类、基本构造和工作原理。

4. 简述炮眼种类、炮眼的作用及爆破网络的连接方式。

5. 什么是新奥法？新奥法施工作业的一般流程和施工中所可能出现的问题及其对策有哪些？

第三章　地下工程支护技术

第一节　概　述

一、地下空间的稳定与围岩变形

地下工程中,地下空间的稳定问题,其实质是围岩的稳定问题,而围岩的稳定性又表现为围岩的变形。地下工程开挖后,引起岩层应力重新分布。在通常情况下,围岩的破坏过程为:三向应力状态→二向应力状态→径向位移→达到围岩极限承载应力→破坏。支护的作用可以理解为补偿第三向应力、控制位移、阻止破坏,见图3-1。

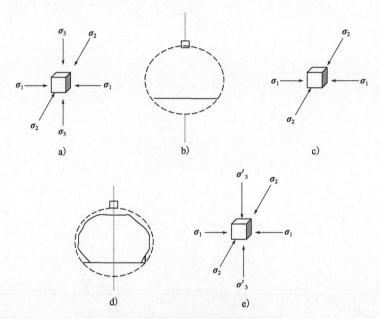

图3-1　岩层应力重新分布示意图

a)开挖前受力状态;b)开挖地下后隧道横断面;c)开挖后受力状态;d)衬砌后隧道横断面;e)支护后受力状态(注意 σ'_3)

新奥法原理也可以通过支护与围岩共同作用曲线加以解释,见图3-2。可按以下工况进行综合分析。

工况一:即时支护,即 $T=0$

(1)绝对刚性(理论)支护①。此时,支护应力即为原始地应力。

(2)塑(柔)性支护②。此时,随着支护构件柔性的增加,支护应力随之递减。

工况二:延时支护,即 $T=t_1$ 与 $T=t_2$

40

（1）绝对刚性（理论）支护⑤、⑥。此时，支护应力随着延时的增加而减少。

（2）塑（柔）性支护③、④。此时，随着支护构件柔性及延时的增加，支护应力随之递减，同时围岩自承载能力下降，当支护构件柔性或支护作业延时超过围岩变形极限或变形时限时，围岩破坏。

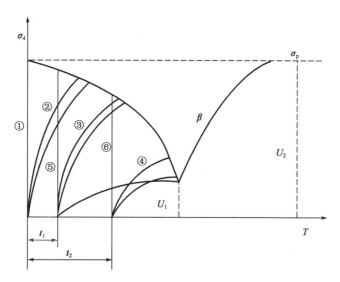

图 3-2　支护与围岩共同作用原理示意图

①、⑤、⑥-绝对刚性（理论）支护；②、③、④-塑（柔）性支护

以上综合分析可以得到以下结论：

（1）刚性支护（传统形式），衬砌承受最大压力，$\sigma_① > \sigma_②$。

（2）塑（柔）性支护（如锚杆、锚喷、喷射混凝土等支护），柔性越大衬砌承受压力越小，$\sigma_{1②} > \sigma_{2②}$——支护构件与围岩共同作用。

（3）延时支护，相同材料 $\sigma_③ > \sigma_④$，开挖后延时越长支护承受压力越小，但时间过长则围岩加速破坏。

因此，应科学把握支护时间，适时支护（注意监测），必要时进行二次支护。支护材料的刚度既不能过大也不能过柔。

二、支护的分类

由于隧道或洞室开挖过程中，将对其周围的土体或岩石有不同程度的扰动，改变了围岩原有的应力状态。为控制围岩的变形和坍塌，并能满足防水、防渗、防潮和保证正常使用的要求，开挖后应及时进行支护工作，支护的形式分为临时支护和永久支护。

1. 临时支护

临时支护的作用，是为了约束和控制围岩的变形，增强围岩的稳定，防止塌方，以保证施工作业的安全。

按支护原理、设备部位、变形特征和材料的不同，临时支护的类型如下：

按支护原理分 ┬ 构件支护:构造简单,操作方便,但技术、经济效果不如锚喷支护
　　　　　　 └ 锚喷支护:支护及时,效果好,便于机械化,能与永久支护相结合

按照支护材料分 ┬ 木支撑:加工简易,质量轻,拆装方便,但易腐蚀,重复利用率低
　　　　　　　├ 钢支撑:坚固耐用,占用净空小,能多次使用,不易适应断面的变化
　　　　　　　└ 钢筋混凝土支撑:支撑强度大,但安装运输不便、笨重、易断裂

按变形特征分 ┬ 刚性支护:适用于坚硬地层,呈脆性破坏时
　　　　　　 └ 柔性支护:适用于柔软地层,呈塑性破坏时

按设置位置分 ┬ 局部支护或支撑:仅支护局部围岩,或支撑个别危岩
　　　　　　 └ 沿断面周边支护:支护整个开挖断面,适用于顶部及侧壁均有围岩压力时

其中,所谓支护的原理不同是指:构件支护是用以支撑围岩一定范围的松动岩体或可能坍塌的岩体;而锚喷支护则是以增强围岩的自身稳定性、加固围岩、充分发挥围岩的承载力为目的。

为保证临时支护充分发挥其作用,对临时支护的一般要求是:

(1)及时。由图 3-2 可知,支护完成时间越早,围岩变形就越小,所以在需要支护的地段就要及时进行支护,尽快约束围岩的变形,阻止围岩进一步松动和破坏。目前,在国内外推广使用的地下工程的施工方法——新奥地利法(简称新奥法),其重要措施之一就是在围岩暴露后,立即在围岩上喷一层薄混凝土,及时约束和抑制围岩的变形,然后再进行后续工作。

(2)可靠。为了有效地约束围岩的变形,临时支护必须要有足够的抗力。当为临时支撑时,必须有足够的强度、刚度和稳定性。

(3)简便。要求临时支护的结构简单,安装、架设和拆装方便,且要少占净空。

(4)用料省,成本低。

2. 永久支护

在临时支护的基础上,为保证坑道围岩的稳定及地下工程的长期正常使用,必须对开挖后的坑道进行永久支护。根据不同的施工工艺,永久支护又分为:模筑混凝土衬砌、装配式衬砌和锚喷支护(永久)等形式。

当围岩稳定性较差时,支护工程通常是紧跟开挖面,与开挖工作平行作业,甚至交叉作业,以减少围岩暴露时间;当围岩稳定性较好时,支护工程可在全洞开挖工作基本结束后再进行。

第二节　构件支护法

构件支护作为一种临时支护,一般在地质条件较差的支护作业段使用,常用的有:钢支撑、钢筋混凝土构件支撑、组合支撑和土钉支撑。

一、钢支撑

钢支撑强度大,断面小,构造简单,运输及安装方便,还具有可重复利用的特点,也可以保留在混凝土中成为永久支护的一部分,因此在现场施工中被广泛采用。钢支撑通常用 16～20 号的工字钢、钢轨、特殊型钢或钢管制作。坑道断面为矩形或梯形时,仅有两根立柱和一根横梁,连接、架设都很方便。

在扩大开挖过程中常用钢支撑,一般有两种形式,见图3-3。A 型钢支撑使用于全断面一次开挖,组装顺序是由下向上;B 型钢支撑使用于分步开挖,即当上部断面挖出后,需要先进行上部支撑的情况。架设时,要先在拱脚处架设工字钢作托梁后架设钢拱,待下部断面挖好后,在托梁下顶上钢立柱,并用木楔打紧。钢支撑的间距视地质情况而采用1.0~1.5m。

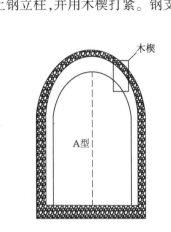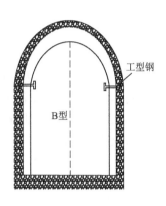

图3-3　扩大开挖中的钢支撑形式

另外,为保证钢支撑的整体稳定性,充分发挥钢支撑力学特点,构件之间对接缝处必须楔紧,还应在各排支撑之间用拉杆连接,钢支撑与岩壁之间也要用木楔楔紧。

二、钢筋混凝土支撑

钢筋混凝土支撑是由若干混凝土构件拼装而成,通常用于导坑或辅助坑道的支撑。因辅助坑道使用时间很长,此时,钢筋混凝土支撑比木支撑更为优越。由于钢筋混凝土支撑构件易断裂,较笨重,安装运输不便且接头不宜连接牢固,目前已很少采用这种支撑方式。

从岩石力学角度来看,构件支撑有许多不利之处。首先,构件支撑与围岩的接触方式很不规则,往往是随意的点接触,且这种接触是不紧密的,这样不仅构件本身受力条件不好,同时也不能有效地控制围岩的变形;其次,构件支撑特别是木支撑在永久支撑时需要拆除,这样会很危险,因为构件已经受力,围岩暂时处于稳定状态,而拆除已受力的构件,使围岩再一次受到扰动或破坏,往往会引起塌方事故;再次,构件支撑只是"被动"支撑已松弛破碎的围岩,对围岩没有坚固作用,不能避免围岩变形过大而造成的破坏。与之相比,近年来在矿山及地下工程中推广应用的锚喷支护在这些方面则要优越得多。

三、组合支护结构

如管幕法、韩国 STS(Steel Tube Slab)工法等。管幕法是利用微型顶管技术在拟建的地下建筑物四周顶入钢管或其他材质的管子,钢管之间采用锁口连接并注入防水材料,形成水密性地下空间。然后在管幕的保护下,对管幕内土体加固处理后,边开挖边支撑,直至管幕段开挖贯通,再浇筑结构体;或者先在两侧工作井内现浇箱涵,然后边开挖土体边牵引对拉箱涵。管幕法是地下工程施工的一种辅助工法,对于埋深浅、断面大、地质条件复杂的地下工程,管幕法

有其他施工方法无可比拟的优点。北京地铁5号线崇文门车站下穿既有环线隧道和上海中环线虹许路——北虹路下立交工程采用了管幕法施工。韩国 STS 工法是一种用于下穿高速公路的隧道施工工法,该工法采用顶管施工方法,将单管顶入土体后连接形成管幕,然后在管幕的维护下,一步步安装支护,开挖土体,浇筑主体结构,最终实现结构的闭合成环。主要是采用管幕作为初期支护,具有沉降小、施工速度快的特点。

四、土钉支护

土钉墙又称为土钉支护技术,它是在原位土中敷设较为密集的土钉,并在土边坡表面构筑钢丝网喷射混凝土面层,通过土钉、面层和原位土体三者的共同作用而支护边坡或边壁。钉墙体同时也构成了一个就地加固的类似重力式挡土结构。在土钉支护体系中,土钉是重要的受力构件,土钉的作用是将作用于面层或水泥土桩上的水、土压力,通过土钉与土体的摩阻力传递到稳定的地层中去,类似于土层锚杆;通过密而短的土钉将支护后土体的变形约束起来,形成由土体、注浆体及土钉组成的复合土体,复合土体类似于重力式坝受力。与已有的各种支护方法相比,它具有施工容易、设备简单、需要场地小、开挖与支护作业可以并行、总体进度快、成本低,以及无污染、噪声小、稳定可靠、社会效益与经济效益好等许多优点,因而在国内外的边坡加固与基坑支护中得到了广泛迅速的应用。

第三节 锚喷支护法

一、锚喷支护的概念及其特点

锚喷支护是用锚杆锚固加喷射混凝土(有时加挂金属网)的一种支护形式。锚杆支护是用机械方法或化学方法将一定长度的杆件(多为金属杆)锚固在围岩上预先钻好的锚杆孔内,以加固围岩而起支护作用;喷射混凝土支护是用压缩空气将掺有速凝剂的混凝土拌和料,通过混凝土喷射机高速喷射到岩面上迅速凝固而起支护作用。在实际工程中,往往将两者结合起来使用,故称为锚喷支护。锚喷支护是通过加固洞室围岩而起支护作用的,在工程实践应用中可分为锚杆、喷射混凝土、锚杆喷射混凝土、钢筋网喷射混凝土和锚杆钢筋网喷射混凝土等几种类型。

锚喷支护是一种符合岩体力学原理及新奥法施工要求的方法,具有与围岩粘贴、支护及时、柔性好等特点。锚喷支护能封闭围岩的张性裂隙和节理,加固围岩的软弱结构面,使支护结构和围岩合成一个统一的支护体系而共同工作,从而提高围岩本身的强度和自承能力,有效地控制围岩的变形和坍塌。另外,在工程实践中锚喷支护的质量是良好或基本良好。资料显示,锚喷支护结构与现浇混凝土相比,可以减小衬砌厚度 1/2～2/3,节省混凝土约40%,减少出渣量约20%,节省劳动力约40%,降低成本约30%,省用模板和临时支护材料,提高支护速度1倍以上。由此可以看出,锚喷支护在节约劳动力、缩短工期、提高施工质量和降低造价等方面都有显著的优越性,是隧道及地下工程建设中贯彻优质、高效方针的一项重要技术措施。

锚喷支护既可以作为隧道及地下工程施工中的早期支护,也可以作永久支护,还可以用于坍方处理、裂损岩体的补强作用等等。锚喷支护质量可靠,省工节料,用途广泛,简易可行,在隧道及地下工程施工中的应用日益广泛。但锚喷支护在实际应用中仍存在各种问题,例如:施工中的防尘、围岩的渗漏水处理及支护层防渗、支护结构设计计算、支护层厚度的合理确定、减少回弹及回弹物的合理利用和施工质量控制等等。这些还需要在工程实践中不断研究探索,加以解决和完善。

二、锚杆支护

锚杆支护适用于裂隙发育,易引起大块危石的中硬以上岩层,与喷射混凝土联合使用可防止表面掉石和脱落;对松软及有膨胀性的岩层,需与喷射混凝土及加金属网联合使用,有很好的支护效果。

1.锚杆支护原理

锚杆的支护原理,目前尚未十分清楚,但人们对以下的理论认识比较一致。

1)悬吊作用

在块状围岩中,坑道围岩的稳定性往往由坑道周边上的某些危石所控制。只要用锚杆及时把这些危石同深处稳定岩石连接起来,防止这些危石塌落,坑道围岩就能在互相镶嵌、连接所产生的自承作用下保持稳定,见图3-4。显然,在这种情况下,锚杆是局部设置的,其长度与方向只要保证危石不致塌落即可。这就是锚杆支护的"悬吊"作用。

2)组合梁作用

在层状围岩中,锚杆支护作用则更为显著。由于锚杆支护提供的抗剪力、抗拉力,使各层岩面之间的摩擦力增加,从而阻止岩层的顺层滑动,使围岩得以稳定,这是锚杆的"加固"作用。对于层状顶板的弯曲破坏,则由规则布置的锚杆群,将各层岩层挤压"缝合"在一起,形成组合岩梁而加以利用。当然,这种组合岩梁的抗弯刚度比各岩层的总抗弯刚度要大得多,实际上,也就提高了岩梁的承载能力,见图3-5。这时,锚杆支护起的是"组合梁"作用。

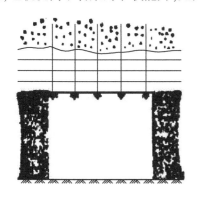

图3-4　锚杆的悬吊作用图

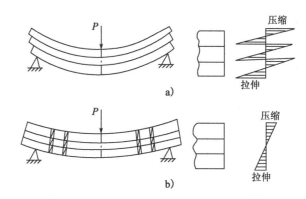

图3-5　板梁组合后的挠度和应力比较
a)叠合梁；b)组合梁

3)挤压加固

在软弱岩层中,锚杆支护起的是挤压加固作用。通过工程实践和模拟试验可以证明,规则布置的预应力锚杆群能使坑道周边一定范围内的围岩形成一个承载环,见图3-6。

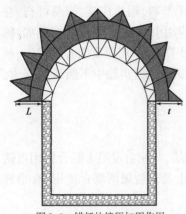

图 3-6 锚杆的挤压加固作用

这是由于锚杆预应力 P 的作用下,在每根锚杆的周围都形成了一个两端呈锥形的压缩区,各压缩区之间互相搭接而形成一条厚度为 t 的均匀压缩带。均匀压缩带由于锚杆预应力的作用而增加了径向压应力 σ_r,从而使压缩带内的岩体处于三向压应力状态,并使岩体的强度大大增加,也就提高了承载环的承载力。

当锚杆的纵、横向间距均为 L 时,均匀压缩带的径向压应力为:

$$\sigma_r = \frac{P}{L^2}$$

显然,由公式得出:锚杆的预应力 P 越大,间距 L 越小,则径向压应力 σ_r 越大,由此而产生的挤压加固作用也越明显。但锚杆预应力过大时,要注意防止压缩带内的岩体被压坏。

2. 锚杆的种类

锚杆的种类很多,所谓机械式锚杆是用各种机械方法将锚杆锚固在围岩内而起支护作用的,黏结式锚杆是利用各种浆液将锚杆黏结在围岩内而起支护作用。

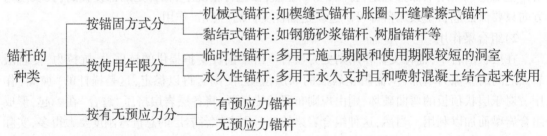

3. 各类锚杆的结构及其施工方法

机械式锚杆通常由锚头、杆体、垫板和螺母组成,通常是锚固在岩石上,然后在外露的锚杆尾部加上垫板,通过拧紧螺母对锚杆施加预应力而起支护作用。施工时是先钻孔,冲洗钻孔后再将预先制作好的锚杆安装进孔内,然后拧紧螺母施加预应力。

楔缝式锚杆与机械式锚杆的组成类似,只是其锚头由尖楔和锚头通缝组成。楔子的长度一般为 50~200mm。锚杆的直径一般为 22~25mm,长 1.0~2.5m,楔缝宽 2~4mm,长 150~200mm。垫板厚度为 6~10mm。由于此种锚杆在安装时要受冲击,故其杆体直径稍大些,大约为 ϕ25mm。其结构简单,安装容易,因此使用比较广泛。安装时先将尖楔插入锚头通缝中,再连同杆身一同送入冲洗好的钻孔内,在尾部套上冲击套筒,用铁锤或风镐锤打锚杆尾部,使锚杆的尖楔插入通缝,将锚杆叉胀开并挤压孔壁岩石,在摩擦与锚固作用下,锚头便锚固在钻孔的底部,最后套垫板并拧紧螺母,锚杆内将产生预应力而起支护作用。这种锚杆由于锚叉较小,与岩面的接触面积少,故其强度受到一定的限制,选用时应加以重视。

胀圈式锚杆,见图3-7、图3-8,其锚头是由胀圈和锥形螺母组成。安装时先将胀圈连同锥形螺母套在头部带有螺纹并有卡铁的锚杆上,然后一同送入预先处理好的钻孔内并抵紧孔底,再转动杆使锥形螺母向下移动,从而使胀圈张开压紧在孔壁上,使锚杆得以锚固。胀圈式锚杆有四瓣和两瓣之分,其不同之处还有两瓣胀圈式锚杆用楔形螺母代替锥形螺母。这种锚杆可全部或部分回收再利用。还有一种是开缝式摩擦锚杆,也叫胀壳式锚杆,是一种新型锚杆,同属于机械式锚杆。这种锚杆是由一根一端带有卡环的开缝钢管和托板组成,见图3-9。

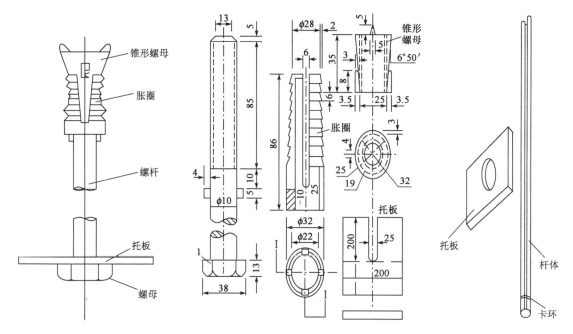

图3-7　总装配图　　　　图3-8　四瓣胀圈式锚杆(尺寸单位:mm)　　　图3-9　开缝式锚杆

　　当开缝钢管强行压入比其直径稍小的钻孔时,由于钢管被挤压而产生径向弹性张力,压紧孔壁,从而使孔壁与锚杆之间产生轴向摩擦力而得以锚固并起支护作用。另外,锚杆尾部的托板在安装时挤压孔口岩面,给围岩一定的支护阻力。安装开缝锚杆时,可用专门的安装机械,也可用风钻。

　　黏结型锚杆常有钢筋砂浆锚杆和钢筋树脂锚杆。其杆体通常为$\phi16 \sim 22\text{mm}$的螺纹钢筋。由于浆液与锚杆、岩石之间有相当高的黏结力,使锚杆锚固力得以提高,同时浆液又可保护杆体不锈蚀,提高锚杆的抗腐蚀性。

　　钢筋砂浆锚杆用水泥砂浆作为黏结剂,具有造价低,加工容易,力学性能好和施工工艺简单等优点,故应用较为广泛。常用的砂浆锚杆有普通砂浆锚杆、螺纹钢筋砂浆锚杆和楔缝式砂浆锚杆三种。普通钢筋砂浆锚杆是采用普通圆钢筋制成,无锚锁结构,不能施加预拉力,只需待砂浆凝固后才起作用。一般这种锚杆较短,灌浆后打入锚杆也很方便,为增加钢筋与砂浆之间的摩擦力,可将锚杆钢筋弯曲;螺纹钢筋砂浆锚杆是利用直径一般为$18 \sim 20\text{mm}$的螺纹钢筋制成。施工时先在钻孔中灌泥浆,然后打入一定长度和直径的螺纹钢筋即可完成。这种锚杆的特点是结构简单,加工和安装均方便,砂浆与钢筋的黏结力大,杆体在砂浆的保护下不易锈蚀,因此应用较普遍。但安装后不能立即受力,也不能施加预应力;楔缝式砂浆锚杆是利用楔缝式锚杆灌入水泥砂浆而成。它在安装后立即起作用,也能施加预应力,效果较好。一般需采用先锚后灌的方法,即先打入锚杆,然后进行灌浆,故这种锚杆既可起永久支护作用,也可起临时支护作用。

钢筋树脂锚杆是以高分子合成树脂作为黏结剂的。其最大的特点是凝结硬化快,在短时间内就能达到较高的锚固力,而且锚固性能可靠,在承载条件下锚杆的移动很小。钢筋树脂锚杆按其锚固方式分为端头锚固式和全长锚固式两种,按其安装方式分为药包式和现场浇灌式两种,按杆体材料有木、钢和木钢混合复合型树脂锚杆。黏结型锚杆施工工艺流程,见图3-10。

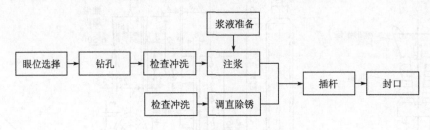

图3-10 黏结型锚杆工艺流程图

4.锚杆的长度

(1)楔缝式锚杆(图3-11)长度:

$$L = l_1 + K \times H + l_2 \tag{3-1}$$

式中:L——楔缝式锚杆的长度,m;

l_1——锚头的长度,一般为15~20cm;

l_2——锚杆的外露长度,一般为10~15cm;

K——安全系数,视情况而定,大于1.0;

H——需锚固的岩层厚度,由工程地质和岩石力学在分析确定。

(2)砂浆锚杆(图3-12)长度仍可用式(3-1)计算得出,但l_1为锚杆在稳定岩体中的锚固长度。

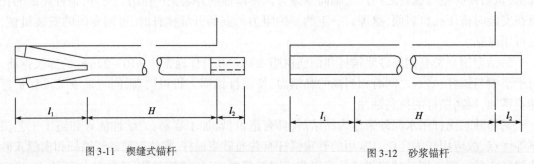

图3-11 楔缝式锚杆   图3-12 砂浆锚杆

根据锚固力可靠,锚杆承载能力由杆体本身抗拉强度决定的原理,即锚固力大于杆体的抗拉强度,有:

$$\pi d l_1 \tau \geqslant \frac{\pi d^2}{4} R_p \tag{3-2}$$

则锚固的锚固长度l_1:

$$l_1 \geqslant \frac{d}{4} \times \frac{R_p}{\tau} \tag{3-3}$$

式中:d——锚杆直径,cm;

R_p——锚杆材料计算抗拉强度,kg/cm^2;

τ——砂浆锚杆或与孔壁岩石的黏结强度(kg/cm^2),需要由现场试验确定。

5. 楔缝式锚杆的锚头参数

由图3-13可知,为保证可靠锚固力,锚头厚度应符合以下关系:

$$b = \phi_2 + 2e + \delta - \phi_1 \qquad (3-4)$$

式中:b——楔厚,mm;

ϕ_1——杆体直径,mm;

ϕ_2——锚杆孔直径,mm;

δ——楔缝厚度,$2 \sim 3$mm;

e——锚头嵌入孔壁的深度,mm。视围岩情况而定,如围岩稳定,则$2e$取5mm;围岩基本稳定,$2e$取$6 \sim 7$mm;围岩的稳定性较差,$2e$取$8 \sim 9$mm。

锚头厚度b,还可以参照表3-1确定。

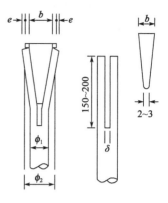

图3-13　锚头参数(尺寸单位:mm)

锚 头 厚 度 表　　　　　　　　　　　　　　　　表3-1

岩石坚固系数f	$2 \sim 4$	$4 \sim 6$	$6 \sim 8$	$8 \sim 10$	$10 \sim 12$
$b(mm)$	24	22	20	18	16

6. 锚杆的间距

由于锚杆群支护围岩时,锚杆的间距可根据锚杆承载力由杆体的抗拉强度决定的原则计算确定。

对于砂浆锚杆,由

$$\frac{\pi d^2}{4}R_p \geqslant KHrS^2 \qquad (3-5)$$

$$S \leqslant \frac{d}{2}\sqrt{\frac{\pi R_p}{KHr}} \qquad (3-6)$$

对于楔缝式锚杆,由

$$\left(\frac{\pi d}{4} - \delta\right)R_p \geqslant KHrS^2 \qquad (3-7)$$

$$S \leqslant \sqrt{\frac{d\left(\frac{\pi d}{4} - \delta\right)R_p}{KHr}} \qquad (3-8)$$

式中:S——锚杆的间距,m;

R——岩石的容重,t/m^3。

锚杆的间距确定后,一般使锚杆呈梅花形布置。

三、喷射混凝土支护

1. 喷射混凝土支护原理

通过坑道开挖前后围岩的应力、应变分析可以得知:在坑道围岩上喷射一层混凝土,相当于在坑道周边施加一个径向阻力P_a,从而改变了围岩的应力、应变状态,见图3-14。

在弹性的二次应力状态下,由于径向阻力 P_a 的存在,使围岩的径向应力增大,切向应力减小。同时,使坑道周边岩体从单向的(双向的)变为双向的(三向的)应力状态,实际上提高了围岩的承受能力。此时,坑道周边径向位移 U_a 与径向支护阻力 P_a 的关系,如图 3-15 所示。

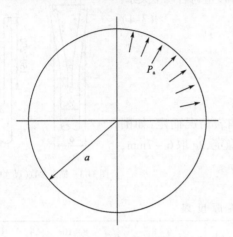

图 3-14　喷射混凝土后的应力状态　　　　图 3-15　位移与支护阻力关系曲线

在形成塑性区的二次应力状态下,塑性区半径随径向阻力 P_a 的增加而减小,因此,由于喷射混凝土可以提供径向支护阻力,从而控制了坑道围岩塑性区域的发展。综上所述,由于喷射混凝土提供了径向支护阻力,从而改善了坑道围岩的承载条件,约束围岩的变形和位移,同时也控制了坑道围岩破坏区域的发展和应力的变化。这就是喷射混凝土支护结构的支护实质。

2. 喷射混凝土所用的材料

喷射混凝土所用的材料是水泥、砂石料、速凝剂和水。这些材料的性能和规格除应符合有关的规定外,还要符合一定的特殊要求,以满足喷射混凝土工艺的特殊性。

1)水泥品种及用量的确定

水泥的品种和强度等级,应根据结构物的要求、水泥凝结硬化状况、与各种速凝剂的反应性能及实际供应条件而定。喷射混凝土所用的水泥,要求具有在掺入速凝剂后凝结快、黏性好、回弹率低、保水性能好、早期强度增长快和干缩性小等特性。所以,一般采用 C40 或 C50 硅酸盐水泥。火山灰水泥虽然黏性好、回弹率低,但凝结慢、早期强度低且干缩性大;矿渣水泥凝结更慢、保水性差、回弹率高且干缩性大,遇到低温和滴水时凝结速度显著降低。故在没有普通硅酸盐水泥的情况下才考虑用这两种水泥。喷射混凝土的水泥应该是新生产或储存时间不长的水泥。另外,要特别注意在喷射混凝土时不能用矾土水泥,因为速凝剂中的碱性钙酸盐与矾土中的水化铝酸盐作用会引起混凝土的破坏。当遇到受喷岩面上有侵蚀性的地下水时,必须使用特种水泥。

确定喷射混凝土的水泥用量时,既要考虑配制含砂率较高的混凝土所需要的强度、密实度、回弹量等要求,又要考虑随水泥量的增加而引起混凝土收缩加剧和费用增加的情况。大量实践证明水泥用量以 $375 \sim 400 \mathrm{kg/m^3}$ 为宜,即水泥与砂石料之比为:$1:4 \sim 1:5$,砂与石的比例一般以两者重量之差不大为佳,因为按混凝土喷射的要求,砂、石比例应比普通现浇混凝土高,但含砂率过高,不仅会降低混凝土的强度、加大收缩,而且会使其和易性变差,反而会增加回弹量和影响混凝土质量。含砂率对喷射混凝土的影响,可参考表3-2。

含砂率对喷射混凝土的影响表 表3-2

含砂率(%)	混凝土28天强度(kg/m²)	含砂率(%)	混凝土28天强度(kg/m²)
45	213	55	265
50	235	60	217

2)砂石料的性能及规格应满足普通硅酸盐混凝土的要求

一般用中砂或粗中混合砂较好,不宜采用细砂,因为细砂除了会增加混凝土的收缩和降低混凝土的强度外,细砂中含有小于$5\mu m$的颗粒,会在喷射过程中产生大量的粉尘,被吸入肺中,影响施工人员的身体健康。为防止混合料在输料管中发生离析,必须控制砂子的含水率,按其重量计算应控制为5%～6%。如含水率过低(中砂含水率小于4%)使混合料黏结力低,回弹量大,出料不均匀,粉尘也较多;含水率过高(中砂含水率大于6%)又使混合料在喷射缸内积严重,渐渐黏结在阀门和出料弯管处的灰浆层,易导致阀门漏风,在弯管处由于阻力增大而造成堵管现象。

3)石子用卵石、碎石均可

卵石和碎石各有特点,卵石表面光滑,有利于在输料管中输送,不易堵管且对输料管的磨损小,但用卵石拌和的混凝土强度低,回弹率高;碎石表面粗糙且有棱角,拌和后的混凝土强度高,回弹率低,但对输料管道的磨损较大且易堵管,根据现场的经验,石子级配可参考表3-3使用,其中石子最大粒径20mm,含水率一般为2%为佳。

喷射混凝土用石子颗粒级配表 表3-3

筛孔尺寸(mm)	5	10	20
累计筛余(以重量的%)	90～100	10～60	0～5

4)速凝剂的作用及选用

混凝土中加入一定量的催化剂能对水泥与水的反应起催化作用,促使水泥凝胶的迅速形成,再则由于水化热的提高,会加速混凝土的硬化过程。其作用还表现在:

(1)可增强喷层的黏性,增大与岩石的黏结强度,减小回弹率,提高喷射混凝土在潮湿岩层或轻微含水层中使用的适应性。

(2)可以大大缩短混凝土的凝结时间,提高早期强度。这不仅有利于防止喷射后的混凝土因重力而发生流淌,还有利于增大每次喷射的厚度和缩短各次喷层之间的间隔时间,在围岩压力较大的坑道内混凝土结构可尽早地起到结构承载作用,以控制围岩的变形、坍塌及围岩的压力发展。工程中对速凝剂的要求是掺入后,能快凝早强,对温度和水灰比的变化不敏感,对喷射混凝土的后期物理力学性能应无显著的不良影响。我国目前常用的速凝剂有红星一型、711型和阳泉一型等。

速凝剂使用之前,应做凝结时间试验,一般要求水泥净浆在2～5min初凝,7～10min终凝,使用时应准确计量。速凝剂的速凝效果主要受水泥品种,速凝剂种类及掺量、水灰比及施工温度等因素的影响(表3-4、表3-5、表3-6)。

速凝剂掺量对水泥速凝效果的影响表　　表 3-4

掺量(占水泥重)(%)	掺入方式	水灰比	室温(℃)	温度(℃)	凝结时间	
					初凝	终凝
0	干拌	0.4	23~26	75	4min51s	6min53s
2	干拌	0.4	23~26	75	1min18s	7min12s
4	干拌	0.4	23~26	75	2min12s	3min9s
6	干拌	0.4	23~26	75	2min11s	5min
8	干拌	0.4	23~26	75	2min54s	8min29s

注:1. 速凝剂为红星一型,水泥为唐山东方水泥厂500号普通硅酸盐水泥。
　　2. 表中数据引自中国科学院哈尔滨工程力学研究所实验数据。

水灰比对水泥凝结时间的影响表　　表 3-5

速凝剂名称	掺量(%)	水灰比	凝结时间	
			初凝	终凝
红星一型	2.5	0.30	1min20s	2min17s
红星一型	2.5	0.35	1min50s	2min45s
红星一型	2.5	0.40	2min30s	4min10s
红星一型	2.5	0.45	2min52s	5min00s
红星一型	2.5	0.50	4min32s	7min20s

注:1. 速凝剂为红星一型,水泥为唐山东方水泥厂500号普通硅酸盐水泥。
　　2. 表中数据引自中国科学院哈尔滨工程力学研究所实验数据。

温度对水泥凝结时间的影响表　　表 3-6

速凝剂名称	速凝剂掺量(占水泥重)(%)	温度(℃)	凝结时间	
			初凝	终凝
红星一型	3	25	1min24s	2min17s
红星一型	3	20	2min30s	3min45s
红星一型	3	14	2min4s	3min45s
红星一型	3	10	2min30s	4min
红星一型	3	4	3min	14min3s

注:表中所列数据引自中国科学院尔滨工程力学研究所实验数据。

　　显然,水灰比越大,速凝效果越差;而施工温度越高其效果越好。另外,速凝剂的吸湿程度和水泥新鲜程度对速凝剂的速凝效果也有一定的影响,水泥风化越厉害,速凝剂吸潮越严重,速凝剂效果越差。

　　特别注意:加入适量的速凝剂虽然可以大大提高混凝土的早期强度,但混凝土的后期强度有所下降,见图3-16,并且速凝剂的掺入量越多,混凝土后期强度降低得越严重。因此,在满足喷射混凝土工艺要求的情况下,速凝剂的掺量应尽量减少。通常,在使用前通过实验确定最佳掺入量。速凝剂的掺入方法,通常是均匀地在上料皮带上与搅拌好的干料一同加入喷射机内;还可以将速凝剂先加入搅拌机内,与干料一起拌和后再加入到喷射机内;还可以将速凝剂先加入搅拌机内,与干料一起拌和后再加入到喷射机内。拌和后,再加入到喷射机内。

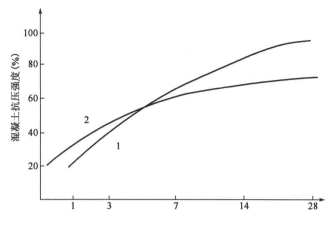

图3-16　加入速凝剂后混凝土强度变化
1-不加速凝剂;2-加"红星一号速凝剂"4%

5)喷射混凝土配比(水泥:水:石)的选择

选择时,一是要考虑混凝土的强度和其物理力学性质,二是要设法满足施工工艺的要求。因此,与普通混凝土相比,喷射混凝土的石子用量要少得多,含砂率一般为50%左右,当喷射第一层时,为保证混凝土和岩石的黏性和减少回弹量,其含砂率应大些。大量的施工经验表明,喷射混凝土的配合比按表3-7选用较为合适。

喷射混凝土的配合比表　　　　　　　　　　　　　　表3-7

喷 射 部 位	喷 射 比	
	水泥:中砂(粗中混合砂):石子	水泥:细砂:石子
边墙	1:2.0:(2.0~2.5)	1:2.0:(1.5~2.5)
拱部	1:2.0:(1.5~2.0)	1:(1.5~2.0):(1.5~2.0)

6)喷射混凝土水灰比的确定

水灰比也是影响喷射混凝土质量、回弹率和粉尘量的重要因素。根据经验,合适的水灰比为0.4~0.5,这要靠施工人员的经验直接控制,喷层的外观特征是很重要的判断依据。如果水灰比过小,则喷层表面颜色灰暗,出现干斑、砂窝等现象,回弹率高,有时喷层随喷随落,尘土飞扬,混凝土极不密实;如水灰比过大,则喷层表面起皱、拉毛、滑动,甚至流淌;当水灰比合适时,喷层表面呈水亮光泽,黏性好,不流淌,粉尘少且回弹率低。

3.喷射混凝土施工的机具

喷射混凝土的机具主要有混凝土喷射机、搅拌机和机械手,此外,还有皮带上料机、干料搅拌机、空气压缩机、油水分离器、水箱、振动筛、制备砂石集料的碎石机等。主要机具如下:

1)混凝土喷射机

目前,我国制造的混凝土喷射机种类很多,按其构造及工作原理分为:双罐式、转子式和螺旋式三种类型,见表3-8。

喷射机的技术特征表　　　　表 3-8

项　　目	单　　位	双罐式	转子式		螺旋式
		冶建-65 型	PH30-74 型	转Ⅱ型	LHP-701 型
生产率	m³/h	4	2 ~ 6	5 ~ 7	1 ~ 3
工作风压	kg/cm²	1 ~ 6	1 ~ 5	1.5 ~ 4	2.5 ~ 4
耗风量	m³/min	5 ~ 6	10	58	9
集料最大粒径	mm	25	25		30
输料管内径	mm	50	50		75
电动机功率	kW	2.8	7.5	5.5	5.5
输送距离　向上	m	40	100	60	
输送距离　水平	m	200	250	300	15
重量	kg	1000	800	960	320
外形尺寸(长×宽×高)	mm×mm×mm	1500×830×1520	1500×1000×1750	1500×755×1122	1500×730×750

（1）双罐式混凝土喷射机。这类机械工作性能良好,能保证喷射混凝土具有较好匀质性,满足生产要求,但是操作比较繁杂和费力,喷射机的体积大,且比较笨重。

（2）转子式混凝土喷射机。这种喷射机在工作时,旋转体不断地旋转,搅拌机同时搅动干料,混凝土干料即从料斗通过座体的下料口落入 U 形料杯内,当旋转 180°时,由于压风的作用,干料被吹进输料管而达到喷枪,与水混合被喷射于岩面。此类混凝土喷射机操作简单,体积小,重量轻,但橡胶结合板容易磨损。

（3）螺旋式混凝土喷射机有水平螺旋式和垂直螺旋式两种。图 3-17 所示是飞跃 701 型混凝土喷射机的构造。这种喷射机是利用负压原理,采用水平中空轴上的螺旋送料。压缩空气通过中空轴,经过前锥管被送到输料管,而混合料由螺旋推送到后锥管在前锥管内高压风产生的负压带动下,经喉管、扩散管和输料管,被送至喷枪处,与高压水混合后喷射到岩面上。这种喷射机的优点是结构简单,体积小,重量轻,价格低。但目前也存在着螺旋片容易磨损、送料距离短等缺点。

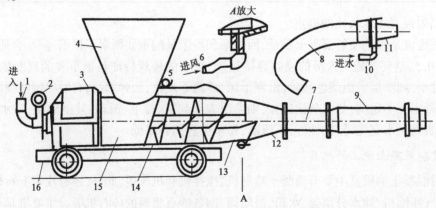

图 3-17　飞跃 701 型混凝土喷射机

1-进风管;2-压力表;3-减速器;4-料斗;5-电动机;6-助吹管;7-喉管;8-输料管;9-扩散管;10-进水管;11-喷枪;12-前锥管;13-后锥管;14-螺旋;15-套筒;16-车架

2）搅拌机

在干式喷射法中，由于喷混凝土的混合料是干料，在拌制时极易产生粉尘。因此，施工时应采用涡浆式强制搅拌机，例如 GW-375 型涡浆式强制搅拌机，这种搅拌机搅拌时间短（仅30s），密封性能好，粉尘少，操作方便，其缺点是体积大，移动不便，一般 1 台这种搅拌机可供 2 台喷射机用料。

目前试制成功的安Ⅳ型螺旋搅拌机，是与喷射机配套使用的机具，由电动机、减速机、传动链条、机架、喂料机、搅拌输送螺旋、储料和升降装置等组成，优点是粉尘低，使用方便。其技术特性，见表3-9。

安Ⅳ型螺旋搅拌机的特性表 表3-9

序　号	名　　称		单　位	指　　标		
1	生产能力		m³/h	7.8 ~ 8.5		
				水泥	砂石	搅拌输送
2	螺旋直径		mm	88	124	197
3	螺旋螺距		mm	90	110	155
4	螺旋转数		r/min	209	157	209
5	储料斗容积		m³	0.15	0.22	
6	电机		—	JB-5.5　　1440r/min		
7	出料口可调高度		mm	850 ~ 1600		
8	外形尺寸	最大	mm × mm × mm	2650 × 1100 × 1950		
		最小		2420 × 1100 × 12559		
9	质量		kg	1100		

3）机械手

为了减轻操作喷枪劳动强度和改善工作条件，目前已试制成功各种类型的喷射混凝土机械手。其中，有 HJ-1 型简易机械手、KM-Ⅱ型液压机械手、PS-8 型机械手、QPS-Ⅱ型汽车式机械手等。其技术特征，见表3-10。

喷混凝土机械手技术特征表 表3-10

项　目		机　型			
		HJ-1	KM-Ⅱ	P-S8	QPS-Ⅱ
适应条件	喷射高度	最大4.2m	3.6 ~ 13m² 断面	最大8m	最大10.7m
	喷射宽度	最大3.4m		最大6.5m	最大7m
外形尺寸（mm × mm × mm）	工作	300 × 750 × 1280	4500 × 2400 × 2700	8700 × 1200 × 2300	13950 × 5260 × 9630
	行走		4000 × 820 × 1150		9950 × 1600 × 3230
重量(t)		0.2	0.7	5.5	8(包括汽车)

KM-Ⅱ型液压机械手，性能轻巧灵活，动作安全可靠，适用于中小断面的有轨平巷。QPS-Ⅱ是安装在汽车上的一种喷射混凝土机械手，适用于断面较大的无轨运输洞室。

4. 喷射混凝土的施工工艺和施工过程

喷射混凝土施工工艺分为干喷法和湿喷法两种。

所谓干喷法是将水泥、砂石料和速凝剂按一定的比例拌和均匀后,装入喷射机内,用高压风将干料通过输料管送到喷嘴,在此处与水混合后,高速喷射到岩面上。其工艺流程,见图3-18。

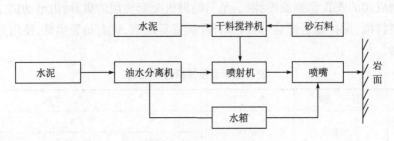

图3-18 干式喷射混凝土流程图

干喷法的缺点:

(1)不能准确控制水灰比,从而影响混凝土的均匀性。

(2)由于料流的速度较快干料与水搅拌的时间短,使水泥的水化作用不够充分,从而影响混凝土的强度。

(3)操作时粉尘多,而且回弹量大。

(4)干料与输料管之间会摩擦产生静电,影响操作。

为解决这些问题,近年来国内外又研究发展了一种混凝土湿式喷射法。

湿喷法是预先将混合料加水拌和好,然后装入湿式喷射机,通过输料管达到喷嘴处再加入液态或水溶性速凝剂后喷射到岩面上,其工艺流程见图3-19。

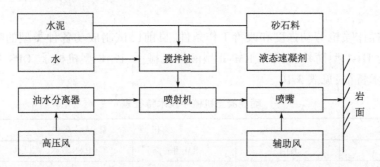

图3-19 混凝土湿式喷射法流程图

与干喷法相比,湿喷法有以下优点:

(1)由于混合料先加水拌和,故能较为准确地控制水灰比,水泥的水化作用也比较充分。

(2)可以提高混凝土的强度,并且可减少粉尘及回弹物,生产效率也大为提高。

但是,由于湿喷法工艺设备比较复杂,输送距离也比较短,而且耗风量大,同时不适宜于渗水的地方,因而尚未全面推广应用。

在应用锚喷支护的地下工程,开挖时一般采用光面爆破,锚杆和喷射混凝土也应在地下工程开挖后尽快施工。对于地质条件较好的围岩可先打锚杆或架设钢筋网,再喷射混凝土;对于比较破碎、松散或受水和空气作用易蚀变潮解的岩层,在开挖后应立即喷射混凝土,或喷射一薄层混凝土作临时支护,随后再打锚杆或架设钢筋网,再加喷一定厚度的混凝土,使其成为永久性支护结构。

喷射混凝土施工准备工作主要包括:检查隧道及坑道开挖断面的尺寸,欠挖者予以处理,满足设计要求;清除墙角及拱脚虚渣,并用高压水冲洗岩面,如有滴漏现象应及时处理;利用锚杆的外露长度或凸出的岩石,用快凝砂浆粘住铁钉,作为喷射混凝土厚度的标志;做好回弹物料的回收和利用安排;根据喷射混凝土的施工工艺的要求,做好机械就位和场地布置工作,特别注意保证运输线路的畅通;在未上料之前,应先运行混凝土喷射机,开启高压水和高压风;如喷嘴的风压正常,喷出的水呈雾状,如喷嘴风压不足,可能出现料口堵塞;而如果喷嘴不出风,则可能是输料管堵塞。这些故障都应及时予以排除,然后开动电机,在喷射机运转正常后才进行喷射。

喷射混凝土作业应分段、分步、分块,按先墙后拱,自下而上进行,喷射作业顺序见图3-20。喷射时喷嘴要反复慢慢地做螺旋运动,螺旋直径为 20～30cm,见图 3-21,以使混凝土喷射密实。

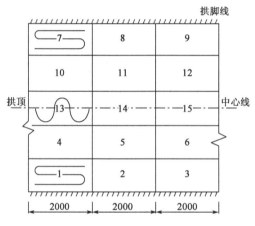

图 3-20 混凝土喷射作业顺序

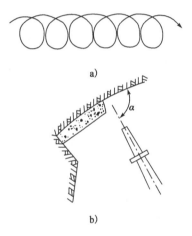

图 3-21 喷射时喷嘴

对于一些特殊(如凸出或凹进的)岩面,为使混凝土与岩面黏结牢固,喷射作业时最好按图 3-22 所示方式进行喷射;当岩面有较大凹进时,应先喷凹处,然后找平。为保证喷射质量,降低回弹率和减小粉尘,喷射作业时应注意以下问题:

(1)要掌握好喷嘴与受喷岩面的距离和角度。喷嘴与受喷岩面的距离以 0.6～1.2m 为宜,距离过大或过小都会导致回弹量增加;喷射时喷嘴应垂直对准受喷岩面,否则会使混凝土分离,并导致喷层表面不平整,且回弹物增加。

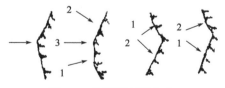

图 3-22 凸凹岩面喷射方式

(2)要调整好风压。喷射混凝土的各项工艺参数应由实验或工程实践确定并结合实际随时调整,其中风压是特别重要的参数,风压的确定直接影响喷射混凝土的质量。风压过大,喷射速度过高,不但增加回弹物,而且水泥的损失多;风压过小,喷射力弱,就会导致喷射混凝土密实性不好。因此,应根据实际情况,适当调整风压,一般情况下,选择初压可参考表3-11。

喷射机工作室内的风压值表

表 3-11

输料管长(m)	20	40	80	120	160	180
风压(kg/cm²)	1~15	2	3	4	5	6

（3）要正确确定一次喷射的厚度。喷射混凝土作业是分层进行的，一次喷射厚度要得当，如一次喷射的厚度过大，混凝土就会由于其自身的重力产生开裂脱层或坠落；如一次喷射的厚度过小则不能在受喷岩石上形成一个塑性底层，石子不能嵌入灰浆中，从而使回弹物增加。《铁路隧道工程施工技术规则》（以下简称《规则》）规定：混凝土一次喷射厚度，一般拱部为 3~5cm，边墙为 5~10cm。

（4）要确定好两次喷射的时间间隔。两次喷射间隔时间，应根据水泥的品种、施工温度和有无掺入速凝剂等因素，视混凝土的凝结情况而定。间隔时间不宜过短，后一次喷射应在前一次喷射混凝土终凝后进行，若终凝后间隔 1 小时才进行再次喷射，受喷面应用水、风冲洗干净。一般常温下，采用红星一号速凝剂时，可在 12~20min 后进行下一次喷射，若采用碳酸钠速凝剂，则要在半小时后才能进行下一次喷射。

（5）要注意输料管堵塞的问题。喷射作业时，常出现堵管现象，其原因有：混合料中混入粒径超过 25mm 的石子、水泥硬块或其他杂物；操作程序有误，如先开马达后送风，或操作时开错阀门，高压风大量流出，使工作室内风压急剧下降，也会引起输料管堵塞；砂子含水率超过 8%，则容易出现料管弯头处发生堵塞。遇到堵管现象时，喷射机操作人员应立即关闭马达，随后关闭风源，寻找堵塞位置进行处理，可把风压升高到 3~4kg/cm²，并敲击堵塞位置，使之通畅。在排除故障时，工作人员勿正对喷嘴方向站立，以免发生伤人事故。

（6）要注意混凝土和锚杆、金属网联合支护的施工。由于锚喷结构是永久支护的一部分，因此特别注意锚杆的防锈，应用黏结性锚杆。采用钢筋网时网格以 20cm×20cm 为宜，不应过小。钢筋网应随受喷岩面平顺地敷设，为保证喷射混凝土时金属网不致发生松动或移动，其接点处应绑扎或焊接在外露的锚杆尾部。金属网与岩面的距离一般为 5cm，喷射时，喷嘴与岩面的距离应缩短到 0.7m 左右。

（7）要重视混凝土的养护。喷射混凝土虽然较密实，喷层厚度较薄，但由于喷层内外的干燥条件有差异，所以必须进行养护。良好的养护也有助于水泥充分水化，使混凝土的强度均匀增长，减少和防止混凝土的收缩开裂，保证混凝土的强度。《规则》规定，混凝土终凝后 2h 起，即开始进行浇水养护，养护日期不得少于 11 天。

（8）要特别注意喷射混凝土作业时的安全。由于喷射混凝土是在未支护的情况下进行，所以应该注意以下问题：喷射前要认真检查喷射地段的围岩，并进行清理浮石、危石等必要的排险作业；喷射机一定要安放在围岩稳定或已初砌地段内；喷射作业地段应加强照明和通风，作业人员应穿戴防护衣物；为防止粉尘，应采用密封式搅拌，控制集料含水率，掌握好风压、水压，经常冲洗水管的出水孔和加强通风等防尘措施；喷嘴不准对人，以免射石伤人。

此外，喷射混凝土的效果与坑道开挖轮廓是否平整有很大关系。坑道开挖轮廓不平整时，不仅施工困难，用料多，而且回弹物也会增加。所以用喷射混凝土支护时，要求采用光面爆破配合施工。

5. 喷射混凝土存在的一些问题

首先是回弹率。在喷射混凝土的过程中，混凝土以很高的速度喷向岩面，其中的一部分石子带着一定量的水泥浆就会反弹回来,所以,回弹是不可避免的。关键是采取怎样的措施来降低回弹率,具体措施在前面有述。《规则》规定,正常情况下的回弹率,一般坑道拱部为 20% ~ 30%,边墙为 10% ~20%。

其次是能否保证混凝土本身的密实及混凝土与围岩黏结密实问题。这关系到混凝土能否起到预期作用。虽然混凝土已调整喷射到岩面上,但由于有回弹物,使混凝土某些部位不能完全密实,与围岩不能完全粘连。特别是当向下喷射时,回弹物由于重力作用又落回到混凝土中,从而使该层的混凝土配合比不准确,由于集料增多,混凝土骨架不能被砂浆充分填实,就比较松散,甚至与围岩不密粘。为保证混凝土本身的密实,根本途径是减少回弹量。同时,要根据施工条件在必要时调整混凝土的配合比,并及时清理回弹物,不使其落入混凝土中。为保证喷层与岩面黏结密实可采用以下两种方法。

(1)喷射前应注意清除浮石、冲洗或吹洗岩面,对滴、漏水必须提前处理。

(2)在分层喷射时,要把前一层表面的回弹清除干净,再开始下一层喷射,紧贴围岩或向已结硬的混凝土喷射时,宜采用接近砂浆的配合比以减少回弹量,保证混凝土密实。

再次是喷射混凝土试块的制作问题。根据《规则》,可采用以下两种方法。

(1)喷大板切割法。就是在施工的同时,将混凝土喷射在 45cm × 35cm × 12cm 或 45cm × 20cm × 12cm 的模型内,待混凝土达到一定强度后,用切割机切成 10cm × 10cm × 10cm 的试块 5 块或 3 块,然后在标准条件下养护 28 天龄期。

(2)凿方切割法。就是在一定强度的混凝土构件支护结构上,用凿岩机密排钻眼,凿出长 35cm,宽 15cm 的混凝土试块,用切割机切成 10cm × 10cm × 10cm 的试件,然后在标准条件下养护到 28 天龄期。

最后是混凝土作业的防尘问题。由于目前多采用干喷法,在喷射作业时产生粉尘是必然的,而水泥是碱性物质,对人的呼吸系统有一定的危害,所以,喷射施工中应采取如下防尘措施。

(1)控制砂石料的含水率。当砂石料含水率控制在 4% ~ 5% 时,作业时的粉尘浓度可控制在 5mg/m³ 以下。

(2)加强通风,最好采用混合式通风,混合式通风方式见第六章第二节。

(3)加长扰料管,即在喷嘴到出口之间接一段 0.5 ~ 0.1m 的管子,使干料与水混合后有一个充分湿润和混合的过程,这对降低粉尘浓度和提高混凝土的质量均较为有利。

(4)可将喷嘴改为两路进水,如水环采用一路进水,则靠近进水管一侧水压较高,向干料供水较多,而远处则相反。这样,就会导致干料湿润不均匀,出现料束半干半湿的现象,这不仅影响混凝土的质量,也是产生粉尘的原因之一。若改为两路进水,则这种现象将大为改观。

(5)严格控制风压。风压过高不仅会增加回弹量,而且也会提高粉尘浓度。另外,还要注意避免用户过多,致使主风管负荷过重,从而影响风压波动,除粉尘过多以外,还会导致堵管故障。因此,在可能的情况下,喷射作业最好单独铺设风管,以保证喷射混凝土作业的顺利进行。

(6)改进喷射混凝土的施工工艺。如采用湿喷法,可以基本上控制粉尘飞扬,从而改善工作条件。

(7)加强个人防护。使用压风呼吸器,将高压风通过呼吸器过滤减压、净化,供喷射作业面工作人员呼吸用,可以避免吸入粉尘,保证人员的健康。

第四节　模筑混凝土衬砌法

永久支护也叫衬砌,是支护地下工程或隧道的建筑物。永久支护应及时施工,以免围岩暴露时间过长而引起岩石的风化,使围岩产生松动或坍塌。

模筑混凝土衬砌施工包括两项主要内容:模板工程(由模板拱架、墙架等支撑结构组成的临时性结构物)和混凝土衬砌施工。

一、地下工程模板的分类及特征

模板是使混凝土按设计要求浇筑成型的临时结构。它除了起成型作用外,还和拱架、墙架一起共同承受新浇筑的混凝土的重量和围岩压力。因此,模板结构必须满足足够的强度、刚度和稳定性,构造简单,结构合理,表面光滑平整,接缝严密和重复利用率高等要求。

模板的种类很多,其分类如下:

(1)木模板一般是用干燥无变形、宽度5cm的木板制成。拱圈模板的长度通常为拱架间距的2~3倍,以保证模板接缝在拱架上。拼缝有齐口和平缝两种。边墙模板有普通模板和拼装式模板,普通模板与拱圈模板类似;拼装式模板是预先制作,施工时由多块拼装而成,分块的目的主要是便于安装和移动。

(2)钢模板。近年来,普遍采用定型钢模板代替木模板。一是为节省木材,二是因为钢模板承载力大,使用寿命长,浇筑混凝土成型较好。拱圈钢模板应制成一定的拱形,以适应拱架弧形,钢模板也可根据实际工程加工制作。

(3)拆装式模板是一种可重复使用的模板,当已浇筑混凝土达到允许拆模的强度时,把模板拆卸下移至另一需要浇筑部位重新组装。每一套模板可在同类结构中重复使用多次。这种模板的适用范围很广,目前在混凝土浇筑施工中广为采用。

(4)平移式模板也是一种可重复使用的模板,但它使用时并不拆卸,而是按浇筑顺序在使用过程中按顺序逐渐向上滑升的,因此其使用于等断面、高度大的结构物,此种模板浇筑的混凝土的整体性比较强。

(5)衬砌模板台车简称模板台车,又称活动模板。用于地下工程衬砌作业的一种移动式模板,是整体式衬砌作业实现机械化施工的重要机具设备。由模板、模架车架和调幅装置等组成,在轨道上走行。使用时先就位和固定,后用调幅装置将模架及模板撑开,并准确定位。混凝土灌筑完毕并经一定时间的养护后,收缩模板脱模,然后整体移动至下一个灌筑段。模架相当于普通模板的支承拱架,用型钢制成,其间设置纵向型钢肋条,其上铺设钢模板。模架转折处设置单向铰,钢模板上开有若干检查孔,以使模板能自由收缩,并可观察混凝土灌筑情况和便于使用振捣器。调幅装置为设置在车架上的千斤顶,用以撑开或收缩模板,并调整幅宽尺寸和高程。车架为一空间钢结构,内部可通行斗车或其他运输工具,用以支承模架和在轨道上走行,使模板可以移动。外形高大,自身重量和施工荷载也都较大,为避免引起质量事故或移动时发生故障,对轨道稳定性要求较高。

以上几种模板由于各有其特点,因此在隧道及地下工程中得到广泛应用。具体应用哪一种模板应综合考虑工程具体条件、所采用的施工方法、施工的技术装备程度和技术水平等因素,经过方案比较后予以确定。拆装式木制模板的优点是制作容易,应用灵活,重量轻,安装技术要求不高;缺点是体积大,占净空多,强度低,重复利用率低,易坏损。所以只有在特殊情况下采用木模板,一般选用体积小,强度高,能多次利用的标准化钢模板。混凝土模板不需要拆除,因为其本身就是衬砌的一部分,但混凝土模板比较笨重,安装较为困难。活动式模板拆装简便,有利于提高衬砌混凝土施工机械化程度,但活动式模板利用率低,只在断面固定、长度较长的工程中使用时才较为经济。

模板的分类,见图 3-23。

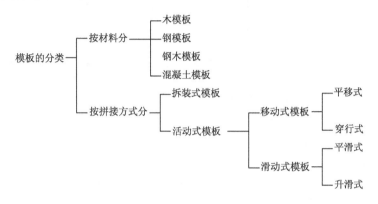

图 3-23　模板分类

二、各种模板的构造及应用

不管是拆装模板还是活动式模板,总体上看都是由与混凝土接触的模型板(简称模板)和支撑结构系统两大部分组成。前者用于保证混凝土衬砌尺寸和准确成型,并承受混凝土的分布荷载;而后者将上述荷载传给地基。

1. 拆装式模板

隧道及地下工程中使用的拆装式模板,通常由拱架、墙架和模板组成。

(1)拱架有木制和钢制两种,由于钢制拱架能承受较大的压力,拱下净空大,故多采用钢制拱架。钢拱架一般用槽钢、工字钢或旧钢轨弯制,能承受较大的荷载。

拱架的间距,应根据衬砌地段围岩的情况、拱圈跨度和衬砌厚度确定,一般为 1m。如围岩的压力过大,可缩小间距或在拱架下设木支撑加强。地下工程衬砌施工中,还使用一种轻型钢拱架,图 3-24 所示是用角钢包钢筋焊接而成的三角形拱架的结构示意图。每件分为两节,安装时用夹板螺栓连接,其优点是连接简单、重量轻、净空大、拆装方便、节省钢材。

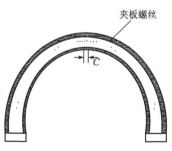

图 3-24　三角形拱架结构示意图

(2)墙的形式,既要求结构简单、拆装方便,并能保证足够的施工和运输净空,又要能承受衬砌荷载。在采用先拱后墙施工时,墙架形式见图 3-25。先墙后拱法施工时的墙架形式见图 3-26。在需要通过大型机械设备地段,或因其他原因不能设水平横撑时,墙架立带应设法

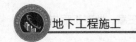

与墙后岩壁牢固连接,可采用可卸式锚杆或用镀锌铁丝与岩壁相连接。

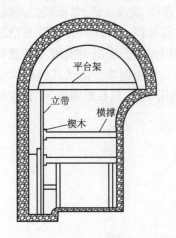
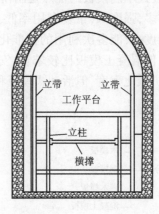
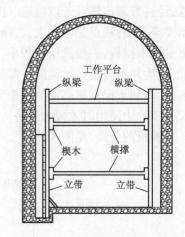

图 3-25　先拱后墙架形式图　　　　　　　　　　　图 3-26　先墙后拱墙架形式图

为使墙架架设满足准确、牢固及安全的要求,立墙架时应注意以下几个问题:

①立墙架时应按中线确定墙架位置,先拱后墙法施工时,经检查中线及拱部净空无误后,可由拱脚挂线立墙架。

②应检查墙底高程,立曲墙墙架时,应标出轨面的水平控制点,并结合仰拱拱座一次做好。

③如施工中利用墙架平台或脚手架时,要特别加强支撑结构,确保安全,并防止墙架走动变形。

(3)模板,平移式模板在隧道施工中应用较多,如衬砌钢模台车,它主要由台车和钢模组成。钢模的长度根据混凝土浇筑能力而定,按台车与模板的相互关系,钢模台车分为:平移式钢模台车、穿行式钢模台车两种。

平移式钢模台车是将台车与模板制成一个整体,浇筑时把台车移至浇筑位置,用垂直千斤顶和侧面千斤顶将钢模固定在设计位置上,新浇筑的混凝土重量由台车承受。待浇筑完的混凝土达到一定强度后才能拆模,钢模台车再移到另一个浇筑位置。穿行式钢模台车与平移式台车的区别是穿行式钢模台车的台车和钢模都是独立系统,浇筑时用千斤顶将钢模架设好,浇筑完混凝土后,台车即可脱离钢模,由钢模独自承担新浇筑重量。这两种台车各有其特点,平移式钢模台车的钢模结构简单,稳定性易保证,但在没有早强剂的情况下,需要较长的时间才能拆模。这就要求立模与浇筑混凝土作业必须间歇作业,从而影响施工进度;而穿行式钢模台车在配有多套钢模的条件下,台车可在前一浇筑地段浇筑完后,在前一钢模的保护下穿行而过到下一个浇筑位置立模浇筑。这样,可以实现连续施工,加快施工进度。

2.滑动式模板

滑动式模板简称滑模,它是用于现浇混凝土或钢筋混凝土工程中实现快速连续施工的一项先进施工技术。滑动式模板是由模板、操作平台和液压提升系统组成。模板系统包括模板、围圈和提升架,提升架又称千斤顶架或开字架,模板系统的作用主要是使浇筑的混凝土成型;操作平台系统包括操作平台和上辅助平台,这是施工操作场所,这一系统是滑模特有的;液压提升系统包括液压千斤顶、液压控制台、油路和支撑杆,这是滑升的动力装置。这三部分通过提升架连成一个整体,构成整套液压滑模装置。

滑动式模板是以液压为动力、千斤顶为提升工具,在液压控制平台的控制下液压千斤顶沿着吊杆向上爬升,从而带动提升架、圈、模板、操作平台等一起上升。液压千斤顶的工作原理,见图3-27。当开动油泵进油时,油液从千斤顶的进油口注入活塞与缸盖之间。在高压油的作用下,上卡头与吊环锁紧,活塞不能下行,因此油液就将千斤顶的缸体抬起,并带动整个滑模系统上升,至下卡头与上卡头顶紧时,即完成一个工作行程。此时排油弹簧处于压缩状态,当换向阀换向回油时,在排油弹簧作用下,由于下卡头与吊环杆锁紧而使上卡头及活塞上移,油液从进油口排出,当活塞升至上止点后,排油工作完毕,此时即完成一个工作循环,如此反复循环,千斤顶就能沿吊环不断上升。

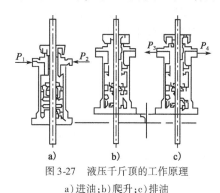

图 3-27　液压千斤顶的工作原理
a)进油;b)爬升;c)排油

三、模筑混凝土衬砌施工

模筑混凝土施工是整个衬砌工程的主要作业,浇筑混凝土的质量将直接关系到混凝土的强度、耐久性以及地下建筑的正常使用,所以要特别予以重视。一方面要加强施工组织和施工管理,另一方面要努力提高机械化施工水平,改善劳动条件,提高工程效率。模筑混凝土施工的主要内容有:混凝土制备与运输、衬砌混凝土的浇筑、拆模与养护。

1. 混凝土制备与运输

1)混凝土配料

配料就是将胶结材料、集料和拌和水按配合比量取。配料是否准确将直接关系到混凝土的质量。制备混凝土时,必须按照设计的材料数量配料。按重量计算,水泥、掺和料和水的配料误差不能超过2%,砂石料不能超过5%。要严格控制加水量,以保证准确的水灰比,为此,要求所有的计量设备在使用前都要进行仔细检查,使用过程中也要定期进行检查校正。

当混凝土的用量很大时,为了提高配料的工作效率和减轻劳动强度,应尽量采用机械化配料,主要解决上料机械化和称量自动化两个环节。上料机械化,一般采用皮带运输机等机械,先往储料斗内装料,然后再由储料斗向自动称量斗上料。称量自动化,按其原理有杠杆控制和电气控制两种形式。

2)混凝土的搅拌

混凝土的搅拌现多采用机械搅拌,其主要设备是混凝土搅拌机。搅拌机按工作原理可分为两类:一类是自落式搅拌机,另一类是强制式搅拌机。自落式搅拌机是利用搅拌机鼓筒筒壁内的固叶片,在鼓筒旋转过程中将混凝土拌和料带起,转至顶部后,靠拌和料的自重落下,如此反复多次,混凝土搅拌均匀。鼓筒的转速一般为15～18r/min,转速过高将产生过大的离心力,阻碍拌和料搅拌均匀,其多用于搅拌干硬性混凝土。如混凝土用量较大时,也可购买商品混凝土,从混凝土制备厂直接运至施工点使用。

保证混凝土拌和均匀,要有足够的搅拌时间,如条件允许,适当延长混凝土的搅拌时间,则拌和料更均匀,和易性也好,强度也稍有提高。搅拌时间过长,则影响混凝土搅拌的生产率和使混凝土变稠。混凝土的搅拌时间,一般根据搅拌机的性能和拌和物的要求确定。拌和好的混凝土应混合均匀,色泽一致,石子表面应为砂浆包裹。当发现搅拌机出料不符合上述条件,可以适当延长搅拌时间。

3)混凝土的运输

为了保证混凝土的质量,无论采用何种方式运输混凝土,在混凝土运输过程中都要符合下列要求。

(1)运输时应注意保证混凝土不发生离析和严重泌水现象。如发生离析或坍落度损失过多时,应进行混凝土二次拌和,但不能加水。

(2)保证混凝土运至浇筑地点时,仍具有较高的流动性,其塌落度的降低值不得超过原规定的30%。

(3)从搅拌出料到浇筑捣固完毕的全过程,不得超过混凝土的初凝时间。混凝土的运输方式和工具很多,可归纳如下。

选择混凝土的运输方式和机具,应根据上述技术要求,并结合工程特点、施工技术水平、垂直运输距离、混凝土工程量、浇筑速度、现有机具设备和气候情况等因素确定。如混凝土的用量不大,且运距较短时,可采用翻斗手推车、轻便翻斗汽车或矿车运输;当混凝土需要垂直提降时,可用吊桶或吊斗、卷扬机或提升机进行垂直运输;当混凝土同时有水平运输、垂直运输时,可用皮带运输机、风动混凝土输送器或混凝土输送泵等设备运输。

混凝土运输方式,见图3-28。

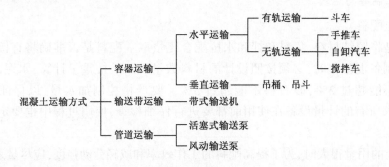

图3-28 混凝土运输方式

下面介绍几种运输机具:

(1)皮带运输机。皮带运输机有移动式和固定式两种,地下工程中多用移动式,常见的几种皮带运输机的技术性能见表3-12。

移动式皮带运输机技术性能表

表3-12

名　　　称	单　　位	型　　号				
		Y-45(原T-43-15)	102-2	T-43-20	T-43-20	102-3
运输长度	m	15	15	20	20	20
胶带宽度	mm	500	500	500	500	

续上表

名　　称	单　位	型　号				
		Y-45（原 T-43-15）	102-2	T-43-20	T-43-20	102-3
胶带速度	m/s	1.2	1.2	1.0	1.2	1.2
最大运输高度	m	5.01	5.52	6.5	6.5	7.23
最大倾角	°	19	1920	19	19	1920
运输能力	m³/h	80	108	67	80	108
电动机型号		JO-51-4	JO-51-4	JO-52-4	JO-52-4	JO-51-4
电动机功率	kW	4.5	4.5	7	7	4.5
外形尺寸 长	m	15280	1552	20270	20200	20520
外形尺寸 宽	m	1410	19102110	1450	1840	2600
外形尺寸 高	m	5010	2360	7100	6600	3170
重量	kg	1170	—		1720	2600

皮带运输机是一种良好的运输混凝土的机具,但在运输混凝土时,由于惯性力的影响,往往会产生离析现象;由于受振动影响而产生分层现象;另外,混凝土中的水泥砂浆黏附在胶带上,这些都影响混凝土的质量。为了减轻因上述因素的不良影响,在使用时皮带运行速度以1~1.2m/s 为宜,运输机末端安装橡皮刮板,装料端加漏斗垂直注入,并限制皮带的倾斜角度等。

（2）混凝土输送泵。混凝土输送泵有活塞式和风动式两种。

①活塞式混凝土输送泵的工作原理与一般的往复式水泵相似,是利用一个吸入阀和一个压出阀配合活塞往复运动进行混凝土的压送工作,混凝土的输送管是由耐高压的无缝钢管制成,管道之间用快速接口或普通凸缘连接。

活塞式混凝土输送泵的优点是能保证混凝土输送的连续性,生产效率较高,最大输送能力达 20m³/h,最大水平距离 300m,垂直 40m,为了不使混凝土在输送中发生离析和堵管现象,对材料和配合比的要求见表 3-12,并用压送试验,才可在施工中正式使用。一是水泥用量不应小于 300kg/m³;二是水灰比为 0.4~0.6,最大不超过 0.8,坍落度以 5~10cm 为佳,如需要增加混凝土的流动性,可采用塑化水泥或加塑化剂;三是粗集料的最大粒径,除符合一般混凝土施工要求外,还应符合表 3-13 中的规定。

集料的最大直径表　　　　　　　　　　　　　　　　表 3-13

混凝土输送管道的内径（mm）	颗粒的最大粒径（mm）	
	碎石	卵石
200	70	80
180	60	70
150	40	50

②风动混凝土输送泵。它是利用压缩空气的压力把混凝土运送至浇筑地点。风动混凝土输送泵的输送能力可达 8~12m³/h,水平运输距离可达 300m,垂直运送距离达 30m。这种混

凝土输送泵的优点是:方便灵活,能间歇输送,每次压送后,管内无残余;结构简单,机型尺寸小。与活塞式混凝土输送机相比还有消耗动力少,用完后清洗容易等优点。鉴于上述优点,风动混凝土输送泵在洞室混凝土衬砌中已被广泛使用。

活塞式混凝土输送泵与风动混凝土输送泵的主要区别是:前者是依靠活塞作用推送混凝土,而且是连续输送;后者是依靠压缩空气为动力推送混凝土,是间歇输送。

用风动混凝土输送泵组成的混凝土衬砌机械化作业线,见图 3-29。

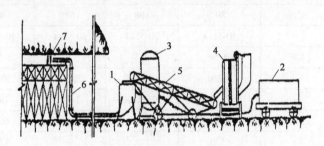

图 3-29 混凝土施工机械化作业线

1-风动混凝土输送泵;2-空气压缩机;3-储气罐;4-混凝土搅拌机;5-皮带运输机;6-混凝土输送管;7-出料器

值得注意的是,无论用哪一种运输方式,都应注意以下问题。

A. 运输速度要快,尽量节省运输时间。自搅拌机卸料至入模捣固为止,混凝土拌和料的运送持续时间不应超过表 3-14 的规定。

混凝土拌和料运送时间限定表   表 3-14

混凝土自搅拌机卸出时的温度 (℃)	允许运送持续时间 (min)	混凝土自搅拌机卸出时的温度 (℃)	允许运送持续时间 (min)
30~20	45	10~5	90
20~10	60		

B. 尽量选用不漏浆、不吸水的运输工具,并经常清除黏附的混凝土残渣。

C. 运输过程中注意暴晒、大风和雨水侵蚀等,必要时应加以遮盖。

D. 尽量减少转运次数,如转运时,应经过垂直漏斗,以免失浆或离析。

E. 运输路线力求平整,以免因车辆颠簸而引起混凝土离析分层。

2. 混凝土的浇筑

混凝土浇筑和捣固的效果,将直接影响混凝土的密实性和整体性。所以,浇筑混凝土应充满模板,振捣密实,钢筋位置正确,保护层厚度符合设计要求,而且必须分层、有序进行,以便混凝土的捣固、防止漏捣并可避免因模板受力不均匀而产生变形或移位,分层厚度应根据捣固方法、混凝土拌和料供应速度、混凝土拌和料的坍落度及结构配筋等情况确定。除上述要求外,混凝土浇筑时,还应注意以下几个问题。

(1)分层浇筑时,要注意在前层混凝土初凝之前,将后层混凝土浇筑完毕,初凝时间与水泥品种、水灰比和气温等条件有关,应由实验确定。通常塑性混凝土不超过 2h,干性混凝土不超过 1h。

(2)浇筑完的混凝土必须有较好的密实性,不能产生蜂窝、麻面、鼠洞及露筋等现象,切实做到"内实外光",同时还要保证混凝土的整体性,不允许随便留置施工缝或产生施工裂缝。为保证浇筑混凝土的密实性,捣固时采用机械振捣器振捣。机械振捣器,在地下工程的施工现场多用由电动机、软轴和振捣棒三部分组成的插入式振捣器。主要用于侧墙和拱部混凝土振捣。浇筑洞室底板时,用平板式振捣器。在使用插入式振捣器时,要特别注意操作振捣棒时应快速插入,因为插入速度慢不仅会使混凝土的表面因捣固时间过长而有浮水,而且混凝土表层密实后,能抑制其内部的气泡逸出,从而影响混凝土的均匀性和密实性;在拔出振捣棒时要慢,并不得关闭电机,以免拔出困难或留下空洞。另外,还要注意振捣棒的插入深度要贯穿整个浇筑层,振捣时间应控制在混凝土不再显著下沉,不再有气泡逸出时为止。通常,在采用插入式振捣器每个插点的振捣时间为 22～30s,使用附着式振捣器时为 120～300s,采用表层振捣器时为 5～60s。

(3)如遇到特殊情况必须中断作业时,且间隔时间超过前面讲的混凝土初凝时间,应该设置施工缝,拱部与曲墙的施工缝浇筑面应设成辐射状,直墙则为水平面。在间歇浇筑时,混凝土的强度达到 $12kg/cm^2$ 后,并经过处理后才能进行,混凝土达到强度所需要的时间应由实验确定。

(4)在处理施工缝浇筑面时,首先要清除混凝土松软层和水泥砂浆薄膜,并把其表面凿成毛面,然后用高压水冲洗,使混凝土充分湿润但表面无积水,最后铺上一层与浇筑混凝土内砂浆成分一致的净浆,才能进行接续的混凝土灌筑。

(5)浇筑拱圈混凝土时,要分段进行,混凝土应从拱脚开始向拱顶方向分层对称浇筑,层面应与拱轴垂直。当从两个方向同时浇筑,在两端活封口合拢时,此处会出现一个死封口,此时要留一个 $40cm^2$ 见方的缺口,这部分混凝土只能用千斤顶将与缺口体积相当的混凝土块顶入。如拱圈部分为钢筋混凝土时,拱脚处要留钢筋头,以便和边墙牢固连成整体。

(6)浇筑边墙混凝土,首先要清除基底残渣、污物和水后进行浇筑,在先拱后墙法施工时,浇筑边墙混凝土要对称均匀上升,以免模板受力不均匀而发生倾斜或移动,并且注意墙顶的封口工作,如使用干性混凝土,则可与墙同时浇筑;否则,就应在墙顶附近留 20cm 左右的空隙,待边墙混凝土充分收缩,经过间歇施工处理后,用较干的混凝土填塞空隙,并捣固密实。超挖部分的回填应用与浇筑混凝土同级的混凝土,在离拱脚和墙底较远地方也可用片石混凝土或浆砌片石回填。此外,还要注意浇筑时,混凝土的自落高度不应超过 2m,否则应使用溜槽,以免混凝土发生离析。隧道的避车洞应与边墙同时浇筑。

为减轻劳动强度、加快衬砌施工进度和改善地下工程内各施工工序的作业条件,最好实施衬砌混凝土机械化施工,混凝土衬砌机械化作业线是由从配料、混凝土搅拌、运输、立模、浇筑、捣固等主要施工过程的机械化配套组成。但最主要的是机械化搅拌站、混凝土输送泵和活动式模板的配套应用。采用混凝土衬砌机械化作业线施工,有以下几种组织方式。

①当混凝土运输距离不超过混凝土输送泵的有效运距时,可将混凝土输送泵和搅拌机布置在洞口附近,见图 3-30a)。

②当运距很长时,可将混凝土输送泵设在洞内,混凝土在洞外搅拌好后,运至混凝土输送泵处,见图 3-30b)。

③当运距特长,及时运送混凝土困难时,而且断面又较大,则可将混凝土输送泵和搅拌机都设置在洞内,见图 3-30c)。

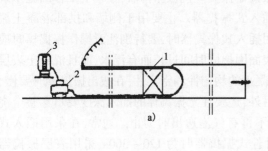

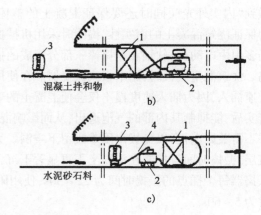

图 3-30　衬砌混凝土机械化作业线组织方式

1-活动式模板;2-混凝土输送泵;3-混凝土搅拌机;4-皮带运输机

用两台串联的混凝土输送泵输送混凝土时,运距可增加一倍,其中一台设置在洞口附近,另一台设在洞内。另外,适当提高洞外混凝土输送泵的位置,可以增加运输距离。

浇筑混凝土的机具安放位置有两种:一种是将设备放在已浇筑好的地段内,另一种是向钢模内浇筑混凝土常用反向弯管;后者在浇筑作业时较方便,但施工作业时,与工作面掘进施工相矛盾。

3. 混凝土养护拆模

养护和拆模是衬砌混凝土施工的最后一项内容,这项工作是控制混凝土质量的关键,工作本身虽然简单,但是很重要。养护不当或拆模过早都会使混凝土受到不同程度的破坏。

由于混凝土在凝结硬化过程中需要一定的湿度和温度条件,因此为保证水泥的水化过程能够正常进行,混凝土在浇筑后必须加以养护,如果混凝土干燥过快,则会因混凝土内部不同深度的干燥条件不一致,而使混凝土表面产生许多干缩裂纹,影响混凝土的强度和耐久性,严重的还会出现裂缝使整个衬砌结构遭破坏。

养护方法大体可分为:自然养护、蒸汽养护和薄膜养护三种。

(1)自然养护是在环境温度高于5℃的情况下,用草帘或湿砂将混凝土覆盖,并经常浇水养护的一种方法。此法操作简单方便,又不需要专业设备,所以应用广泛。在隧道衬砌混凝土施工中,常用洒水养护。洒水的方法有:高压喷水、压缩空气喷水和喷壶洒水。在一般情况下,衬砌混凝土浇筑完毕 10~12h 后即应开始养护,模板拆除后则直接向混凝土表面洒水,使其经常保持湿润状态。养护时间可参考表 3-15。

衬砌混凝土洒水养护时间表　　　　　　　　　　　　表 3-15

水 泥 品 种	洒水养护期限(天)			
	相对湿度 >90%	相对湿度 90%~60%	相对湿度 <60%	要求抗渗性高或抗渗型添加剂时
普通硅酸盐水泥	不洒水	7	14	14
火山灰质或矿渣水泥	不洒水	14	21	21

（2）蒸汽养护就是将欲养护的衬砌混凝土分段隔离，再向分段内通入蒸汽的一种养护方法。养护时将衬砌混凝土分成 15～20m 的养护段，每段插入一进汽管，用轻便锅炉供汽，用苇席或草帘做隔汽层。一般 48h，混凝土强度便可达到其设计强度的 70%，此时即可拆模。

采用蒸汽养护的优点：

①使衬砌混凝土的凝结速度加快，并可以提高早期强度，从而可尽早拆模，这样就加快了模板的周转速度。

②拆模后洞室比较干燥，有利于提早交付使用或投入后续工序的施工。所以蒸汽养护在地下工程中得到广泛应用。但在蒸汽养护时，温度应逐渐升高或降低，以免由于骤热而使衬砌混凝土出现裂纹或因降湿太快引起衬砌混凝土表面急剧收缩而产生裂纹。

在一些大型的混凝土构件预制工厂，多采用自动化生产的蒸汽养护窑，利用高温蒸汽自动向上、冷空气自动向下流动的原理，将混凝土构件从一侧逐渐下降，另一侧逐渐提升，使构件依次通过升温、恒温、降温的养护过程，这种方法就充分利用了蒸汽，大大缩短养护周期，从而提高生产效率。

（3）薄膜养护是在浇筑完毕的混凝土表面涂一层不透水的成膜液体材料，待溶液挥发后就形成薄膜，使混凝土表面与空气隔离，防止混凝土内的水分蒸发，从而达到养护目的的一种养护方法。成膜材料有氯化烯树脂、氯乙烯—偏氯乙烯共聚乳液、乳化沥青和乳化桐油等。薄膜养护也有其明显的优点：这种养护方法不用洒水，节省人力、物力，尤其在冬季冻结地区或缺水地区更为适用，但此方法的单价高，在有自然养护和蒸汽养护的条件下，很少采用此法。

混凝土浇筑好，并经过一段时间的养护后，为加快模板的周转，要求混凝土尽早拆模，但又不能盲从，如果拆模过早，混凝土还未达到一定的强度拆模，会使衬砌混凝土过早承载而发生严重破坏。

铁路隧道拆模后应符合下列要求：

①不承重的直边墙，混凝土强度达到 $25kg/cm^2$ 或拆模时混凝土表面及棱角不致破损。

②几乎无围岩压力的单线铁路隧道拱圈，一般要求封顶混凝土的强度达到设计强度的 40%。

③围岩压力较小的拱圈和曲边墙，一般要求封顶混凝土达到设计强度的 70%。

④围岩压力较大或多线铁路隧道的拱圈，一般要求封顶混凝土达到设计强度的 100%。

混凝土达到预定强度所需要的时间，应由实验确定，表 3-16 和表 3-17 可供参考。

混凝土达到 $25kg/cm^2$ 强度所需要的时间表　　　　　表 3-16

水 泥 品 种	强 度 等 级	混凝土设计强度（MPa）	环境温度（℃）					
			5	10	15	20	25	30
普通硅酸盐水泥	C30	200	4.5	3.0	2.5	2.0	1.5	1.0
	C40	200	3.0	2.5	2.0	1.5	1.0	1.0
	C50	200	2.0	2.0	1.5	1.5	1.0	1.0

水泥品种	强度等级	混凝土设计强度（MPa）	环境温度（℃）					
			5	10	15	20	25	30
火山灰质或矿渣水泥	C30	200	6.0	4.5	3.5	2.5	2.0	1.5
	C40	200	5.0	4.0	3.0	2.5	2.0	1.5
	C50	200	4.0	3.0	2.5	2.0	1.5	1.0

混凝土达到预定强度所需天数表　　　　表 3-17

要求混凝土达到设计强度的百分比	水泥品种	强度等级	每日平均环境温度（℃）					
			5	10	10	15	20	25
			达到要求需要的时间（天）					
50	普通水泥	C50	9	6	5.5	4.5	4	3
		C40	12	8	7	6	5	4
	火山灰质或矿渣水泥	C50	18	12	9	7.5	6.5	5.5
		C40	22	14	10	8	7	6
70	普通水泥	C50	20	12	9	7.5	7	6
		C40	24	16	12	10	9	8
	火山灰质或矿渣水泥	C50	30	20	14	13	10	8
		C40	36	22	16	14	11	9
100	普通水泥	C50	35	31	26	24	20	16
		C40	40	35	30	27	24	20
	火山灰质或矿渣水泥	C50	54	37	29	27	25	21
		C40	60	40	30	28	26	22

第五节　装配式衬砌法

一、装配式衬砌的概念

模筑混凝土衬砌是在坑道内进行的,在浇筑混凝土时,坑道内往往有各种模架、机具,占据了很大洞室空间,从而在一定程度上限制了施工机械化的发展。为加快施工进度,有条件实施机械化作业,在工程中又出现了一种新型的衬砌——装配式衬砌。

装配式衬砌是先在工厂加工预制混凝土衬砌构件,然后运至洞室中按一定顺序装配成型的永久支护形式。由于此法不需要临时支护,能保证洞室内充足的空间,这样有利于实现机械化施工,因而装配式衬砌在实践中也得到了广泛的应用,特别是在以盾构法施工的洞室中,通常采用装配式衬砌,甚至在矿山法(爆破掘进)施工中,有时也采用装配式衬砌。

显然,装配式施工能大大提高施工的机械化水平,减轻人员的劳动强度,而且所用衬砌构件都在工厂中预制,其质量很容易保证,但是在施工中其接头的防水处理目前还不能满足要求,需要特别予以重视、加强研究、尽快解决。装配式衬砌作为永久支护结构,应满足以下几点基本要求。

(1)具有足够的强度。能立即承受围岩压力及临时的和永久的荷载,如施工机具压力、在盾构法施工中盾构压力和盾构推进时的千斤顶压力。

(2)不透水而且耐久性好。

(3)装配时安全、简便且构件能互换,要满足后者衬砌最好采用圆形,因圆形衬砌在整个周边上具有相同的曲率,同时圆形衬砌在承受静水压力和围岩压力时,受力状况较为理想。另外,圆形衬砌也适合于盾构法施工,所以圆形装配式在工程应用中普遍采用。

二、装配式衬砌所用的材料

装配式衬砌的材料,可以采用铸铁、钢材和钢筋混凝土等。在工厂预制管片,运至地下拼接后即成装配式衬砌。

(1)铸铁管片的优点是强度高,重量不太大,运输和安装方便,而且铸铁耐腐蚀,不透水;其主要缺点是抗拉强度低于抗压强度,易发生脆性破坏,价格比较昂贵。

(2)钢管片比铸铁管片抗拉强度高,这样就可减少管片的横截面,同样坑道开挖断面也就相应可以缩小了,并可以采用较长的管片。相同尺寸钢管片的重量要比铸铁管片的重量轻得多。但是钢管片的抗腐蚀性能差,虽然可以采用防腐措施,这样其造价就更加昂贵,故很少采用钢管片。

(3)根据国外的经验,用钢管片做衬砌,其成本约占工程总造价的50%。为了节约起见,通常采用钢筋混凝土管片来代替铸铁管片。装配式钢筋混凝土衬砌和铸铁衬砌相比,每米可降低造价15%~20%,金属消耗量可节约80%左右。但钢筋混凝土砌块有制作工艺和防水问题。

三、装配式钢筋混凝土衬砌的分类

装配式钢筋混凝土衬砌按照衬砌环中径向接头的形式可以分为:接缝处没有受拉连接的砌块、接缝处有受拉连接的砌块、管片衬砌、多铰衬砌及地震区的衬砌等。

1.接缝处没有受拉拉链的砌块

每块衬砌在其环向一侧立边上有两个椭圆形榫头,另一侧立边上则有两个可与之吻合的榫槽,以保证衬砌环的连接。而且每个榫头比榫槽要稍高一些,这样就在拼接后的衬砌留有一定的空隙,便于用灰浆填塞使连接更加牢固。当施工拼接时,将要拼装的每块砌块的榫头分别放在前一环相邻砌块的榫槽内,应使相邻的两环砌块错动半块位置,以保证错缝。每块砌块的内表面还设有两个供举重器提取砌块的凹槽;砌块上设有压浆孔,以便向砌块后压浆,使衬砌与围岩紧密连接。这种砌块有明显的缺点:施工时拼接较费事;由于其接缝处没有受拉拉链,在拼装上半环时,需要有专门的支撑架来支撑砌块;要设防水层并进行填塞处理;需要熟练工人进行人工操作。

为固定砌块间的相对位置,另一种无拉链的砌块在环向及径向立边中央,作成直径7cm

半圆形凹槽,在两块砌块径向立边间形成的圆槽内,放入一段外径为 6.35cm,长 40cm 的短钢管作为结合销,钢管内以水泥浆填充。在环向立面的圆槽内压注灰浆,使其起结合销的作用,见图 3-31。

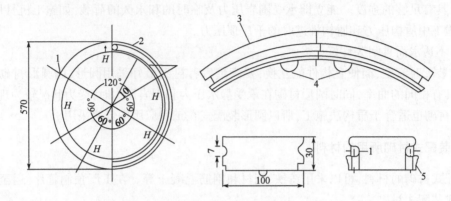

图 3-31　设拉链连接示意图(尺寸单位:cm)
1-结合销;2-环向沟槽;3-压浆孔;4-用于提升的钩;5-前填缝沟

2. 接缝处有受拉连接的砌块

这种砌块有几种连接方式:采用加钢板螺栓连接,见图 3-32,衬砌采用纵向错缝,在环向立边上全高设有 2cm 厚的钢板,以便用螺栓连接相邻衬砌的砌块,钢板是用连续双焊缝焊在钢筋骨架上的。用钢板螺栓连接消耗金属材料少,并能保证拼接简便准确。但这种连接方式也有其缺点:例如,由于挖槽而对砌块有削弱,连接后在接缝处就地浇筑混凝土,其强度不如砌块混凝土;另外,钢板的刚性很差,在拧螺栓时,使钢板与砌块混凝土间出现微小缝隙,导致衬砌容易漏水。砌块间不用螺栓连接,而是采用具有一定几何形状的砌块卡住,使之相互连锁并自然形成空间错缝,从理论上讲,这种衬砌受力情况是比较好的。图 3-33 所示是一种每环由 6件 8 字形砌块组成的衬砌,由于砌块两端宽,中间窄,外形似 8 字,故此得名。

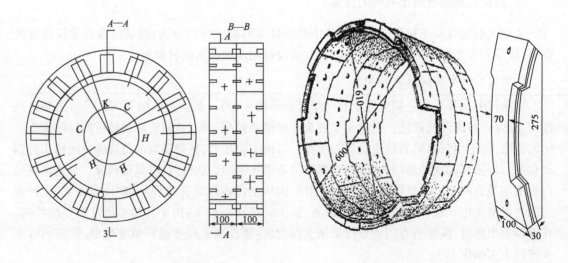

图 3-32　砌块螺栓连接示意图　　　　图 3-33　砌块卡钳连接示意图

砌块端部环向立边与隧道轴线垂直,其他 6 个边都是斜的。由于砌块设计成的形状使相邻两件砌块端部的加宽部分正好卡在两斜面间,砌块是中间部分,这样即可以保证衬砌的刚度和几何形状。由于这种砌块的制作难以达到较高的准确性,因此对结构的质量及施工的进度都有较大的影响。

3. 管片衬砌

用直螺栓连接的装配式衬砌和管片构造形式,见图 3-34。衬砌直径为 5.5m,每环由 3 种形式的 10 件管片组成的,7 件标准管片,两件邻接管片和一件封顶管片,环宽为 1m。钢筋混凝土管片外形和铸铁管片相似,也制作成箱形,其环向凸缘厚 15cm,径向凸缘厚 6cm,凸缘高 20cm,外壳厚 6cm,为了承受盾构千斤顶的压力,管片内有 3 个 8cm 的纵向隔板(肋),环向凸缘有 4 个螺栓、径向凸缘有两个螺栓连接,并用钢管固定螺栓孔,螺栓只起拼装时的连接作用,而在运营期间,凸缘传递弯矩的强度是不够的。因此,在控制压浆后,要用短钢销代替螺栓,并在螺栓孔周围用膨胀水泥填塞密实。

这种管片的优点:一是比同样尺寸的砌块少用一半混凝土,重量轻,便于运输和安装;二是由于有螺栓连接,使拼接准确便利。其缺点:一是有肋条存在而影响通风效果;二是当盾构推进时,凸缘容易被压坏或形成裂缝,而使防水效果差;三是清除隧道的底部不方便。

4. 多铰衬砌

由工程实践和试验得知,装配式衬砌的承载能力往往取决于接头的强度。因为混凝土抗拉性能差,而接头处要承受很大的正负弯矩,使得衬砌的抗裂性能不够好。采用减小接头处弯矩的方法,可以改善衬砌受力状态和提高其抗裂性,为此需要采取使接头的内力由中心传递的结构措施,为此应采用圆柱形的接头,以便使接头的内力由其中心传递,再在接头处放入圆柱形铰以减小接头的接触面,减小弯矩和保证安装方便;可采用弹性垫板等措施,见图 3-35。一方面可以起铰的作用,保证转运的可能,另一方面使受力均匀。

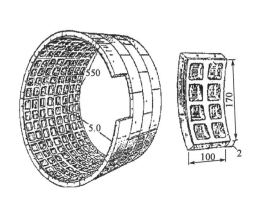

图 3-34 管片式衬砌构造图

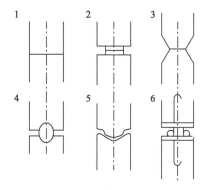

图 3-35 弹性垫板圈
1-平面的;2-有垫板的;3-切角的;4-销接的;
5-圆柱面的;6-钢垫板的

5. 地震区衬砌

地震区的装配式衬砌要承受地震的作用,作用的方向可以是沿隧道的纵向,也可以是沿隧道的横向或与隧道的轴向呈一定角度,采用带纵向肋和用螺栓连接的衬砌能较好地承受隧道

纵向地震力,但其横向刚度不够,为此要消耗比普通衬砌多70%的钢材。另外,图3-36所示的几种形式也很常用,它们都考虑了加强横向连接,图3-36a)所示的形式要大量损失初次压浆,抗震缝的质量也不容易保证;图3-36b)改善了初次压浆的损失;图3-36c)需要较少钢材的金属构件。这几种衬砌形式的共同缺点是需要大量的劳动力来填充接缝。

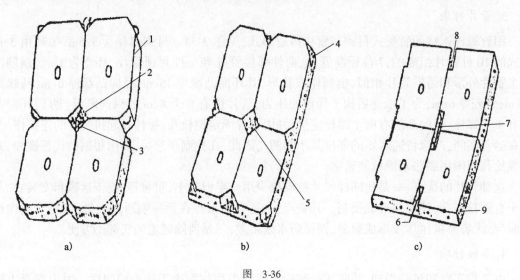

图 3-36

1-扣环;2-拼接后现浇混凝土;3-金属板条;4-销钉;5-拼装后现浇混凝土;6-抓钉 φ25;7-切块槽 200×30;8-拼接后填塞;
9-扒钉孔 φ30,$L=110$

在某些情况下,也可以用双层衬砌,一般多用装配式,见图3-37。作为承载结构,其内圈多用模筑混凝土,作为防水用,但也可以将内圈均作为承重结构。内圈很少采用钢筋混凝土,主要是因为施工比较复杂,最为普遍的是采用钢筋喷射混凝土,而且能使施工机械化。

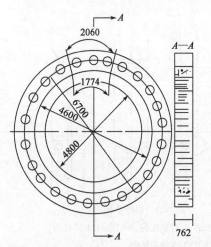

图3-37 双层衬砌防水结构图(尺寸单位:mm)

除了上述钢筋混凝土衬砌之外,还有预应力混凝土衬砌,它能更加充分地利用混凝土的抗压性能和钢筋的抗拉性能。根据在衬砌中形成预应力混凝土方法的不同,可以将预应力混凝土衬砌分为两类,即挤压式衬砌和加箍式衬砌。前者是向衬砌背后高压注入水泥砂浆或将衬砌向地层挤压的方法,而使衬砌产生预应力,而后者则是通过张拉环绕在衬砌外表面的钢箍,而使衬砌产生预应力的。上述两种形成预应力的方法,可以分别用于整体式模筑法混凝土衬砌和装配式衬砌。

(1)压注水泥砂浆的挤压式衬砌。此法的要点是在坑道开挖后,用模筑混凝土修建外层衬砌,再通过砌块上预留的压浆孔注入砂浆,内层采用钢筋混凝土砌块装配式衬砌,在砌块的外表面设有榫块,用以保证内层衬砌与外层衬砌有 3~5cm 的间隙距离;另外,在模型砌块外表面上设有环向横肋,以防止砂浆通过环端流入相邻的地段,见图3-38。

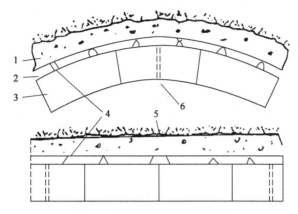

图 3-38 双层结构挤压衬砌示意图

1-混凝土填平层;2-环向间隙;3-钢筋混凝土砌块;4-榫块;5-环向端肋;6-压浆孔

（2）挤压地层的挤压式衬砌。这种衬砌是在盾构施工中应用。衬砌的砌块在平面上作成梯形，两相邻砌块将长、短边交错放置，以保证衬砌的形状尺寸一致。拼装时，将短边朝向盾构的砌块，紧靠在前一环衬砌上，而将长边朝向盾构的砌块并不插到头，一般要剩余其宽度的1/5，待盾构推进时，盾构千斤顶的压力将这些衬砌挤压到设计位置，见图3-39。由于衬砌的外径稍大于坑道的直径，从而挤压了地层，使得衬砌产生压应力。

（3）加箍式衬砌。这种衬砌是在钢箍内进行拼装的，拼装完毕后张拉钢箍而使衬砌产生预应力。由于钢箍受到荷载作用引起拉应力和预拉应力，因此要求用扁钢、圆钢或钢丝束作为钢箍，钢箍可用不同的方法进行张拉，见图 3-40。这种方法可以用于不良地质条件下以盾构法修建的隧道。其缺点有：由于千斤顶拉紧钢箍而使砌块转动，引起砌块的圆形改变；替换千斤顶时将损失拉应力；整个工序繁杂，且消耗时间。

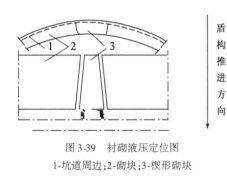

图 3-39 衬砌液压定位图

1-坑道周边;2-砌块;3-楔形砌块

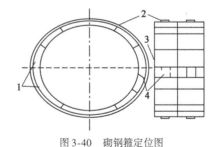

图 3-40 砌钢箍定位图

1-砌块;2-钢筋箍;3-充填物;4-液压千斤顶(未能切掉)

四、装配混凝土衬砌的制作与施工

如前面所述，装配式钢筋混凝土衬砌应能满足强度、耐久、不透水、装配简便和制作工业化的要求，而这些都与衬砌构件制作工艺有直接的关系。显然，装配式衬砌的构件应当具有相当精确的尺寸，为了做到这一点，预制构件时要采用金属模型。制作管片时，较常用的模型是一种由钢板构成的不可拆卸的焊接结构，钢模主要由焊接在一起的底座、侧壁和端壁三部分组成，为了增加模型的刚度，在其侧壁与端壁上均匀地焊接加劲肋，模型端壁上设有轴颈，以便将

模型、管片及托底翻转180°。另外,在构件需要预留螺栓孔之处,设置了可以拔出的穿钉,模型上还有带孔销钉,以便翻转模型时,可用楔子来固定底板。

为了保证衬砌构件本身不透水,应采用低水灰比的干硬性混凝土,而这种混凝土浇筑振捣时,要使用高频振捣器,因此在往模型内浇筑混凝土时是在专门的振动台上进行的。

管片混凝土通常是在25~35℃的温度中养护,在温暖的季节里,为了缩短在车间里的养护时间,待混凝土达到设计强度的70%以后,即可存放在仓库中,在存放的一个月中使其强度继续增长;在寒冷季节里,砌块混凝土要达到脱模强度方可脱模,脱模后管片继续在温室内养护,养护开始或终了时的温差不能超过每小时40℃。如管片急需运往工地,则应养护到混凝土达到100%的设计强度。

生产装配式衬砌构件时,应特别注意构件质量和几何尺寸的检验,对构件几何尺寸的要求是相当高的,否则不仅给拼装带来困难,同时对衬砌结构受力和防水也将带来不良的影响。可见,保证构件尺寸的足够精确度是采用装配式衬砌的关键问题之一。

为了得到足够精确度的构件,必须进行一系列严格的检验,首先要检查钢筋骨架的几何尺寸、数量和焊接质量,另外还要检验构件模型的几何尺寸。如模型是不可拆开的,检查较简单;若模型是可拆开的,则要进行仔细的检查。目前,还采取一套手持金属样板和量具来帮助检查。

在工厂内还需要进行衬砌环试拼装工作,拼装衬砌是在水平光滑的混凝土场地上进行的,场地中央有一根短柱,是拼装衬砌环的中心,以此中心为圆心,可以画出衬砌内外表面的圆周轮廓线,然后按照施工的实际情况在这两个圆周内进行试拼装,拼装好后,即检查衬砌半径、衬砌内表面的垂直度、衬砌环上部的水平,并且量测衬砌的环向及径向接缝,一般生产20环左右要进行一次试拼装。

衬砌构件除了进行衬砌环试拼装之外,还要进行管片的强度试验和透水试验,一般可进行管片承受均布荷载的受弯及环向肋条的承压强度试验。后者是盾构千斤顶推进时,传给管片的压力。管片的透水试验可在专门的设备上进行,先在管片外表面钻约15cm的孔,并在其中安装套管,再以10个大气压力往套管中压水,若在24h内不漏水则管片合格。

思考题

1. 锚喷支护结构有哪些特点?
2. 试论述锚喷支护各组成部分的名称及作用。
3. 简述喷射混凝土施工的主要内容和基本要求。
4. 开挖阶段的围岩变形监测方法有哪些?
5. 对临时支护的一般要求有哪些?

第四章　浅埋地下工程施工方法

第一节　概　　述

地下工程的施工作业对象主要是岩土,即岩石和土的总称,其物理力学性质及赋存条件,直接影响到地下工程开挖时围岩的稳定性。按地质条件,地下工程可分为第四纪软弱地层和岩石地层两大类。在地下工程中遇到的岩石地层大多是沉积岩,沉积岩是由沉积物经过压紧、胶结等作用而形成的岩石,通常把这些固结性岩石称为基岩;覆盖在基岩之上的松散性沉积物称为表土,如黄土、黏土、砂土等。按地质年代,表土层又分为第三纪、第四纪冲积层,第四纪冲积层是极不稳定的地层。在基岩和表土之间,成岩作用不够充分的那部分岩层通常称为基岩风化带。一般将覆盖于基岩之上的第四纪冲积层和岩石风化带统称为表土层。

目前,各种城市地下工程大多数位于第四纪软弱含水浅表土地层,由于表土层土质松软、稳定性差、变化大,含水比较丰富同时又接近地表,直接承受地面静荷载及动荷载,地下工程施工比较复杂。因此,城市地下工程施工方法、施工设备的选择需要根据表土的物理性质、力学性质和地下工程的类型来合理地确定。

一、浅埋地下工程的划分

中国地域辽阔,南方和北方地形地貌及工程水文地质相差很大,且目前国内地下工程类型很多,规模和用途也各不相同,因此地下工程的设计与施工方法不尽相同。根据施工特点和埋置深度,地下工程可划分为深埋地下工程和浅埋地下工程。

1. 铁路隧道

《铁路隧道设计规范》(TB 10003—2005)根据围岩级别和隧道拱顶埋深规定,当单线或双线隧道覆盖厚度小于表4-1所示时,为浅埋隧道。

浅埋隧道覆盖厚度值(m)　　　　　　　　　　　表4-1

围岩级别	Ⅲ	Ⅳ	Ⅴ
单线隧道	5 ~ 7	10 ~ 14	18 ~ 25
双线隧道	8 ~ 10	15 ~ 20	30 ~ 35

注:当有不利于山体稳定的地质条件时,浅埋隧道覆盖厚度值应适当加大。

2. 城市地下工程

城市地下工程结构断面变化范围很大,如果仅用拱顶埋深大小来确定是深埋或浅埋是不合理的,必须同时考虑地下工程跨度大小。一般情况下当地下工程跨度大时,对覆土的影响范围也大,可用拱顶覆土厚度(H)与结构跨度(D)之比,即覆跨比(H/D)来衡量。当 $H/D > 1.5$

时,为深埋;当$0.6 < H/D \leqslant -1.5$时,为浅埋;当$H/D \leqslant 0.6$时,为超浅埋。

二、浅埋地下工程施工方法比较

对于浅埋地下工程而言,其显著特点是埋深浅,在施工过程中,由于地层损失而引起的地面移动明显,对周边环境的影响较大。因此,如何有效控制浅埋地下工程施工扰动诱发的地面移动变形,是浅埋地下工程设计与施工研究的重点、难点和热点问题。浅埋地下工程施工方法有很多,主要有明挖法(盖挖法)、暗挖法、顶管法和沉管法等。早期,国内浅埋地下工程多采用明挖法施工。近年来,随着盾构技术和暗挖技术在我国的发展以及城市生活与环境要求的提高,暗挖法的采用越来越多。浅埋地下工程在选择施工方法时,要综合考虑场地条件、工程地质和水文地质条件、地面交通状况、工期要求,并做一定的技术经济比较,从而确定最为经济合理的施工方法。

浅埋地下工程常用施工方法各有优缺点,详细比较见表4-2。

浅埋地下工程常见施工方法比较   表4-2

方法 / 对比指标	明(盖)挖法	暗挖法	盾构法
地质	各种地层均可	有水地层需做特殊处理	各种地层均可
占用场所	占用街道路面较大	不占用街道路面	占用街道路面较小
断面变化	适用于不同断面	适用于不同断面	不适用于不同断面
深度	浅	需要的深度比盾构法小	需要一定深度
防水	较易	有一定难度	较难
地面下沉	小	较小	较小
交通影响	影响很大	不影响	竖井影响大
地下管路	需拆迁和防护	不需拆迁和防护	不需拆迁和防护
振动噪声	大	小	小
地面拆迁	大	小	较大
水处理	降水、疏干	堵、降或堵、排结合	堵、降结合
进度	拆迁干扰大工期较短	开工快,工期正常	前期工程复杂,工期正常
造价	大	小	中

第二节　地下工程明挖法施工

明挖法是从地面表面开始向下开挖,在地下设计位置修筑结构物,然后再进行回填覆土的施工方法的总称。在各种城市地下工程中,如高层建筑地下室、地下停车场、城市地下管道、地下变电站、浅埋的地下铁道工程等,获得了广泛的应用。

一般在地形平坦,埋深小于30m时,采用明挖法具有很好的实用价值,在地面交通和环境条件允许的地方,可优先选择明挖法施工。地下工程明挖法施工具有如下优点:

（1）适应性强,适明挖法用于任何岩(土)体,可以修建各种形状结构物。

（2）施工速度快,明挖法可以为地下结构的施工创造最大限度的工作面,各项工序可以全面铺开,进行平行流水作业,因而施工速度快。

（3）明挖法施工技术比较简单,便于操作,工程质量有保证。

然而,随着地下工程埋深的增加,明挖法的工程费用、工期都将增大。同时,明挖法对周围环境的影响大,对地面交通、商业活动和居民生活都有较大影响,地下管线的拆迁量也比较大。当地下水位较高时,地下工程施工降水和地层加固费用非常高。因此,在采用明挖法时,应充分考虑各种施工方法的特征,选择最能发挥其特长的施工方法。

一、明挖地下工程基本要求

随着经济的发展,城市化步伐的加快,地下空间开发规模越来越大,开发大型地下空间已成为一种必然。地下空间利用的形态已千姿百态,针对明挖浅埋地下工程,可将其大致分为两大类。一类为明挖浅埋隧道,如地下铁道及地下车站、地下过街通道、地下市政共同管道、大型排水及污水处理系统等;另一类为明挖基坑工程,诸如高层建筑地下室、地下停车库、地下商业街、地下变电站、地下仓库、地下民防工事以及其他地下民用和工业设施等。

1. 明挖浅埋隧道

1)浅埋隧道的基本要求

对于浅埋隧道,当采用明挖法修筑时,要考虑的首要问题是隧道设置深度。一般来说,隧道应设置在尽可能良好的地层中,并进行充分的调查。从技术、经济、运营、地层等方面,慎重研究设置深度,通常情况下隧道设置深度应不超过20m,以确保隧道建成后的使用功能和安全性。

一般而言,根据地质状态,隧道建成后的地层有可能发生位移时,要充分研究其影响,并在设计上采用相应的措施。特别是在有软弱地层且其厚度变化大的情况下,可能沿纵向产生地层的不均匀下沉,而造成结构纵向的异常变形。此外,在饱和的松散土砂中时,地震会诱发砂层液化,从而使结构物受到较大的应力等。这些问题在隧道规划、设计和施工时必须给以足够的关注。隧道纵向结构都是连续的,一般在良好的地层中,可以不考虑隧道纵向的影响,但对荷载状态及地层状态有显著变化的情况和隧道断面有显著变化的情况,要充分研究这些情况对隧道稳定性的影响。

2)浅埋隧道的结构形式

明挖法浅埋隧道采用的结构形式是多种多样的,大体可归结为直墙拱(图4-1)、单跨、双跨或多跨矩形闭合框架等(图4-2)。但一般都是箱形的、纵向连接的结构,中间构件多采用柱结构或墙结构,箱形结构的侧墙多采用连续墙作为主体结构的一部分。

2. 明挖基坑工程

基坑工程最基本的作用是为了给各种地下工程敞开开挖创造条件,大多数基坑工程是由地面向下开挖的一个地下空间。基坑在早期一直是作为一种地下工程施工措施而存在,它是施工单位为了便于地下工程敞开开挖施工而采用的临时性的施工措施,正如要浇捣钢筋混凝土构件必须要立模板一样。但随着基坑的开挖越来越深,面积越来越大,基坑围护结构的设计

和施工越来越复杂,远远超越了作为施工辅助措施的范畴,所需要的理论和技术越来越高。

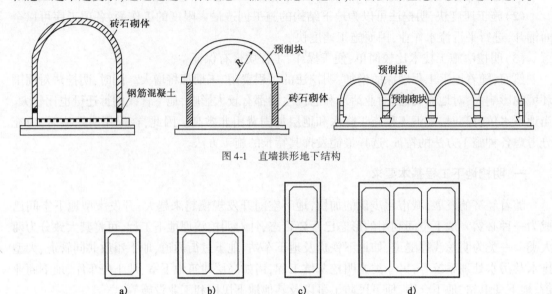

图 4-1 直墙拱形地下结构

图 4-2 矩形闭合框架结构

a)单跨单层;b)双跨单层;c)单跨双层;d)多跨双层

1)基坑工程的基本要求

(1)安全可靠。基坑工程的作用是为地下工程的敞开开挖施工创造条件,首先必须确保基坑工程主体的安全,为地下结构的施工提供安全的施工空间;其次,基坑施工必然会产生变形,可能会影响周边的建筑物、地下构筑物和管线的正常使用,甚至会危及周边环境的安全,所以基坑工程施工必须要确保周围环境的安全。

(2)经济合理。基坑围护结构体系作为一种临时性结构,在地下结构施工完成后即完成使命,因此在确保基坑本体安全和周边环境安全的前提条件下,尽可能降低工程费用,要从工期、材料、设备、人工以及环境保护等多方面综合研究经济合理性。

(3)技术可行。基坑围护结构设计不仅要符合基本的力学原理,而且要能够经济、便利的实施,设计方案应与施工机械相匹配,确保各种施工方案、施工措施能满足设计要求。

(4)施工便利。基坑的作用既然是为地下结构的提供施工空间,就必须在安全可靠、经济合理的原则下,最大限度地满足便利施工的要求,尽可能采用合理的围护结构方案减少对施工的影响,保证施工工期。

(5)保护环境。基坑开挖卸载带来地层的沉降和水平位移会给周围建筑物、构筑物、道路、管线及地下设施带来影响。因此,在基坑围护结构、支撑及开挖施工设计时,必须对周围环境进行周密调查,采取措施将基坑施工对周围环境的影响限制在允许范围内。

(6)风险管理。在地下结构施工的过程中,均存在着各种风险,必须在施工前进行风险界定、风险辨识、风险分析、风险评价,对各种等级的风险分别采取风险消除、风险降低、风险转移和风险自留的处置方式解决。在施工中进行动态风险评估、动态跟踪、动态处理。

2)基坑工程分类

基坑工程根据其施工、开挖方法可分为无支护开挖与有支护开挖两大类。

（1）无支护开挖。基坑工程采用无支护放坡开挖是在施工场地处于空旷环境的一种普遍常用的基坑开挖方法，一般包括以下内容：降水工程、土方开挖、地基加固及土坡护面。放坡开挖一般适用于浅基坑，由于基坑敞开式施工，因此工艺简便、造价较低、施工进度快。但这种施工方式要求具有足够的施工场地与放坡范围。放坡开挖示意图，如图4-3 所示。

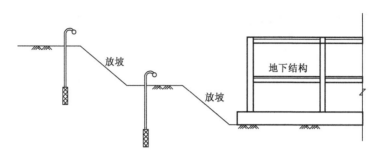

图4-3 放坡开挖示意图

（2）有支护开挖。有支护的基坑工程一般包括以下内容：围护结构、支撑/锚杆体系、土方开挖（工艺及设施）、降水工程、地基加固、基坑监测、环境保护、安全风险管理。基坑工程的支护体系包括自立式围护体系和板式支护体系两大类，其中直立式围护体系又可分为水泥土重力式围护、土钉支护和悬臂板式支护（图4-4～图4-6）；板式支护又包括围护墙结合内支撑系统和围护墙结合锚杆系统两种形式（图4-7、图4-8）。

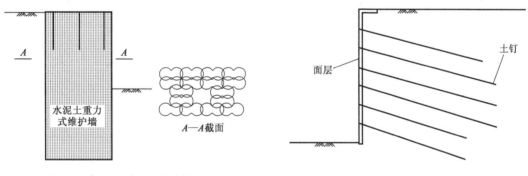

图4-4 水泥土重力式围护示意图

图4-5 土钉支护示意图

二、放坡明挖法施工

放坡明挖法也称作敞口基坑法，或称为大开挖基坑，是指不采用支撑形式，利用放坡施工方法进行开挖的基坑工程。一般认为对于基坑开挖深度较浅、施工场地空旷，周围建筑物和地下管线及其他市政设施距离基坑较远的情况，可以采用放坡开挖方式。放坡开挖方式工程造价较低，技术难度不大，工程质量易于得到保证。当基坑开挖深度较大时，如果考虑采用放坡开挖，一般在坡面上要设置土锚或土钉等临时挡土结构。放坡开挖占地大，施工拆迁、土方挖填量较大，工程区域的交通被中断，在道路狭窄和交通繁忙的地区是不可行的，在市中心地区采用此方式施工的不多。周边环境、地质情况的好坏、地下水分布以及开挖深度等，是放坡开挖能否采用的重要因素。

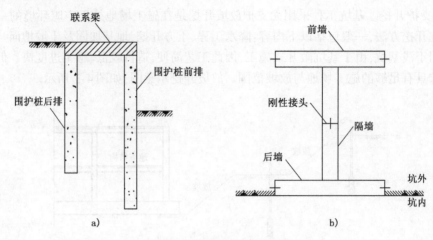

图 4-6　悬臂板式支护示意图
a) 双排桩支护剖面；b) 格形地下连续墙支护平面

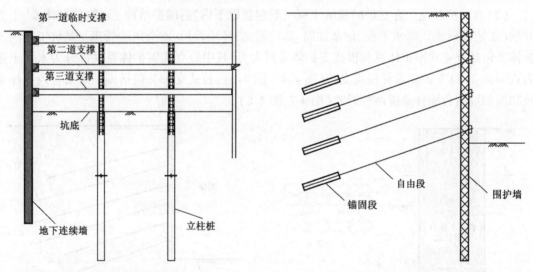

图 4-7　典型的围护墙结合内支撑系统示意图　　　　图 4-8　围护墙结合锚杆系统示意图

1. 影响边坡稳定性的因素

采用放坡进行基坑开挖，必须保证基坑开挖与主体结构施作过程中基坑的安全与稳定。影响边坡稳定性的因素很多，就其性质来说，影响因素可以分为两大类，第一类为地质因素，第二类属于工程活动的人为因素。

1）地质因素

（1）岩土性质：岩土成因、矿物组分、原生构造、物理力学性质、抗剪强度，其中抗剪强度是控制边坡稳定的主要性质。

（2）岩土结构。

（3）地下水状况。

2）工程活动的人为因素

（1）坡度或坡高比。

（2）基坑边坡坡顶堆放材料、土方及大型机械设备等附加荷载。

（3）基坑施工是否跨越雨季。因为雨水的入渗不但使土的重度增加、强度参数降低，而且雨水容易沿着土体中的裂缝流动，产生渗流力。

（4）基坑开挖后暴露时间。

（5）基坑土方开挖顺序。

2. 放坡开挖边坡坡度要求

土方边坡的大小应根据土质条件、开挖深度、地下水位、施工方法、边坡上堆土或材料及机械荷载、相邻建筑物的情况等因素确定。

开挖基坑（槽）时，当土质为天然湿度、构造均匀、水文地质条件良好（即不会发生坍滑、移动、松散或不均匀下沉），且无地下水时，开挖基坑也可不放坡，采取直立开挖不加支护，但挖方深度应按表4-3的规定确定。

基坑（槽）和管沟不放坡也不加支撑时的容许深度 表4-3

项 次	土 的 种 类	容许深度
1	密实、中密的砂子和碎石类土（充填物为砂土）	1.0
2	硬塑、可塑的粉质黏土及粉土	1.25
3	硬塑、可塑的黏土和碎石类土（充填物为黏性土）	1.5
4	坚硬的黏土	2.0

对于使用时间较长的临时性挖方边坡坡度，应根据工程地质和边坡高度，结合当地实践经验确定。在山坡整体稳定的情况下，如地质条件良好，土质均匀，高度在5m内不加支撑的边坡最陡坡度，可按表4-4确定。

深度在5m内的基坑（槽）、管沟边坡的最陡坡度（不加支撑） 表4-4

土 的 类 别	边坡坡度（高:宽）		
	坡顶无荷载	坡顶有静载	坡顶有动载
中密的砂土	1:1.0	1:1.25	1:1.5
中密的碎石类土（充填物为砂土）	1:0.75	1:1.0	1:1.25
硬塑的粉土	1:0.67	1:0.75	1:1.0
中密的碎石类土（充填物为黏性土）	1:0.5	1:0.67	1:0.75
硬塑的粉质黏土、黏土	1:0.33	1:0.5	1:0.67
老黄土	1:0.1	1:0.25	1:0.33
软土（经井点降水后）	1:1.0	—	—

注：1.静载指堆土或材料等，动载指机械挖土或汽车运输作业等。静载或动载距挖方边缘的距离应保证边坡和直立壁的稳定，堆土或材料应距挖方边缘0.8m以外，高度不超过1.5m。

2.当有成熟施工经验时，可不受本表限制。

3. 边坡稳定性分析

当基坑采用放坡开挖时，为确保基坑施工安全，一级放坡开挖的基坑，如果坡顶有堆积荷载、开挖土层为具有松软结构面的倾斜地层或存在其他不利于边坡稳定的情况时，应进行边坡稳定性验算，开挖深度一般不超过4.0m。多级放坡开挖的基坑，应同时验算各级边坡的稳定性和多级边坡的整体稳定性，开挖深度一般不超过7.0m。

　　边坡稳定分析中,比较常用的是基于极限平衡理论的条分法。条分法分析边坡稳定在力学上是超静定的,因此在应用时一般对所划分土条之间的作用力要作各种各样的假定,由此也产生了不同名称的方法,目前最常用的为瑞典圆弧滑动法(Fellenius法)和简化Bishop法。瑞典圆弧滑动法在平缓边坡和高孔隙水压情况下采用有效应力法分析边坡稳定性时是非常不准确的,所计算的安全系数太低。但瑞典圆弧滑动法的安全系数在$\phi = 0$分析中是相当精确的,在采用圆弧滑裂面的总应力法分析时也是比较精确的。另外,该方法的数值分析不存在问题。简化Bishop法在除了遇到数值分析问题外的所有情况下都是精确的。其缺点在于滑裂面仅为圆弧滑裂面以及有时会遇到数值分析问题。如果使用简化Bishop法计算获得的安全系数比由瑞典圆弧法在同样的圆弧滑动面上计算的安全系数小,那么可以推定Bishop法中存在数值分析问题,在这种情况,瑞典圆弧法的计算结果要比Bishop法的计算结果更可靠。鉴于此,同时采用瑞典圆弧法和Bishop法进行计算并比较是一个合理的做法。

　　下面简单介绍一下常用的瑞典条分法和Bishop法。

　　1)瑞典条分法(Fellenius法)

　　瑞典条分法是条分法中最简单最古老的一种,该法假定滑动面是一个圆弧面,并认为土条块间的作用力对边坡的整体稳定性影响不大,可以忽略。也就是说,假定每一土条两侧条间力合力方向均和该土条底面相平行,而且大小相等、方向相反且作用在同一直线上,因此在考虑力和力矩平衡条件时可相互抵消。然而,这种假定在两个土条之间实际上并不能满足,这样计算的安全系数误差有时可能高达60%以上。

　　图4-9所示为一匀质土坡及其中任一土条i的作用力,其中土条宽度为b_i,W_i为土条的自重,N_i及T_i分别为作用于土条底部的总法向反力和切向阻力,土条底部的坡脚$\alpha_i > 0$,滑弧的长度为l_i,R为滑动面圆弧的半径。将土坡稳定安全系数F_s定义为整个滑动面的抗剪强度τ_f与实际产生的剪应力τ之比。

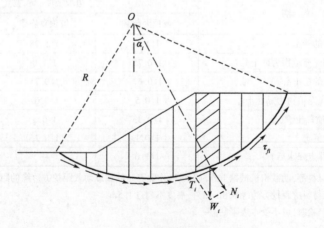

图4-9　瑞典条分法

　　假设整个滑动面AD上的平均安全系数为F_s,按照安全系数的定义,土条底部的切向阻力τ_i为:

$$\tau_i = \tau \times l_i = \frac{\tau_f}{F_s} \times l_i = \frac{c_i l_i + N_i \times \tan\phi_i}{F_s} \tag{4-1}$$

由于不考虑条间的作用力,根据土条底部法向力的平衡条件,可得:

$$N_i = W_i \times \cos\theta_i \tag{4-2}$$

图中 $T_i = W_i\sin\theta_i$,因此,土条的力多边形不闭合,即该方法不满足土条的静力平衡条件。按整体力矩平衡条件,各土条外力对圆心的力矩之和应当为零,即:

$$\sum W_i R\sin\theta_i = \sum \tau_i R \tag{4-3}$$

将式(4-1)和式(4-2)代入式(4-3),并进行简化得到:

$$F_s = \frac{\sum (c_i l_i + W_i\cos\theta_i\tan\phi_i)}{\sum W_i\sin\theta_i} \tag{4-4}$$

瑞典条分法是忽略土条间作用力影响的一种简化方法,它只满足土体整体力矩平衡条件而不满足土条的静力平衡条件,这是它区别于 Bishop 条分法的主要特点。此法应用的时间很长,积累了丰富的工程经验,一般得到的安全系数偏低(即偏于安全),故目前仍然是工程中常用的方法。

2)Bishop 条分法

为了解决高次超静定问题,Fellenius 的简单条分法假定不考虑土条间的作用力,一般来说这样得到的稳定安全系数是偏小的。为了改进条分法的计算精度,就应该考虑土条间作用力,以求得比较合理的结果。目前,已有许多解决的方法,其中 Bishop(1955)提出的简化方法是最简单的。Bishop 采用的静定化条件是假定土条间垂直方向的作用力相等,即 $X_i = X_{i+1}$。如果考虑到端部土条的 $X_1 = 0$,从而有

$$X_i = 0 \quad (i = 2,3,\cdots,n) \tag{4-5}$$

这样就增加了 $(n-1)$ 个静定化条件,超静定次数成为 $(n-2)-(n-1)=-1$,多了一个静定化条件。Bishop 的假设条件实际上也就是忽略土条间的竖向剪切力的作用。

根据土条 i 的竖向平衡条件可得:

$$W_i - T_i\sin\alpha_i - N_i\cos\alpha_i = 0 \tag{4-6}$$

根据满足安全系数的 F_s 时的极限平衡条件:

$$T_i = \frac{c_i l_i + N_i\tan\phi_i}{F_s} \tag{4-7}$$

将式(4-6)代入式(4-7),整理后得:

$$N_i = \frac{W_i \dfrac{c_i l_i\sin\alpha_i}{F_s}}{\cos\alpha_i + \dfrac{\tan\phi_i\sin\alpha_i}{F_s}} \tag{4-8}$$

或

$$N_i = \frac{1}{m_{\alpha i}}\left(W_i - \frac{c_i l_i\sin\alpha_i}{F_s}\right) \tag{4-9}$$

式中：$m_{\alpha i} = \cos\alpha_i + \dfrac{\tan\phi_i\sin\alpha_i}{F_s}$。

考虑整个滑动土体的整体力矩平衡条件,各土条的作用力对圆心力矩之和为零。此时,条间力 E_i 和 X_i 成对出现,大小相等,方向相反,相互抵消,对圆心不产生力矩。因此,只有重力和滑动面上的切向力对圆心产生力矩,即:

$$\sum W_i R \sin\theta_i = \sum T_i R \qquad (4\text{-}10)$$

将式(4-7)代入式(4-10)得:

$$\sum W_i R \sin\alpha_i = \sum \frac{1}{F_s}(c_i l_i + N_i \tan\phi_i) R \qquad (4\text{-}11)$$

然后将式(4-8)代入式(4-11),简化后得:

$$F_s = \frac{\sum \dfrac{1}{m_{\alpha_i}}(c_i l_i \cos\alpha_i + W_i \tan\phi_i)}{\sum W_i \sin\alpha_i} \qquad (4\text{-}12)$$

式中: $m_{\alpha_i} = \cos\alpha_i + \dfrac{\tan\varphi_i \sin\alpha_i}{F_s}$。

在式(4-12)中,等式的两边都含有 F_s,因此不能直接求出安全系数,而需要采用迭代方法计算 F_s 值,可以根据瑞典条分法求出的 F_s 作为第一次近似解。

近几年,随着数值分析方法的不断进步和计算机软硬件性能的提高,边坡稳定分析中出现了采用有限元方法进行分析的强度折减法和极限分析法等新方法。强度折减有限元方法同时考虑应力平衡方程、应力应变关系和变形协调方程,通过对土体强度的逐步折减而求解边坡的稳定性问题;极限分析有限元方法将极限分析理论与有限元相结合,可以分别从上限(极限分析上限有限元)和下限(极限分析下限有限元)将理论上真实稳定解限定在很小的范围之内。但强度折减有限元技术和极限分析有限元技术都具有有限元适应性强的特点,在理论上也比较严格,技术上要求较高,今后将会在实际工程中得到较为广泛的应用。

4. 基坑边坡失稳的防治措施

场地开阔、环境条件允许的情况下,经设计验算满足边坡稳定性与地基整体滑动稳定性要求时,可采用放坡开挖基坑。放坡坡脚位于地下水位以下时,应采取降水或止水的措施,放坡坡顶、放坡平台和放坡坡脚位置应采取集水明排措施,保证排水系统畅通。基坑土质较差或施工周期较长时,应采取相应的措施防止边坡失稳。

1) 边坡修坡

改变边坡外形,主要措施有坡顶卸土、坡度减小和在边坡上设置台阶,如图4-10所示。

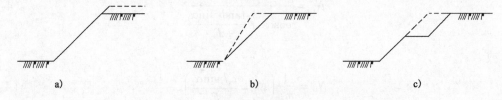

图 4-10 边坡修坡

a) 坡顶卸土;b) 坡顶减小;c) 在边坡上设置台阶

2）设置边坡护面

为了控制地表水经裂缝渗入边坡内部,从而减少因为雨水入渗的因素导致土的工程性质变化,可设置基坑边坡混凝土护面。护面一般用 C15 素混凝土,厚度为 10~15cm。为了增强护坡效果,可以在坡面上铺设一层钢筋网.钢筋网一般用一目多属网,再喷射混凝土护坡,如图 4-11 所示。

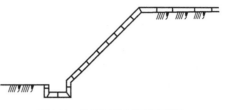

图 4-11　边坡混凝土护面示意图

3）边坡抗滑加固

当基坑开挖深度大,而边坡又因场地限制不能继续放缓时,应对边坡潜在滑坡面内的土层进行加固,主要加固手段是在坡角或边坡中部的台阶上设置抗滑桩,抗滑桩可以是搅拌桩或旋喷桩,如图 4-12 所示。

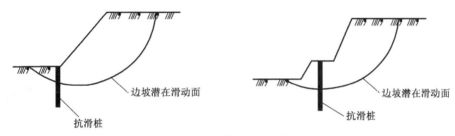

图 4-12　边坡抗滑加固示意图

4）坡面土钉支护

当基坑开挖深度较大,而边坡受场地限制不能完全放坡的时候,可以考虑在坡面上打入土钉加固边坡,并且将土钉与坡面铺设的钢筋网连接起来。

三、基坑支护明挖法施工

一般认为基坑开挖深度超过 7m 时,就需要考虑设置围护结构。此外,当基坑开挖深度比较大,基坑周边有重要构筑物或地下管线时,也不能采用放坡明挖,需要设置围护结构。基坑周边的围护结构直接承受基坑施工阶段侧向土压力和水压力,并将此压力传递到支撑体系。在需采取隔水措施的基坑工程中,当周边围护结构不具备自防水作用时,需在支护结构外侧另行设置隔水帷幕,周边围护结构和隔水帷幕共同形成基坑周边支护体系。

在基坑工程实践中,周边围护结构形成了多种成熟的类型,每种类型在适用条件、工程经济性和工期等方面各有侧重,且周边围护结构形式的选用直接关系到工程的安全性、工期和造价,而对于每个基坑而言,其工程规模、周边环境、工程水文地质条件以及业主要求等也各不相同,因此在基坑周边围护结构设计中需根据每个工程特性和每种围护结构的特点,综合考虑各种因素,合理选用周边围护结构类型。

1.常用支护结构的类型

支护结构一般包括挡墙和支撑(或拉锚)两部分,而挡土部分因地质水文情况不同又可分为透水部分及止水部分。透水部分的挡土结构须在基坑内外设排水降水井,以降低地下水位。止水部分的挡土结构主要是防止基坑外地下水进坑内,如做防水帷幕、地下连续墙等。深基坑支护结构的分类,如表4-5所示。

深基坑支护结构类型

表4-5

挡 土 部 分		支撑拉结部分
透水挡土结构	止水挡土结构	
H型钢(工字钢)桩加横挡板 疏排灌注桩加钢丝网水泥砂浆抹面 密排桩(灌注桩、预制桩) 双排桩 连拱式灌注桩 桩墙合一地下室逆作法 土钉墙支护	地下连续墙 深层搅拌水泥土桩(墙) 密排桩间加高压喷射水泥桩 密排桩间加化学注浆桩 钢板桩	锚拉式支护 土层锚杆 钢管、型钢水平支撑 斜撑 环梁支撑法

2. 土钉墙支护结构施工

1)土钉墙基本形式

土钉墙是用于土体开挖时保持基坑侧壁或边坡稳定的一种挡土结构,主要由密布于原位土体中的细长杆件——土钉、黏附于土体表面的钢筋混凝土面层及土钉之间的被加固土体组成,是具有自稳能力的原位挡土墙,土钉墙的基本形式如图4-13所示。常用的土钉有以下几种类型:

施工动画

(1)钻孔注浆型。先用钻机等机械设备在土体中钻孔,成孔后置入杆体(一般采用HRB335带肋钢筋制作),然后沿全长注水泥浆。钻孔注浆土钉适用于各种土层,抗拔力较高,质量较可靠,造价较低,是最常用的土钉类型。

(2)直接打入型。在土体中直接打入钢管、角钢等型钢、钢筋、毛竹、圆木等,不再注浆。由于打入式土钉直径小,与土体间的黏结摩阻强度低,承载力低,钉长又受限制,所以布置较密,可用人力或振动冲击钻、液压锤等机具打入。直接打入土钉的优点是不需预先钻孔,对原位土的扰动较小,施工速度快,但在坚硬黏性土中很难打入,不适用于服务年限大于2年的永久支护工程,杆体采用金属材料时造价稍高,国内应用很少。

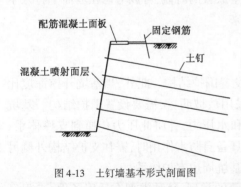

图4-13 土钉墙基本形式剖面图

(3)打入注浆型。在钢管中部及尾部设置注浆孔成为钢花管,直接打入土中后压灌水泥浆形成土钉。钢花管注浆土钉具有直接打入钉的优点且抗拔力较高,特别适合于成孔困难的淤泥、淤泥质土等软弱土层、各种填土及砂土,应用较为广泛,缺点是造价比钻孔注浆土钉略高,防腐性能较差,不适用于永久性工程。

2)土钉墙的适用条件

土钉墙适用于地下水位以上或经人工降水后的人工填土、黏性土和弱胶结砂土的基坑支护或边坡加固。土钉墙不适合以下土层:

(1)含水丰富的粉细砂、中细砂及含水丰富且较为松散的中粗砂、砾砂及卵石层等,丰富的地下水易造成开挖面不稳定且与喷射混凝土面层粘接不牢固。

（2）缺少黏聚力的、过于干燥的砂层及相对密度较小的均匀度较好的砂层,这些砂层中易产生开挖面不稳定现象。

（3）淤泥质土、淤泥等软弱土层,这类土层的开挖面通常没有足够的自稳时间,易于流鼓破坏。

（4）膨胀土,水分渗入后会造成土钉的荷载加大,易产生超载破坏。

（5）强度过低的土,如新近填土等,新近填土往往无法为土钉提供足够的锚固力,且自重固结等原因增加了土钉的荷载,易使土钉墙结构产生破坏。

除了地质条件外,土钉墙不适于以下条件:

（1）对变形要求较为严格的场所。土钉墙属于轻型支护结构,土钉、面层的刚度较小,支护体系变形较大,不适合用于一级基坑支护。

（2）较深的基坑。通常认为,土钉墙适用于深度不大于12m的基坑支护。

（3）建筑物地基为灵敏度较高的土层。土钉易引起水土流失,在施工过程中对土层有扰动,易引起地基沉降。

（4）对用地红线有严格要求的场地。土钉沿基坑四周几近水平布设,需占用基坑外的地下空间,一般都会超出红线。如果不允许超红线使用或红线外有地下室等结构物,土钉无法施工或长度太短很难满足安全要求。

（5）如果作为永久性结构,需进行专门的耐久性处理。

3）土钉墙施工工艺

（1）土钉墙施工流程。土钉墙的施工流程一般为:开挖工作面→修整坡面→喷射第一层混凝土→土钉定位→钻孔→清孔→制作、安装土钉→浆液制备、注浆→加工钢筋、绑扎钢筋网→安装泄水管→喷射第二层混凝土→养护→开挖下一层工作面,重复以上工作直到完成。

打入钢管注浆型土钉没有钻孔清孔过程,直接用机械或人工打入。

（2）土钉成孔。应根据地质条件、周边环境、设计参数、工期要求、工程造价等综合选用适合的成孔机械设备及方法。钻孔注浆土钉成孔方式可分为人工洛阳铲掏孔及机械成孔,机械成孔有回转钻进、螺旋钻进、冲击钻进等方式;打入式土钉可分为人工打入及机械打入。

成孔方式分干法及湿法两类,需靠水力成孔或泥浆护壁的成孔方式为湿法,不需要时则为干法。孔壁"抹光"会降低浆土的黏结作用。经验表明,泥浆护壁土钉达到一定长度后,在各种土层中能提供的抗拔承载力最大200kN。故湿法成孔或地下水丰富采用回转或冲击回转方式成孔时,不宜采用膨润土或其他悬浮泥浆做钻进护壁,宜采用套管跟进方式成孔。成孔时应做好成孔记录,当根据孔内出土性状判断土质与原勘察报告不符合时,应及时通知相关单位处理。因遇障碍物需调整孔位时,宜将废孔注浆处理。

湿法成孔或干法在水下成孔后,孔壁上会附有泥浆、泥渣等,干法成孔后孔内会残留碎屑、土渣等,这些残留物会降低土钉的抗拔力,需分别采用水洗及气洗方式清除。水洗时仍需使用原成孔机械冲清水洗孔,但清水洗孔不能将孔壁泥皮洗净,如果洗孔时间长容易塌孔,且水洗会降低土层的力学性能及与土钉的黏结强度,应尽量少用;气洗孔也称扫孔,使用压缩空气,压力一般为0.2~0.6MPa,压力不宜太大以防塌孔。水洗及气洗时,需将水管或风管通至孔底后开始清孔,边清边拔管。

（3）浆液制备及注浆。拌和水中不应含有影响水泥正常凝结和硬化的物质,不得使用污

水。一般情况下,适合饮用的水均可作为拌和水。如果拌制水泥砂浆,应采用细砂,最大粒径不大于2.0mm,灰砂重量比为1:1~1:0.5。砂中含泥量不应大于5%,各种有害物质含量不宜大于3%。水泥净浆及砂浆的水灰比宜为0.4~0.6。水泥和砂子按重量计算。应避免人工拌浆,机械搅拌浆液时间一般不应小于2min,要拌和均匀。水泥浆应随拌随用,一次拌和好的浆液应在初凝前用完,一般不超过2h,在使用前应不断缓慢拌动。要防止石块、杂物混入注浆中。

开始注浆前或中途停止超过30min时,应用水或稀水泥浆润滑注浆泵及其管路。钻孔注浆土钉通常采用简便的重力式注浆。将金属管或PVC管注浆管插入孔内,管口离孔底200~500mm距离,启动注浆泵开始送浆,因孔洞倾斜,浆液可靠重力填满全孔,孔口快溢浆时拔管,边拔边送浆。水泥浆凝结硬化后会产生干缩,在孔口要二次甚至多次补浆。重力式注浆不可太快,防止喷浆及孔内残留气孔。钢管注浆土钉注浆压力不宜小于0.6MPa,且应增加稳压时间。若久注不满,在排除水泥浆渗入地下管道或冒出地表等情况后,可采用间歇注浆法,即暂停一段时间,待已注入浆液初凝后再次注浆。

为提高注浆效果,可采用稍为复杂一点儿的压力注浆法,用密封袋、橡胶圈、布袋、混凝土、水泥砂浆、黏土等材料堵住孔口,将注浆管插入至孔底0.2~0.5m处注浆,边注浆边向孔口方向拔管,直至注满。因为孔口被封闭,注浆时有一定的注浆压力,为0.4~0.6MPa。如果密封效果好,还应该安装一根小直径排气管把孔口内空气排出,防止压力过大。

(4)面层施工顺序。因施工不便及造价较高等原因,基坑工程中不采用预制钢筋混凝土面层,基本上都采用喷射混凝土面层,坡面较缓、工程量不大等情况下有时也采用现浇方法,或水泥砂浆抹面。

一般要求喷射混凝土分两次完成,先喷射底层混凝土,再施打土钉,之后安装钢筋网,最后喷射表层混凝土。土质较好或喷射厚度较薄时,也可先铺设钢筋网,之后一次喷射而成。如果设置两层钢筋网,则要求分三次喷射,先喷射底层混凝土,施打土钉,设置底层钢筋网,再喷射中间层混凝土,将底层钢筋网完全埋入,最后敷设表层钢筋网,喷射表层混凝土。先喷射底层混凝土再施打土钉时,土钉成孔过程中会有泥浆或泥土从孔口淌出散落,附着在喷射混凝土表面,需要洗净,否则会影响与表层混凝土的黏结。

(5)安装钢筋网。钢筋网一般现场绑扎接长,应当搭接一定长度,通常为150~300mm;如采用焊接,搭接长度应不小于10倍钢筋直径。钢筋网在坡顶向外延伸一段距离,用通长钢筋压顶固定,喷射混凝土后形成护顶。设置两层钢筋网时,如果混凝土只一次喷射不分三次,则两层网筋位置不应前后重叠,而应错开放置,以免影响混凝土密实。钢筋网与受喷面的距离不应小于两倍最大集料粒径,一般为20~40mm。通常用插入受喷面土体中的短钢筋固定钢筋网,如果采用一次喷射法,应该在钢筋网与受喷之间设置垫块以形成保护层,短钢筋及限位垫块间距一般为0.5~2.0m。钢筋网片应与土钉、加强筋、固定短钢筋及限位垫块连接牢固,喷射混凝土时钢筋网在拌和料冲击下不应有较大晃动。

(6)安装连接件。连接件施工顺序一般为:土钉置放、注浆→敷设钢筋网片→安装加强钢筋→安装钉头筋→喷射混凝土。加强钢筋应压紧钢筋网片后与钉头焊接,钉头筋应压紧加强筋后与钉头焊接。有一种做法是在土钉筋杆置入孔洞之前就先焊上钉头筋,之后再安装钢筋网及加强筋。但不建议这样做,因为加强筋很难与钉头筋紧密接触。

(7)喷射混凝土。喷射混凝土是借助喷射机械,利用压缩空气作为动力,将按设计配合比制备好的拌和料,通过管道输送并以高速喷射到受喷面上凝结硬化而成的一种混凝土。喷射混凝土不是依靠振动来捣实混凝土,而是在高速喷射时,由水泥与集料的反复连续撞击而使混凝土压密,同时又因水灰比较小(一般为0.4~0.45),所以具有较高的力学强度和良好的耐久性。喷射法施工时可在拌和料中方便地加入各种外加剂和外掺料,大大改善了混凝土的性能。喷射混凝土按施工工艺分为干喷、湿喷及潮式喷射三种形式。

①干喷法。干喷法将水泥、砂、石在干燥状态下拌和均匀,然后装入喷射机,用压缩空气使干集料在软管内呈悬浮状态压送到喷嘴,并与压力水混合后进行喷射。

②湿喷法。湿喷法将集料、水泥和水按设计比例拌和均匀,用湿式喷射机压送到喷头处,再在喷头上添加速凝剂后喷出。

③潮式喷射。潮喷是将集料预加少量水,使之呈潮湿状,再加水泥拌和,从而降低上料、拌和喷射时的粉尘,但大量的水仍是在喷头处加入和喷出的,其喷射工艺流程和使用机械与干喷法相同。暗挖工程施工现场使用潮喷工艺较多。

(8)喷射作业及养护。喷射前,应将坡面上残留的土块、岩屑等松散物质清扫干净。喷射机的工作风压要适中,过高则喷射速度快,动能大,回弹多,过低则喷射速度慢,压实力小,混凝土强度低。喷射时喷嘴应尽量与受喷面垂直,喷嘴距与受喷面在常规风压下最好距离0.8~1.2m,以使回弹最少及密实度最大。一次喷射厚度要适中,太厚则降低混凝土压实度、易流淌,太薄易回弹,以混凝土不滑移、不坠落为标准,一般以50~80mm为宜,加速凝剂后可适当提高。厚度较大时应分层,在上一层终凝后即喷下一层,一般间隔2~4h。分层施作一般不会影响混凝土强度。喷嘴不能在一个点上停留过久,应有节奏地、系统地移动或转动,使混凝土厚度均匀。

一般应采用从下到上的喷射次序,自上而下的次序易因回弹物在坡脚堆积而影响喷射质量。喷射2~4h后应洒水养护,一般养护3~7d。

3. 水泥土重力式挡墙支护结构施工

水泥土重力式围护墙是以水泥系材料为固化剂,通过搅拌机械采用喷浆施工将固化剂和地基土强行搅拌,形成具有一定厚度的连续搭接的水泥土柱状加固体挡墙。

1)水泥土重力式围护墙的类型

水泥土重力式围护墙的类型主要包括采用搅拌桩、高压喷射注浆等施工设备将水泥等固化剂和地基土强行搅拌,形成连续搭接的水泥土柱状加固体挡墙。根据搅拌机械的类型,由于其搅拌轴数的不同,搅拌桩的截面主要有双轴和三轴两类,前者由双轴搅拌机形成,后者由三轴搅拌机形成。国外尚有用4、6、8搅拌轴等形成的块状大型截面,以及单搅拌轴同时做垂直向和横向移动而形成的长度不受限制的连续一字形大型截面。

此外,搅拌桩还有加筋和非加筋,或加劲和非加劲之分。目前,在我国除型钢水泥土(SMW)工法为加筋(劲)工法外,其余各种工法均为非加筋(劲)工法。近些年来,以水泥土为主体的复合重力式围护墙得到了一定的发展,主要有水泥土结合钢筋混凝土预制板桩、钻孔灌注桩、型钢、斜向或竖向土锚等结构形式。

水泥土重力式围护墙按平面布置区分可以有:满膛布置、格栅型布置和宽窄结合的锯齿形

布置等形式,常见的布置形式为格栅型布置。水泥土重力式围护墙按竖向布置区分可以有等断面布置、台阶形布置等形式,常见的布置形式为台阶形布置。

2)适用条件

水泥土重力式围护墙适用于软土地层中开挖深度不超过7.0m、周边环境保护要求不高的基坑工程。周边环境有保护要求时,采用水泥土重力式挡墙围护的基坑不宜超过5.0m;对基坑周边距离1~2倍开挖深度范围内存在对沉降和变形敏感的建构筑物时,应慎重选用。

3)水泥土重力式围护墙施工工艺

水泥土重力式围护墙的类型较多,图4-14为双轴水泥土搅拌桩(喷浆)施工顺序示意图。本节以双轴水泥土搅拌桩(喷浆)施工为例,简单介绍水泥土重力式围护墙施工工艺。

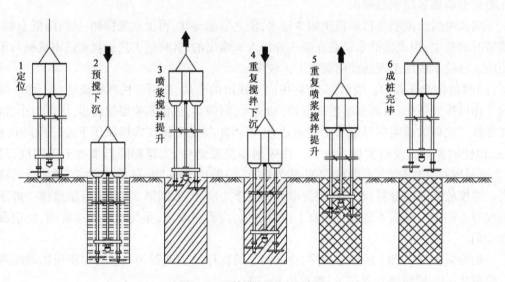

图4-14 双轴搅拌桩施工顺序图

(1)桩机(安装、调试)就位。

(2)预搅下沉。待搅拌机及相关设备运行正常后,启动搅拌机电机,放松桩机钢丝绳,使搅拌机旋转切土下沉,钻进速度≤1.0m/min。

(3)制备水泥浆。当桩机下降到一定深度时,即开始按设计及实验确定的配合比拌制水泥浆。水泥浆采用普通硅酸盐水泥,P42.5级,严禁使用快硬型水泥。制浆时,水泥浆拌和时间不得少于5~10min,制备好的水泥浆不得离析、沉淀,每个存浆池必须配备专门的搅拌机具进行搅拌,以防水泥浆离析、沉淀,已配制好的水泥浆在倒入存浆池时,应加箍过滤,以免浆内结块。水泥浆存放时间不得超过2h,否则应予以废弃。注浆压力控制在0.5~1.0MPa,流量控制在30~50L/min,单桩水泥用量严格按设计计算量,浆液配比为水泥:清水=1:0.45~0.55,制好水泥浆,通过控制注浆压力和泵量,使水泥浆均匀地喷搅在桩体中。

(4)提升喷浆搅拌。当搅拌机下降到设计高程,打开送浆阀门,喷送水泥浆。确认水泥浆已到桩底后,边提升边搅拌,确保喷浆均匀性,同时严格按照设计确定的提升速度提升搅拌机。平均提升速度不大于0.5m/min,确保喷浆量,以满足桩身强度达到设计要求。在水泥土搅拌桩成桩过程中,如遇到故障停止喷浆时,应在12h内采取补喷措施,补喷重叠长度不小于

1.0m。

（5）重复搅拌下沉和喷浆提升。当搅拌头提升至设计桩顶高程后，再次重复搅拌至桩底，第二次喷浆搅拌提升至地面停机，复搅时下钻速度不大于1m/min，提升速度不大于0.5m/min。

（6）移位。钻机移位，重复以上步骤，进行下一根桩的施工。相邻桩施工时间间隔保持在16h内，若超过16h，在搭接部位采取加桩防渗措施。

（7）清洗。当施工告一段落后，向集料斗中注入适量清水，开启灰浆泵，清洗全部管路中的残存的水泥浆，并将黏附在搅拌头上的软土清洗干净。

4.地下连续墙

地下连续墙（简称地墙）的施工，就是在地面上先构筑导墙，采用专门的成槽设备，沿着支护或深开挖工程的周边，在特制泥浆护壁条件下，每次开挖一定长度的沟槽至指定深度，清槽后，向槽内吊放钢筋笼，然后用导管法浇筑水下混凝土，混凝土自下而上充满槽内并把泥浆从槽内置换出来，筑成一个单元槽段，并依此逐段进行。这些相互邻接的槽段在地下筑成一道连续的钢筋混凝土墙体，以作承重、挡土或截水防渗结构之用，施工顺序如图4-15所示。

施工动画

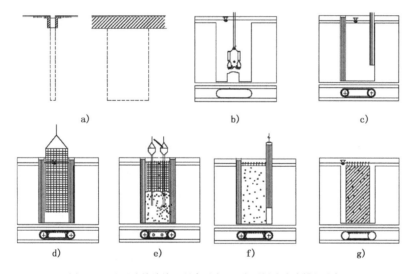

图4-15　地下连续墙施工程序示意（以液压抓斗式成槽机为例）

a)准备开挖的地下连续墙沟槽；b)用液压成槽机进行沟槽开挖；c)安放锁口管；d)吊放钢筋笼；e)水下混凝土浇筑；f)拔除锁口管；g)已完工的槽段

1）适用条件

（1）深度较大的基坑工程，一般开挖深度大于10m才有较好的经济性。

（2）邻近存在保护要求较高的建、构筑物，对基坑本身的变形和防水要求较高的工程。

（3）基地内空间有限，地下室外墙与红线距离极近，采用其他围护形式无法满足留设施工操作空间要求的工程。

（4）围护结构亦作为主体结构的一部分，且对防水、抗渗有较严格要求的工程。

（5）采用逆作法施工，地上和地下同步施工时，一般采用地下连续墙作为围护墙。

（6）在超深基坑中，例如30~50m的深基坑工程，采用其他围护体无法满足要求时，常采

用地下连续墙作为围护体。

2）地下连续墙施工工艺

地下连续墙施工工艺流程见图4-16，其中导墙砌筑、泥浆制备与处理、成槽施工、钢筋笼制作与吊装、混凝土浇筑等为主要工序。

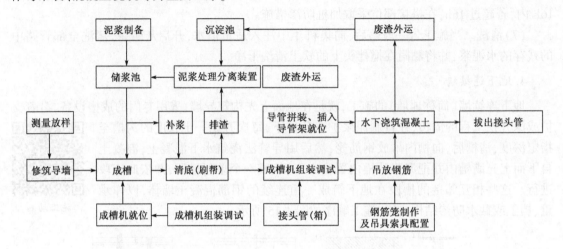

图4-16　地下连续墙工艺流程图

3）地下连续墙成槽工法

成槽工艺是地下连续墙施工中最重要的工序，常常要占到槽段施工工期一半以上，因此做好挖槽工作是提高地下连续墙施工效率及保证工程质量的关键。随着对施工效率要求的不断提高，新设备不断出现，新的工法也在不断发展。目前，国内外广泛采用的先进高效的地下连续墙成槽（孔）机械主要有抓斗式成槽机、液压铣槽机、多头钻（亦称为垂直多轴回转式成槽机）和旋挖式桩孔钻机等，其中，应用最广的要属液压抓斗式成槽机。

常用的成槽机械设备，按其工作机理主要分为抓斗式、冲击式和回转三大类，相应来说基本成槽工法也主要有三类：抓斗式成槽工法、冲击式钻进成槽工法、回转式钻进成槽工法。

（1）抓斗式成槽工法。抓斗式成槽机已成为目前国内地下连续墙成槽的主力设备，已拥有数百台（多数为进口设备）。抓斗挖槽机以履带式起重机来悬挂抓斗，抓斗通常是蚌（蛤）式的，根据抓斗的机械结构特点分为钢丝绳抓斗、液压导板抓斗、导杆式抓斗和混合式抓斗。抓斗以其斗齿切削土体，切削下的土体收容在斗体内，从槽段内提出后开斗卸土，如此循环往复进行挖土成槽。该成槽工法在建筑、地铁等行业中应用极广，北京、上海、天津、广州等大城市的地下连续墙多采用这种工艺。如北京国家大剧院、上海金茂大厦、天津鸿吉大厦、南京新街口地铁车站、上海环球金融中心等工程的地下连续墙均采用的是抓斗法施工工艺。

使用抓斗成槽，可以单抓成槽，也可以多抓成槽，槽段幅长一般为3.8～7.2m。单抓成槽，即一次抓取一个槽幅；多抓成槽，每个槽幅由三抓或多抓形成。通常，单序抓的长度等于抓斗的最大开度（2.4m左右），双序抓的长度小于抓斗最大开度。

（2）冲击式钻进成槽工法。世界上最早出现的地下连续墙是用冲击钻进工法（如意大利的依克斯ICOS法——冲击钻进、正循环出渣）建成的，我国也是这样。随着施工技术水平的不断提高，冲击钻进工法不再占主导地位。不过如将其与现代施工技术和设备相结合，冲击钻进工法仍然有不可忽视的优点。

国内冲击钻进成槽工法主要有冲击钻进式(钻劈法)和冲击反循环式(钻吸法)。冲击钻进法采用的是冲击破碎和抽筒掏渣(即泥浆不循环)的工法,即冲击钻机利用钢丝绳悬吊冲击钻头进行往复提升和下落运动,依靠其自身的重量反复冲击破碎岩石,然后用一只带有活底的收渣筒将破碎下来的土渣石屑取出而成孔。一般先钻进主孔,后劈打副孔,主副孔相连成为一个槽孔。

冲击反循环式是以冲击反循环钻机替代冲击钻机,在空心套筒式钻头中心设置排渣管(或用反循环砂石泵)抽吸含钻渣的泥浆,经净化后回至槽孔,使得排渣效率大大提高,泥浆中钻渣减少后,钻头冲击破碎的效率也大为提高,槽孔建造既可以用平打法,也可分主副孔施工。这种冲击反循环钻机的钻吸法工效大大高于老式冲击钻机的钻劈法。

(3)回转式成槽工法。回转式成槽机根据回转轴的方向分垂直回转式与水平回转式。

①垂直回转式。垂直式分垂直单轴回转钻机(也称单头钻)和垂直多轴回转钻机(也称多头钻)。单头钻主要用来钻导孔,多头钻多用来挖槽。

A.单头钻。单头钻机多采用反循环钻进工艺,在细颗粒地层也可采用正循环出渣。由于钻进中会遇到从软土到基岩的各种地层,一般均配备多种钻头以适应钻进的需要。单轴回转钻机主要有:法国的 CIS-60、CIS-61,德国的 BG 和我国的 GJD、GPS、GQ 等。

B.多头钻。垂直多头回转钻是利用两个或多个潜水电机,通过传动装置带动钻机下的多个钻头旋转,等钻速对称切削土层,用泵吸反循环的方式排渣进入振动筛,较大砂石、块状泥团由振动筛排出,较细颗粒随泥浆流入沉淀池,通过旋流器多次分离处理排除,清洁泥浆再供循环使用。多头钻一次下钻挖成的幅段称为掘削段,几个掘削段构成一个单元槽段。

②水平回转式——铣槽机。水平多轴回转钻机,实际上只有两个轴(轮),也称为双轮铣成槽机。根据动力源的不同,可分为电动和液压两种机型。铣槽机是目前国内外最先进的地下连续墙成槽机械,最大成槽深度可达 150m,一次成槽厚度为 800~2800mm。

4)地下连续墙防渗漏措施

地下连续墙由于施工工艺原因,其槽段接头位置是最容易发生渗漏的部分,同时由于施工工序多,每个环节的控制都关系到成墙质量。当地下连续墙出现渗漏情况时,应及时采取有针对性处理措施。

(1)地下连续墙接缝渗漏。地下连续墙接缝的渗水采取双快水泥结合化学注浆的方式处理。应先观察地下连续墙接缝湿渍情况,确定渗漏部位,并对渗漏处松散混凝土、夹砂、夹泥进行清除。其次手工凿 V 形槽,深度控制在 50~100mm。然后按水泥:水 =1:0.3~0.35(重量比)配制双快水泥浆作为堵漏料并搅拌至均匀细腻,将堵漏料捏成料团,放置一会儿(以手捏有硬热感为宜)后塞进 V 形槽,并用木棒挤压,轻砸使其向四周挤实。若渗漏比较严重,则采用特种材料处理,埋设注浆管,待特种水泥干硬后 24h 内注入聚氨酯。

(2)墙身有大面积湿渍。针对墙身有大面积湿渍的部位,采用水泥基型抗渗微晶涂料涂抹。首先对基面进行清理,将基面上的突起、松散混凝土、水泥浮浆、灰尘,且用钢丝刷将基面打磨粗糙后,用水刷洗干净。然后用水充分湿润基面,将结晶水泥干粉和水按 1:0.22~0.24(重量比)混合,搅拌均匀,用鬃毛刷将混合好涂料涂涂地下连续墙有湿渍基面(二涂),每拌料宜在 25min 内用完。

（3）接缝严重漏水。由于锁口管拔断或浇筑水下混凝土时夹泥等原因引起的严重漏水。先按地下连续墙渗漏作临时封堵、引流。根据现场情况进行处理：

①如是锁口管沉断引起，按地下连续墙渗漏作临时封堵、引流后，可将先行幅钢筋笼的水平筋和拔断的锁口管凿出，水平向焊接 φ16@50mm 以封闭接缝（根据需要可作加密）。

②如是导管拔空等引起的地下连续墙墙缝或墙体夹泥，则将夹泥充分清除后再作修补。再在严重渗漏处的坑外进行双液注浆填充、速凝，深度比渗漏处深 3m。双液浆配合比为，水泥浆∶水玻璃 = 1∶0.5，其中，水泥浆水灰比 0.6，水玻璃浓度 35°Be、模数 25；注浆压力视深度而定为 0.1 ~0.4MPa。

5.灌注桩排桩围护墙

灌注桩排桩围护墙是采用连续的柱列式排列的灌注桩形成了围护结构。工程中常用的灌注桩排桩的形式有分离式、双排式和咬合式。

1）分离式排桩

分离式排桩是工程中灌注桩排桩围护墙最常用，也是较简单的围护结构形式。灌注桩排桩外侧可结合工程的地下水控制要求设置相应的隔水帷幕，见图 4-17。

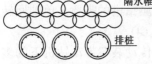

图 4-17 分离式排桩平面示意图

（1）特点。

①施工工艺简单、工艺成熟、质量易控制、造价经济。

②噪声小、无振动、无挤土效应，施工时对周边环境影响小。

③可根据基坑变形控制要求灵活调整围护桩刚度。

④在基坑开挖阶段仅用作临时围护体，在主体地下室结构平面位置、埋置深度确定后即有条件设计、实施。

⑤在有隔水要求的工程中需另行设置隔水帷幕。其隔水帷幕可根据工程的土层情况、周边环境特点、基坑开挖深度以及经济性等要求的综合选用。

（2）适用条件。

①软土地层中一般适用于开挖深度不大于 20m 的深基坑工程。

②地层适用性广，对于从软黏土到粉砂性土、卵砾石、岩层中的基坑均适用。

2）双排式排桩

为增大排桩的整体抗弯刚度和抗侧移能力，可将桩设置成为前后双排，将前后排桩顶的冠梁用横向连梁连接，就形成了双排门架式挡土结构，见图 4-18、图 4-19。

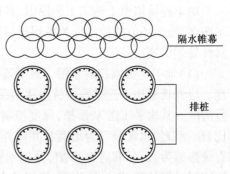

图 4-18 双排式排桩平面示意图

（1）特点。

①抗弯刚度大，施工工艺简单、工艺成熟、质量易控制、造价经济。

②可作为自立式悬臂支护结构，无须设置支撑体系。

③围护体占用空间大。

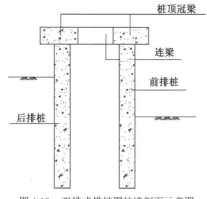

图 4-19　双排式排桩围护墙剖面示意图

④自身不能隔水,在有隔水要求的工程中需另设隔水帷幕。

(2)适用条件。适用于场地空间充足,开挖深度较深,变形控制要求较高,且无法内支撑体系的工程。

3)咬合式排桩

有时因场地狭窄等原因,无法同时设置排桩和隔水帷幕时,可采用桩与桩之间咬合的形式,形成可起到止水作用的咬合式排桩围护墙。咬合式排桩围护墙的先行桩采用素混凝土桩或钢筋混凝土桩,后行桩采用钢筋混凝土桩,见图 4-20。

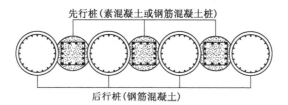

图 4-20　咬合式排桩平面示意图

(1)特点。

①受力结构和隔水结构合一,占用空间较小。

②整体刚度较大,防水性能较好。

③施工速度快,工程造价低。

④施工中可干孔作业,无须排放泥浆,机械设备噪声低、振动小,对环境污染小。

⑤对成桩垂直度要求较高,施工难度较高。

(2)适用条件。

①适用于淤泥、流砂、地下水富集的软土地区。

②适用于邻近建构筑物对降水、地面沉降较敏感等环境保护要求较高的基坑工程。

施工动画

6.型钢水泥土搅拌墙

型钢水泥土搅拌墙是一种在连续套接的三轴水泥土搅拌桩内插入型钢形成的复合挡土隔水结构,型钢水泥土搅拌墙平面布置如图 4-21 所示。

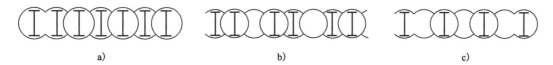

　　　　a)　　　　　　　　　　　b)　　　　　　　　　　　c)

图 4-21　型钢水泥土搅拌墙平面布置图
a)型钢密插型;b)型钢插二跳一;c)型钢插一跳一

1)特点

(1)受力结构与隔水帷幕合一,围护体占用空间小。

（2）围护体施工对周围环境影响小。

（3）采用套接一孔施工，实现了相邻桩体完全无缝衔接，墙体防渗性能好。

（4）三轴水泥土搅拌桩施工过程无须回收处理泥浆，且基坑施工完毕后型钢可回收，环保节能。

（5）适用土层范围较广，还可以用于较硬质地层。

（6）工艺简单、成桩速度快，围护体施工工期短。

（7）在地下室施工完毕后型钢可拔除，实现型钢的重复利用，经济性较好。

（8）仅在基坑开挖阶段用作临时围护体，在主体地下室结构平面位置、埋置深度确定后即有条件设计、实施。

（9）由于型钢拔除后在搅拌桩中留下的孔隙需采取注浆等措施进行回填，特别是邻近变形敏感的建构筑物时，对回填质量要求较高。

2）适用条件

（1）从黏性土到砂性土，从软弱的淤泥和淤泥质土到较硬、较密实的砂性土，甚至在含有砂卵石的地层中经过适当的处理都能够进行施工。

（2）软土地区一般用于开挖深度不大于13.0m的基坑工程。

（3）适用于施工场地狭小，或距离用地红线、建筑物等较近时，采用排桩结合隔水帷幕体系无法满足空间要求的基坑工程。

（4）型钢水泥土搅拌墙的刚度相对较小，变形较大，在对周边环境保护要求较高的工程中，例如基坑紧邻运营中的地铁隧道、历史保护建筑、重要地下管线时，应慎重选用。

（5）当基坑周边环境对地下水位变化较为敏感，搅拌桩桩身范围内大部分为砂（粉）性土等透水性较强的土层时，应慎重选用。

7.钢板桩围护墙

钢板桩是一种带锁口或钳口的热轧（或冷弯）型钢，钢板桩打入后靠锁口或钳口相互连接咬合，形成连续的钢板桩围护墙，用来挡土和挡水，如图4-22所示。

图4-22　钢板桩围护墙平面图

1）特点

（1）具有轻型、施工快捷的特点。

（2）基坑施工结束后钢板桩可拔除，循环利用，经济性较好。

（3）在防水要求不高的工程中，可采用自身防水。在防水要求高的工程中，可另行设置隔水帷幕。

（4）钢板桩抗侧刚度相对较小，变形较大。

（5）钢板桩打入和拔除对土体扰动较大。钢板桩拔除后需对土体中留下的孔隙进行回填处理。

2）适用条件

（1）由于其刚度小，变形较大，一般适用于开挖深度不大于7m，周边环境保护要求不高的基坑工程。

（2）由于钢板桩打入和拔除对周边环境影响较大，邻近对变形敏感建构筑物的基坑工程不宜采用。

8. 内支撑系统

支撑结构选型包括支撑材料和体系的选择以及支撑结构布置等内容。支撑结构选型从结构体系上可分为平面支撑体系和竖向斜撑体系;从材料上可分为钢支撑、钢筋混凝土支撑和钢和混凝土组合支撑的形式。各种形式的支撑体系根据其材料特点具有不同的优缺点和应用范围。由于基坑规模、环境条件、主体结构以及施工方法等的不同,难以对支撑结构选型确定出一套标准的方法,应以确保基坑安全可靠的前提下做到经济合理、施工方便为原则,根据实际工程具体情况综合考虑确定。

1)钢支撑体系

钢支撑体系是在基坑内将钢构件用焊接或螺栓拼接起来的结构体系。由于受现场施工条件的限制,钢支撑的节点构造应尽量简单,节点形式也应尽量统一,因此钢支撑体系通常均采用具有受力直接、节点简单的正交布置形式,从降低施工难度角度,不宜采用节点复杂的角撑或者桁架式的支撑布置形式。钢支撑体系目前常用的材料一般有钢管和 H 型钢两种,钢管大多选用 $\phi609$,壁厚可为 10mm、12mm、14mm;型钢支撑大多选用 H 型钢,常用的有 H700×300、H500×300 等。十字正交钢管对撑、十字正交型钢对撑,见图 4-23、图 4-24。

图 4-23　十字正交钢管对撑　　　　　　　　图 4-24　十字正交型钢对撑

钢支撑架设和拆除速度快、架设完毕后不需等待即可直接开挖下层土方,而且支撑材料可重复循环使用的特点,对节省基坑工程造价和加快工期具有显著优势,适用于开挖深度一般、平面形状规则、狭长形的基坑工程中。钢支撑几乎成为地铁车站基坑工程首选的支撑体系。但由于钢支撑节点构造和安装复杂以及目前常用的钢支撑材料截面承载力较为有限等特点,以下几种情况下不适合采用钢支撑体系。

(1)基坑形状不规则,不利于钢支撑平面布置。

(2)基坑面积巨大,单个方向钢支撑长度过长,拼接节点多易积累形成较大的施工偏差,传力可靠性难以保证。

(3)由于基坑面积大且开挖深度深,钢支撑的支撑刚度相对较小,不利控制基坑变形和保护周边的环境。

2)钢筋混凝土支撑体系

钢筋混凝土支撑具有刚度大、整体性好的特点,而且可采取灵活的平面布置形式适应基坑工程的各项要求。支撑布置形式目前常用的有正交支撑、圆环支撑或对撑、角撑结合边桁架布置形式。

图 4-25 正交钢筋混凝土支撑

（1）正交支撑形式。正交对撑布置形式的支撑系统支撑刚度大、传力直接以及受力清楚，具有支撑刚度大变形小的特点，在所有平面布置形式的支撑体系中其控制变形的能力最好，十分适合在敏感环境下面积较小或适中的基坑工程中应用，如临近保护建（构）筑物、地铁车站或隧道的深基坑工程；或者当基坑工程平面形状较为不规则，采用其他平面布置形式的支撑体系有难度时，也适合采用正交支撑形式。图 4-25 为采用正交支撑形式的基坑工程实景。

该布置形式的支撑系统主要缺点是支撑杆件密集、工程量大，而且出土空间比较小，不利于加快出土速度。

（2）对撑、角撑结合边桁架支撑形式。对撑、角撑结合边桁架支撑体系近年来在深基坑工程中得到了广泛的使用，具有十分成熟的设计和施工经验。对撑、角撑结合边桁架支撑体系具有受力十分明确的特点，且各块支撑受力相对独立，因此该支撑布置形式无须等到支撑系统全部形成就能开挖下皮土方，可实现支撑的分块施工和土方的分块开挖流水线施工，一定程度上可缩短支撑施工的绝对工期。而且采用对撑、角撑结合边桁架支撑布置形式，其无支撑面积大，出土空间大，而且通过在对撑及角撑局部区域设置施工栈桥，将大大加快土方的出土速度。图 4-26 为采用对撑、角撑结合边桁架支撑形式的基坑工程。

（3）圆环支撑形式。通过对深基坑支撑结构的受力性能分析可知，挖土时基坑围护墙须承受四周土体压力的作用。从力学观点分析，可以设置水平方向上的受力构件作支撑结构，为充分利用混凝土抗压能力高的特点，把受力支撑形式设计成圆环形结构，支承土压力是十分合理的。在这个基本原理指导下，土体侧压力通过围护墙传递给围檩与边桁架腹杆，再集中传至圆环。在围护墙的垂直方向上可设置多道圆环内支撑，其圆环的直径大小、垂直方向的间距可由基坑平面尺寸、地下室层高、挖土工况与土压力值来确定。圆环支撑形式适用于超大面积的深基坑工程，以及多种平面形式的基坑，特别适用于方形、多边形。圆环支撑，见图 4-27。

图 4-26　对撑、角撑结合边桁架支撑形式

图 4-27　圆环支撑（60m）

9.基坑土方开挖

按照基坑支护设计的不同,基坑土方开挖可分为无内支撑基坑开挖和有内支撑基坑开挖。无内支撑基坑是指在基坑开挖深度范围内不设置内部支撑的基坑(包括采用放坡明挖的基坑),采用水泥土重力式围护墙、土钉支护、土层锚杆支护、钢板桩拉锚支护、板式悬臂支护的基坑。有内支撑基坑是指在基坑开挖深度范围内设置一道及以上内部临时支撑或以水平结构代替内部临时支撑的基坑。

按照基坑挖土方法的不同,基坑土方开挖可分为明挖法和暗挖法。无内支撑基坑开挖一般采用明挖法;有内支撑基坑开挖一般有明挖法、暗挖法、明挖法与暗挖法相结合三种方法。基坑内部有临时支撑或水平结构梁代替临时支撑的土方开挖一般采用明挖法;基坑内部水平结构梁板代替临时支撑的土方开挖一般采用暗挖法,盖挖法施工工艺中的土方开挖属于暗挖法的一种形式;明挖法与暗挖法相结合是指在基坑内部部分区域采用明挖和部分区域采用暗挖的一种挖土方式。

1)基坑土方开挖总体要求

基坑开挖前应根据工程地质与水文地质资料、结构和支护设计文件、环境保护要求、施工场地条件、基坑平面形状、基坑开挖深度等,遵循"分层、分段、分块、对称、平衡、限时"和"先撑后挖、限时支撑、严禁超挖"的原则编制土方开挖施工方案。土方开挖施工方案应履行审批手续,并按照有关规定进行专家评审论证。

基坑工程中,坑内栈桥道路和栈桥平台应根据施工要求以及荷载情况进行专项设计,施工过程中应严格按照设计要求对施工栈桥的荷载进行控制。挖土机械的停放和行走路线布置、挖土顺序、土方驳运、材料堆放等应避免引起对工程桩、支护结构、降水设施、监测设施和周围环境的不利影响,施工时应按照设计要求控制基坑周边区域的堆载。

基坑开挖过程中,支护结构应达到设计要求的强度,挖土施工工况应满足设计要求。采用钢筋混凝土支撑或以水平结构代替内支撑时,混凝土达到设计要求的强度后,才能进行下层土方的开挖。采用钢支撑时,钢支撑施工完毕并施加预应力后,才能进行下层土方的开挖。

基坑开挖应采用分层开挖或台阶式开挖的方式,软土地区分层厚度一般不大于4m,分层坡度不应大于1:1.5。基坑挖土机械及土方运输车辆直接进入坑内进行施工作业时,应采取措施保证坡道稳定。坡道宽度应保证车辆正常行驶,软土地区坡道坡度不应大于1:8。

机械挖土应挖至坑底以上20~30cm,余下土方应采用人工修底方式挖除,减少坑底土方的扰动。机械挖土过程中,应有防止工程桩侧向受力的措施,坑底以上工程桩应根据分层挖土过程分段凿除。基坑开挖至设计高程应及时进行垫层施工。电梯井、集水井等局部深坑的开挖,应根据深坑现场实际情况合理确定开挖顺序和方法。

基坑开挖应通过对支护结构和周边环境进行动态监测,实行信息化施工。

2)无内支撑基坑土方开挖

场地条件允许时,可采用放坡开挖方式。为确保基坑施工安全,一级放坡开挖的基坑,应按照要求验算边坡稳定性,开挖深度一般不超过4.0m;多级放坡开挖的基坑,应同时验算各级

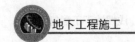

边坡的稳定性和多级边坡的整体稳定性,开挖深度一般不超过7.0m。采用一级或多级放坡开挖时,放坡坡度一般不大于1:1.5;采用多级放坡时,放坡平台宽度应严格控制不得小于1.5m,在正常情况下放坡平台宽度一般不应小于3.0m。

采用土钉支护或土层锚杆支护的基坑,应提供成孔施工的工作面宽度,其开挖应与土钉或土层锚杆施工相协调,开挖和支护施工应交替作业。对于面积较大的基坑,可采取岛式开挖的方式,先挖除距基坑边8~10m的土方,中部岛状土体应满足边坡稳定性要求。基坑边土方开挖应分层分段进行,每层开挖深度在满足土钉或土层锚杆施工工作面要求的前提下,应尽量减少,每层分段长度一般不大于30m。每层每段开挖后应限时进行土钉或土层锚杆施工。

采用水泥土重力式围护墙或板式悬臂支护的基坑,基坑总体开挖方案可根据基坑大小、环境条件,采用分层、分块的开挖方式。对于面积较大的基坑,基坑中部土方应先行开挖,然后再挖基坑周边的土方。

采用钢板桩拉锚支护的基坑,应先开挖基坑边2~3m的土方进行拉锚施工,大面积开挖应在拉锚支护施工完毕且预应力施加符合设计要求后方可进行,大面积基坑开挖应遵循分层、分块开挖方法。

3)有内支撑的基坑土方开挖

有内支撑的基坑开挖方法和顺序应尽量减少基坑无支撑暴露时间。应先开挖周边环境要求较低的一侧土方,再开挖环境要求较高一侧的土方,应根据基坑平面特点采用分块、对称开挖的方法,限时完成支撑或垫层。基坑开挖面积较大的工程,可根据周边环境、支撑形式等因素,采用岛式开挖、盆式开挖、分层分块开挖的方式。

岛式开挖的基坑,中部岛状土体高度不大于4.0m时,可采用一级边坡;中部岛状土体高度大于4.0m时,可采用二级边坡,但岛状土体高度一般不大于9.0m。一级边坡应验算边坡稳定性,二级边坡应同时验算各级边坡的稳定性和整体边坡的稳定性。

盆式开挖的基坑,盆边宽度不应小于8.0m;盆边与盆底高差不大于4.0m时,可采用一级边坡;盆边与盆底高差大于4.0m时,可采用二级边坡,但盆边与盆底高差一般不大于7.0m。一级边坡应验算边坡稳定性,二级边坡应同时验算各级边坡的稳定性和整体边坡的稳定性。

对于长度和宽度较大的基坑,可采用分层分块土方开挖方法。分层的原则是每施工一道撑后再开挖下一层土方,第一层土方的开挖深度一般为地面至第一道支撑底,中间各层土方开挖深度一般为相邻两道支撑的竖向间距,最后一层土方开挖深度应为最下一道支撑底至坑底。分块的原则是根据基坑平面形状、基坑支撑布置等情况,按照基坑变形和周边环境控制要求,将基坑划分为若干个边部分块和中部分块,并确定各分块的开挖顺序,通常情况下应先开挖中部分块再开挖边部分块。

狭长形基坑,如地铁车站等明挖基坑工程,应根据狭长形基坑的特点,选择合适的斜面分层分段挖土方法。采用斜面分层分段挖土方法时,一般以支撑竖向间距作为分层厚度,斜面可采用分段多级边坡的方法,多级边坡间应设置安全加宽平台,加宽平台之间的土方边坡一般不应超过二级;各级土方边坡坡度一般不应大于1:1.5,斜面总坡度不应大于1:3。

第三节　地下工程浅埋暗挖法施工

一、概述

浅埋暗挖技术是王梦恕院士在借鉴外国成功经验,以及我国山岭隧道硬岩新奥法施工经验的基础上,结合中国国情和地质与水文地质情况,创造性地提出的一种地下工程施工技术。继1984年在军都山隧道黄土段试验成功的基础上,又于1986年在具有开拓性、风险性、复杂性的北京复兴门地铁折返线工程中应用,在拆迁少、不扰民、不破坏环境的情况下获得成功。由于浅埋暗挖技术取得了巨大的经济效益和社会效益,随后得到了广泛的应用,1987年8月通过科技成果鉴定会,将该技术最终定名为"浅埋暗挖法"。

浅埋暗挖法是在距离地表较近的地下进行各种类型地下洞室暗挖施工的一种方法。在城镇软弱围岩地层中,在浅埋条件下修建地下工程,以改造地质条件为前提,以控制地表沉降为重点,以格栅(或其他钢结构)和喷锚作为初期支护手段,按照十八字原则"管超前、严注浆、短进尺、强支护、早封闭、勤量测"进行施工。它强调了新的施工要点,突出时空效应对防塌的重要作用,提出了在软弱地层必须快速施工的理念。

浅埋暗挖法经过几十年的广泛应用,不断改进和完善,由于造价低、拆迁少、灵活多变、无须太多专用设备及不干扰地面交通和周围环境等特点,现已在城市地铁、市政工程、城市热力与电力管道、城市地下过街道、地下停车场等工程中推广应用,并已形成了一套完整的综合配套技术。以北京城市轨道交通工程为背景总结形成的"隧道与地铁浅埋暗挖工法",已被批准为国家级工法,并广泛应用于铁路、公路及其他城市地下工程。

1. 浅埋暗挖法施工原理

浅埋暗挖法沿用新奥法基本原理,创建了信息化量测反馈设计和施工的新理念。该方法采用先柔后刚复合式衬砌新型支护结构体系,初次支护按承担全部基本荷载设计,二次模筑衬砌作为安全储备;初次支护和二次衬砌共同承担特殊荷载。应用浅埋暗挖法设计、施工时,同时采用多种辅助工法,超前支护,改善加固围岩,调动部分围岩的自承能力;并采用不同的开挖方法及时支护、封闭成环,使其与围岩共同作用形成联合支护体系;在施工过程中应用监控量测、信息反馈和优化设计,实现不塌方、少沉降、安全施工等,并形成多种综合配套技术。

浅埋暗挖法大多应用于第四纪软弱地层中的地下工程,由于围岩自身承载能力很差,为避免对地面建筑物和地中构筑物造成破坏,需要严格控制地面沉降量。因此,要求初期支护刚度要大,支护要及时。例如,图4-28所示的围岩特征曲线和支护的刚度曲线交点 C(稳定点)应尽量靠近 A 点,即支护所

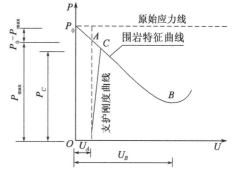

图4-28　围岩特征曲线与支护刚度曲线示意图

承受的荷载(P_0值)越大越好,以减小围岩的承载力,并作为支护和围岩共同作用的安全储备。这种设计思想的施工要点可概括为管超前、严注浆、短进尺、强支护、早封闭、勤量测、速反馈。初期支护必须从上向下施工,二次模筑衬砌必须通过变位量测,当结构基本稳定时,才能施工,而且必须从下向上进行施工,决不容许先拱后墙施工。

2. 浅埋暗挖法适用范围

浅埋暗挖法是在软弱围岩浅埋地层中修建山岭隧道洞口段、城区地下铁道及其他适于浅埋结构物的施工方法。它主要适用于不宜明挖施工的土质或软弱无胶结的砂、卵石等第四纪地层,修建覆跨比大于0.2的浅埋地下洞室。对于高水位的类似地层,采取堵水或降水、排水等措施后也适用。尤其对于结构埋置浅、地面建筑物密集、交通运输繁忙、地下管线密布,且对地面沉陷要求严格的都市城区,如修建地下铁道、地下停车场、热力与电力管线,这项技术方法更为适用。

目前,通过信息化技术的实施,实现了浅埋暗挖技术的全过程控制,有效地减小了由于地层损失而引起的地表移动变形等环境问题。不但使施工对周边环境的影响降低到最低程度,由于及时调整、优化支护参数,提高了施工质量和速度,使浅埋暗挖法特点得到更进一步的发挥。经过许多工程的成功实施,浅埋暗挖法应用范围进一步扩大,由只适用于第四纪地层、无水、地面无建筑物等简单条件,发展到非第四纪地层、超浅埋(埋深已缩小到0.8m)、大跨度、上软下硬、高水位等复杂地层及环境条件下的地下工程中去。

浅埋暗挖法与其他方法相比具有显著的优点。以城市地铁为例,浅埋暗挖法与明挖法(盖挖法)相比,具有拆迁占地少、不扰民、不干扰交通、节省大量拆迁投资等优点;与盾构法相比,具有简单易行,无须多种专用设备,灵活方便,适用于不同地层、不同跨度、多种断面,可以提供大量就业机会等优点,是适合我国国情的好方法。尤其对于区间隧道,浅埋暗挖法施工速度完全能满足总工期要求。此外,浅埋暗挖法也存在一些缺点,如速度较慢、喷射混凝土粉尘较多、劳动强度大、机械化程度不高,以及高水位地层结构防水比较困难等。

二、浅埋暗挖法施工

采用浅埋暗挖法施工时,常见的典型施工方法是正台阶法以及适用于特殊地层条件的其他施工方法,如全断面法、单侧壁导坑超前正台阶法、双侧壁导坑正台阶法(眼镜工法)、中隔墙法等,各种施工方法比较见表4-6,具体施工工艺及要求参见第二章相关内容。

浅埋暗挖法主要开挖方法表 表4-6

施工方法	示意图	重要指标比较						施工动画
		适用条件	沉降	工期	防水	初期支护拆除量	造价	
全断面法	1	地层好,跨度≤8m	一般	最短	好	无	低	—
正台阶法	1 2	地层较差,跨度≤12m	一般	短	好	无	低	—

续上表

施工方法	示意图	重要指标比较						施工动画
		适用条件	沉降	工期	防水	初期支护拆除量	造价	
上半断面临时封闭正台阶法		地层差,跨度≤12m	一般	短	好	小	低	—
正台阶环形开挖法		地层差,跨度≤12m	一般	短	好	无	低	
单侧导坑正壁台阶法		地层差,跨度≤14m	较大	较短	好	小	低	
中隔墙法（CD工法）		地层差,跨度≤18m	较大	较短	好	小	偏高	
交叉中隔墙法（CRD工法）		地层差,跨度≤20m	较小	长	好	大	高	
双侧壁导坑法（眼镜工法）		小跨度,连续使用可扩成大跨度	大	长	效果差	大	高	
中洞法		小跨度,连续使用可扩成大跨度	小	长	效果差	大	较高	
侧洞法		小跨度,连续使用可扩成大跨度	大	长	效果差	大	高	

续上表

施工方法	示意图	重要指标比较						施工动画
		适用条件	沉降	工期	防水	初期支护拆除量	造价	
柱洞法		多层多跨	大	长	效果差	大	高	
盖挖逆筑法		多跨	小	短	效果好	小	低	

应当注意的是,浅埋暗挖工程是在应力岩(土)体中开拓地下空间的施工,在选择施工方法时,应当根据具体地下工程的各方面条件综合考虑,选择最经济、最理想的设计和施工方案,甚至要综合多种方案,因而这是一个受多种因素影响的动态的择优过程。

浅埋暗挖工程施工中,应根据不同的围岩工程地质条件、水文地质条件、工程建筑要求、机具设备、施工技术条件、施工技术水平、施工经验等多种因素,选择一种或多种行之有效的施工方法。主要影响因素是围岩的地质条件,当围岩较稳定且岩体较坚硬时,施工中往往先把隧道坑道断面开挖好,然后修筑支护结构,并在有条件时争取一次把全断面挖成。当围岩稳定性较差时,则需要随开挖进行一次支撑,防止围岩变形及产生坍塌。分块开挖后,应及时进行初期支护的施作,一般先开挖顶部,在上部断面挖成后及时进行初期支护,在上部支护的保护下再开挖坑道下部断面。在二次模筑衬砌修筑中必须先修筑边墙,之后再修筑拱圈,即采用先墙后拱法施工。

三、浅埋暗挖法施工地层沉降的控制

1.地面变形的影响因素

浅埋地下工程施工开挖过程中,由于围岩可能被扰动、破坏、失稳变形以及地下水流失,从而导致地面变形。因此,如果施工中方法不当,不注意时空效应,就会造成环境损伤(也称地层损失)过大而发展成灾害。

下面简述影响地面变形的各种因素。

1)围岩质量的影响

由于浅埋或超浅埋隧道多处于第四纪松软地层中,所以必须了解各层的类型、分层厚度、黏性土或沙性土、塑性状或流塑状、灵敏性等土层的物理力学性质,这是确定辅助工法的基础。

2)地下水位的影响

地下水的长期作用会使围岩强度降低,引起地层不稳,加大围岩压力,从而增加支护结构的压力。地下水对地面沉降和施工方法影响很大,无水条件下的施工是很容易控制的。对于流塑状地层,在地下水位以下施工时要采用辅助工法改善地层后才能开挖,以减少地面沉降和施工风险。

3）设计与施工方法的影响

（1）掌子面开挖时,若工作面土体松动、坍塌,将会导致地层原始应力和土体极限平衡状态改变。另外,若洞室断面设计不当,也会产生应力集中现象。

（2）若施工方法不当,未及时支护或支护不力,则可能导致地面变形。

（3）因洞室开挖形成积水廊道,如果积水向洞内渗漏,则可能导致地面变形。

（4）在已完成的洞室旁边另挖洞室时,破坏了结构稳定,从而造成地面变形。

（5）爆破也会造成地面变形。

4）结构类型和埋深的影响

结构拱顶上部覆盖的土层厚度与隧道结构跨度之比,称为覆跨比,这个比值对地面沉降影响很大。若覆跨比大于 1 ~ 2,其施工难度不大,而且比较容易控制沉降比;若覆跨比小于 1,则需要投入的辅助工法的费用大幅度增加。该项影响因素非常重要,要认真研究对待。

综上所述,地面变形受许多因素影响,不可能用一个量值来衡量地面变形程度,也不可能用一个统一的规定量值来限定各种地面变形。例如,若地层条件很差,可通过注浆加固来减少地面变形,若地面变形容许值很小时,要投入的注浆量和造价是很高的。如何确定合理而经济的地面变形容许值,这个问题一直困扰着工程界。通常情况下,只有通过大量的量测资料和工程实践,对不同类型建筑物、不同位置分别加以确定。

2. 控制地面沉降的各种措施

地下工程新奥法施工的实质是尽量减小对地层的扰动,充分利用围岩的自承载能力,进行严格的施工监测,确保施工安全和有效地控制地层变形。从前面分析的地面沉降规律可看出,控制地面沉降的关键是保持开挖面的稳定,及时、密贴、大刚度的支护以及初期支护后采取的减小沉降的措施。要保持开挖面的稳定,软土层隧道施工一般都要采取分步开挖的方法,这种方法既可保证开挖面的稳定,又可保证及时、有效地进行支护,而且对地层的扰动也减小了。

下面介绍工程实践中为有效控制地面沉降常采用的减小地面沉降的措施。

地层预加固方法。

地层预加固方法很多,常用的有预注浆、超前管棚、插板法、超前锚杆等。

（1）预注浆法。预注浆包括从开挖面、地面或导洞内注浆,注浆方式有渗透注浆、劈裂注浆、射流注浆等。注浆材料有化学浆液和非化学浆液两大类,化学浆液有水玻璃类（悬浊型、溶液型）、高分子类（酰胺类、树脂类）以及水泥、黏土和药剂配合液;非化学浆液有水泥浆、黏土浆、水泥 + 黏土、水泥 + 膨润土、砂浆等。对于孔隙率较大的沙层、沙卵石层渗透注浆使用非化学浆液;对于渗透性较小的沙层渗透注浆可使用化学浆液;劈裂注浆适用于黏土层和密实粉细沙层;射流注浆适用于各种沙地层,特别是级配较好的沙卵石地层。

除了上述三种地层注浆预加固方式外,还有一种方式叫作压密注浆,美国首先用于隧道工程,作为补救措施,解决沉降损失或修正沉降的一种注浆方式。它是在支护完成后通过高压向支护体的上部注入很稠（坍落度 <5cm）的浆液,以置换和压实松散基土。注浆体是一种均质体,随着注浆的继续,其体积增大,从而逐渐减小地面沉降,将地面沉降控制在容许的范围内。但是要注意,压密注浆不适合高压缩性的淤泥质黏土。

（2）锚杆法。地面锚杆一般采用全长砂浆锚杆,锚杆与砂浆共同组成锚固体。它的锚固

作用是通过锚杆与砂浆之间、砂浆与岩土体之间的摩擦阻力来实现的,这可以从加固时的施工过程和施工完成后锚杆与砂浆共同发挥作用两个阶段来认识。其中,前者的主要功能在于提高岩土体的整体强度和刚度(C、φ 值),后者的主要功能则在于增强岩土体的摩擦阻力和抑制岩土体的沉陷滑移,进而达到减小山体压力的效果。

(3)超前管棚。超前管棚有大管棚、小管棚、长管棚、短管棚之分。小管棚常用直径 $\phi 50 \sim \phi 150mm$ 的小钢管,以一定间距(0.1 ~ 0.3m)沿开挖周边以某角度(小于 5°)倾斜打入地层。小钢管上常钻孔眼,以便同时作为注浆管使用,将管棚和注浆结合起来,注浆加固钢管附近的地层。大管棚一般用专门钻机将大直径(大于 200mm,有时达 700 ~ 800mm,甚至 1000mm 以上)钢管在钻孔掘进的同时逐渐推进,大管棚的长度在 20m 以上,有的工程已达百米以上。钢管内注入水泥浆,钢管之间空隙通常较小,常注浆填充,以增大整体刚度。长管棚长度一般大于 15m,直径一般大于 160mm。管棚法应用灵活,钢管长度、直径可根据需要选择。管棚法通常与注浆法同时采用,以达到更有效地保持开挖面稳定的目的。通常,大管棚、长管棚控制地面沉降的效果更佳。

(4)超前插桩法(TUBEX 法)。超前插桩法是在开挖面前方的地层中做成一个连续钢管加固的、微桩(150 ~ 250mm)注浆的伞形防护棚。该方法在意大利多座软土隧道施工中使用,是当钻孔完成后在地层中留下一个空心钢管形成的拱,将水泥浆在 $300N/cm^2$ 压力下同时送进所有钢管内。钢管壁厚 7mm,外径 $\phi 140mm$,长 12m(搭接 3m)。钢管每 0.5m 钻 4 个按 90°分布的、$\phi 8mm$ 孔眼,孔眼中安设一单向阀门,阀门在注浆压力达 $300N/cm^2$ 时可冲开,使管外面与地层间的环形空间填满浆液。超前插桩法控制地面沉降的效果与长管棚相当,但施工速度更快,更经济。

(5)超前插板法。超前插板法是沿开挖面拱部轮廓将插板以倾斜角度打入或顶入地层中,沿纵向两环插板之间有一搭接长度,开挖在超前插板的支护下进行。超前插板法适用于沙质地层、硬黏土地层或有地下水时用于稳定开挖面。

浅埋地下工程施工中为了保持开挖面稳定,减小地面沉降,最常用的预加固方法是传统的注浆法加固地层;射流注浆是较新的注浆技术,常与传统的注浆方法配合使用,这样能具有更佳的控制沉降效果;压密注浆作为沉降补救措施,能很好地修正沉降。管棚(特别是长、大管棚)施工较复杂,常需要用专门设备,但管棚法较单纯注浆法具有更好的稳定开挖面、控制沉降的效果,且能提高掘进速度。超前插桩法是管棚法的变种,具有类似的控制沉降的效果,因其采用专门的配套设备,提高了施工速度。但无论采用何种措施减小地面沉降,及时封闭支护对于减小沉降都是很重要的。

第四节　地下工程逆作法施工

逆作法施工最早出现于日本,1935 年东京都千代田区某保险公司大厦成为第一个采用支护结构与主体结构相结合的逆作法施工工程。20 世纪 50 年代意大利开发了地下连续墙技术,随后其应用范围便逐渐扩大,欧洲、美国、日本等许多国家的地铁车站都用该方法建造。

在国内,1955 年哈尔滨地下人防工程中首次应用了逆作法的施工工艺,随后在 20 世纪

70～80 年代对逆作法进行了研究和探索。1989 年建设的上海特种基础工程研究所办公楼,地下 2 层,采用支护结构与主体结构全面结合的方式,是全国第一个采用封闭式逆作施工的工程。20 世纪 90 年代初上海地铁一号线的常熟路站、陕西南路站和黄陂南路站三个地铁车站成功实践了逆作法施工。随后,国内其他地区如北京、广州、杭州、天津、深圳、南京等地也均开始应用逆作法施工方法。

21 世纪以来,我国城市地下空间利用跨越式发展,高层建筑地下室、大型地下商场、地下停车场、地下车站、地下交通枢纽、地下变电站等如雨后春笋般涌现,大城市的基坑向“大、深、紧、近”的方向发展。由于工程地质和水文地质条件复杂多变、环境保护要求越来越高、基坑工程规模向超大面积和大深度方向发展、工期进度及资源节约等要求日益提高,对地下工程施工的要求越来越严格,逆作法成为确保软土地区和环境保护要求严格条件下基坑工程安全、顺利施工的一个重要方法。地下工程逆作法施工实例,如图 4-29 所示。

a)　　　　　　　　　　　　　　　　b)

图 4-29　地下工程逆作法施工
a)南京紫峰大厦;b)某地下变电站工程

一、地下工程逆作法的分类及特点

1. 地下工程逆作法分类

地下工程逆作法,其施工顺序与顺作法相反,在地下结构施工时不架设临时支撑,而以结构本身既作为挡土支护结构又作为支撑,从上向下依次开挖土方和修筑主体结构。其基坑围护结构多采用地下连续墙、钻孔灌注桩或人工挖孔桩。逆作法可以分为全逆作法、半逆作法及部分逆作法。

1)全逆作法

利用地下各层钢筋混凝土肋形楼板对四周围护结构形成水平支撑。楼盖混凝土为整体浇筑,然后在其下掏土,通过楼盖中的预留孔洞向外运土并向下运入建筑材料。

2)半逆作法

利用地下各层钢筋混凝土肋形楼板中先期浇筑的交叉格形肋梁,对围护结构形成框格式水平支撑,待土方开挖完成后再二次浇筑肋形楼板。

3)部分逆作法

用基坑内四周暂时保留的局部土方对四周围护结构形成水平抵挡,抵消侧向压力所产生

的一部分位移。待先期施工的地下结构完成后,再挖除这部分土体,施工剩下的地下主体结构。

2.地下工程逆作法的特点

1)地下工程逆作法的优点

(1)由于上部结构和地下结构可平行立体施工,当建筑规模大、上下层次多时,大约可节省工时1/4~1/3。

(2)地下结构本身作为支撑,结构刚度相当大,能有效控制周围土体的变形和地表沉降,减小了对周边环境的影响,提高了工程施工的安全性。

(3)由于地下室外墙与基坑围护墙两墙合一,既省去了单独设立的围护墙,又可在工程用地范围内最大限度地扩大地下室面积,增加有效使用面积。

(4)一层结构平面可作为工作平台,楼盖结构即支撑体系,省去架设工作平台和大量支撑费用,而且还可以解决特殊平面形状或局部楼盖缺失所带来的支撑布置上的困难,并使受力更加合理。

(5)由于开挖和施工的交错进行,逆作结构的自身荷载由立柱直接承担并传递至地基,减少了大开挖时卸载对持力层的影响,从而大大降低了基坑内地基的回弹量。

2)地下工程逆作法的缺点

(1)需要设置临时立柱和立柱桩,增加了施工费用,且由于支撑为建筑结构,本身自重大,为防止不均匀沉降,要求立柱桩具有足够的承载力。

(2)为便于出土,需要在顶板处设置临时出土孔,因此需对顶板采取加强措施。

(3)地下结构的土方开挖和结构施工在顶板覆盖下进行,因此大型施工机械难于展开,降低了施工效率。

(4)混凝土的浇筑在逆作法施工的各个阶段都有先后之分,这不仅给施工带来不便,而且给结构的稳定性及结构防水带来一些问题。

二、地下工程逆作法的适用范围

1.大面积地下工程

一般来说,对开挖跨度较大的大面积地下工程,如果按顺作法施工,支撑长度可能超过其适用界限,给临时支撑的设置造成困难。

2.大深度的地下工程

大深度开挖时,由于土方的开挖,基底会产生严重的上浮回弹现象。如果采用顺作法施工,必须对基底采用抗浮措施,目前国内多采用深层搅拌桩作为抗拔桩。如果采用逆作法施工,逆作结构的重量置换了卸除的土重,可以有效地控制基底回弹现象。此外,随着开挖深度的增大,侧压也随之增大,如果采用顺作法施工,对支撑的强度和刚度要求较高,而逆作法是以结构主体作为支撑,刚度较大,可以有效地控制围护结构的变形。

3.复杂结构的地下工程

当平面是一种复杂的不规则形状时,如果用顺作法施工,那么挡墙对支撑的侧压力传递情况就比较复杂,这样就会导致在某些局部地方出现应力集中现象。在这种情况下,当采用逆作法施工时,结构主体就是与平面形状相吻合的钢筋混凝土或型钢钢筋混凝土支撑体系,大大提高了安全性。

4.周边状况复杂,对环境要求较高

当在地铁或管道等位置施工时,往往要求挡墙变形量的精度达到毫米级。逆作法施工,不仅多采用刚度较大的挡墙(如地下连续墙),而且逆作结构作为结构主体,本身具有很大的刚度,有效地控制了整体变形,从而也就减少了对周围环境和地基的影响。

5.作业空间狭小

由于逆作法施工是先浇筑顶板,它能确保材料进场,另外还能发挥地上钢结构安装和混凝土浇筑等的交错作业的优越性。

6.工期要求紧迫

有些工程,由于业主的需要及其他一些原因,工期较短,这时采用逆作法施工能做到地上、地下同时施工,可以合理、安全、有效地缩短工期。

7.要求尽快恢复地面交通的工程

采用逆作法施工能很快进行地面覆土回填,尽早恢复地面交通,减少对城市交通的压力和对居民出行的影响。

三、地下工程逆作法的施工工艺

地下工程逆作法施工是利用地下工程主体的楼盖结构(梁、板、柱)和外墙结构作为基坑围护结构的水平支撑体系和围护体系,逆作法基准层以下各层自上而下施工,基准层以上各层自下而上施工。逆作法施工基坑土方开挖借助于地下结构自身的水平支撑能力对基坑产生支护作用来保证,利用地下各层的钢筋混凝土楼板的水平刚度和抗压强度使各层楼板成为基坑围护桩(墙)的水平支撑点,并利用基坑外不同方向的土压力(包括被动土压力)的自相平衡来抵消对抗壁围护桩(墙)的不利影响,因此在施工时一般先施工楼板再挖楼板下面的土方;而合理地选择竖向支撑结构还可在有地面建筑时,地下室施工的同时进行部分地上建筑的施工,待上部建筑施工若干层后,基础工程才全部完工。

施工动画

1.逆作法施工步骤

地下工程逆作法由于楼盖的巨大水平刚度,其对围护桩(墙)的作用可视作水平方向的不动铰支座,因此在所有的基坑支护中,其效果是最好的一种。地下工程逆作法的施工工艺为:逆作法一般是先沿地下工程轴线施工地下连续墙或沿基坑的周围施工其他临时围护墙,同时在地下建筑物内部的有关位置浇筑或打下中间支承桩和柱,作为施工期间于底板封底之前承受上部结构自重和施工荷载的支承;然后施工地面一层的梁板结构,作为地下连续墙或其他围护墙的水平支承,随后逐层向下开挖土方和浇筑各层地下结构,直至底板封底。同时,由于地面一层的楼面结构已经完成,为上部结构的施工创造了条件,因此可以同时向上逐层进行地上结构的施工;如此,地面上、下同时进行施工,直至工程结束,但是在地下室浇筑钢筋混凝土底

板之前地面上的上部结构允许施工的层数要经计算确定。逆作法施工步骤如图4-30所示。

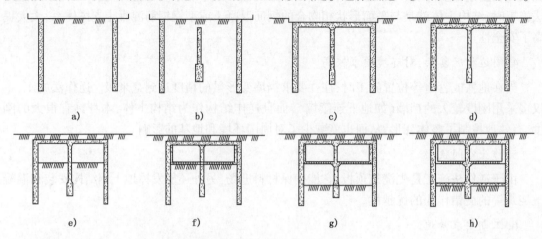

图4-30　地下工程逆作法施工步骤

a)构筑连续墙围护结构;b)构筑主体结构和中间立柱;c)构筑顶板;d)回填土,恢复路面;e)开挖上层土方;f)构筑上层主体结构;g)开挖下层土方;h)构筑下层主体结构

地下工程逆作法一般先在地表面向下做基坑的围护结构和中间桩柱,基坑支护结构通常采用地下连续墙,中间桩柱则利用主体结构本身的中间立柱以降低工程造价。逆作法施工时,若采用单层墙或复合墙,结构的防水层难做,只有采用双层墙,即围护结构与主体结构墙体完全分离,无任何连接钢筋,才能够在两者之间敷设完整的防水层。但需要特别注意中层楼板在施工过程中出现悬空而引起的稳定和强度问题,由于上部边墙吊着中板而承受拉力,因此,上部边墙的钢筋接头按受拉接头考虑。

逆作法施工时,顶板一般都搭接在围护结构上,为增加顶板与围护结构之间的抗剪强度和便于敷设防水层,需将围护结构上端凿除后再施工顶板。由于在逆作法施工中,立柱是先施工完成,而且立柱一般都采用钢管柱,所以后施工的中层板和中纵梁如何与钢管柱连接,就成了逆作法中的施工难题,目前施工中常采用的方法是采取双纵梁或在法兰盘上焊钢筋。

2.逆作法地下工程结构施工

1)逆作法水平结构施工技术

由于逆作法施工,地下工程的结构节点形式与常规施工法就有着较大的区别。根据逆作法的施工特点,地下工程结构不论是哪种结构形式都是由上往下分层浇筑的。地下工程结构的浇筑方法有以下三种。

(1)利用土模浇筑梁板。对于首层结构梁板及地下各层梁板,开挖至其设计高程后,将土面整平夯实,浇筑一层厚约50mm的素混凝土(如果土质好则抹一层砂浆亦可),然后刷一层隔离层,即成楼板的模板。对于梁模板,如土质好可用土胎模,按梁断面挖出沟槽即可;如土质较差,可用模板搭设梁模板。图4-31为逆作施工时土模的示意图。

至于柱头模板,施工时先把柱头处的土挖出至梁底以下500mm处,设置柱子的施工缝模板,为使下部柱子易于浇筑,该模板宜呈斜面安装,柱子钢筋通穿模板向下伸出接头长度,在施工缝模板上面组立柱头模板与梁板连接。如土质好柱头可用土胎模,否则就用模板搭设。柱头下部的柱子在挖出后再搭设模板进行浇筑,如图4-32所示。

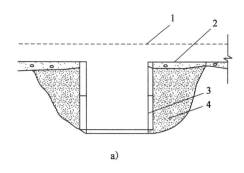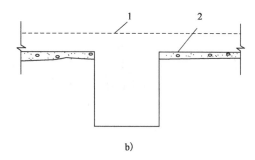

a)　　　　　　　　　　　　　　b)

图 4-31　逆作施工时的梁、板模板
1-楼面板;2-素混凝土层与隔离层;3-钢模板;4-填土

　　柱子施工缝处的浇筑方法,常用的方法有三种,即直接法、充填法和注浆法。直接法即在施工缝下部继续浇筑混凝土时,仍然浇筑相同的混凝土,有时添加一些铝粉以减少收缩。为浇筑密实可做出一个假牛腿,混凝土硬化后可凿去。充填法即在施工缝处留出充填接缝,待混凝土面处理后,再于接缝处充填膨胀混凝土或无浮浆混凝土。注浆法即在施工缝处留出缝隙,待后浇混凝土硬化后用压力压入水泥浆充填。在上述三种方法中,直接法施工最简单,成本亦最低。施工时可对接缝处混凝土进行二次振捣,以进一步排除混凝土中的气泡,确保混凝土密实和减少收缩。

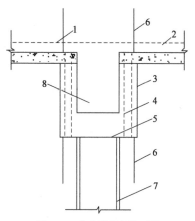

图 4-32　柱头模板与施工缝
1-楼面板;2-素混凝土层与隔离层;3-柱头模板;4-预留浇筑扎;5-施工缝;6-柱筋;7-H型钢;8-梁

　　(2)利用支模方式浇筑梁板。用此法施工时,先挖去地下结构一层高的土层,然后按常规方法搭设梁板模板,浇筑梁板混凝土,再向下延伸竖向结构(柱或墙板)。为此,需解决两个问题,一个是设法减少梁板支承的沉降和结构的变形;另一个是解决竖向构件的上、下连接和混凝土浇筑。为了减少楼板支承的沉降和结构变形,施工时需对土层采取措施进行临时加固。加固的方法有两种:一种方法是浇筑一层素混凝土,以提高土层的承载能力和减少沉降,待墙、梁浇筑完毕,开挖下层土方时随土一同挖除,这就要额外耗费一些混凝土;另一种方法是铺设砂垫层,上铺枕木以扩大支承面积,这样上层柱子或墙板的钢筋可插入砂垫层,以便与下层后浇筑结构的钢筋连接。

　　有时,还可用吊模板的措施来解决模板的支承问题。在这种方法中,梁、平台板采用木模,排架采用 ϕ48 钢管。柱、剪力墙、楼梯模板亦可采用木模。由于采用盆式开挖,因此使得模板排架可以周转循环使用。在盆式开挖区域,各层水平楼板施工时,排架立杆在挖土盆顶和盆底均采用一根通长钢管。挖土边坡为台阶式,即排架立杆搭设在台阶上,台阶宽度大于1000mm,上下级台阶高差 300mm 左右。台阶上的立杆为两根钢管搭接,搭接长度不小于1000mm。排架沿每1500mm 高度设置一道水平牵杠,离地 200mm 设置扫地杆(挖土盆顶部位只考虑水平牵杠,高度根据盆顶与结构底高程的净空距离而定)。排架每隔四排立杆设置一道纵向剪刀撑,由底至顶连续设置。排架模板支承如图4-33 所示。

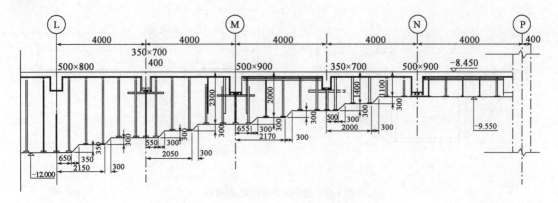

图 4-33　排架模板支承示意图(尺寸单位:mm)

　　水平构件施工时,竖向构件采用在板面和板底预留插筋,在竖向构件施工时进行连接。至于逆作法施工时混凝土的浇筑方法,由于混凝土是从顶部的侧面入仓,为便于浇筑和保证连接处的密实性,除对竖向钢筋间距适当调整外,构件顶部的模板需做成喇叭形。

　　由于上、下层构件的结合面在上层构件的底部,再加上地面上沉降和刚浇筑混凝土的收缩,在结合面处易出现缝隙。为此,宜在结合面处的模板上预留若干注浆孔,以便用压力灌浆消除缝隙,保证构件连接处的密实性。

　　(3)无排吊模施工方法。采用无排吊模施工工艺时,挖土深度基本同土模施工。对于地面梁板或地下各层梁板,挖至其设计高程后,将土面整平夯实,浇筑一层厚约 50mm 的素混凝土(若土质好抹一层砂浆亦可),然后在垫层上铺设模板,模板预留吊筋,在下一层土方开挖时用于固定模板。图 4-34 为无排吊模现场施工实景图。

a)

b)

图 4-34　无排吊模施工实景图

　　2)逆作竖向结构施工

　　(1)中间支承柱及剪力墙施工。结构柱和板墙的主筋与水平构件中预留插筋进行连接,板面钢筋接头采用电渣压力焊连接,板底钢筋采用电焊连接。

　　"一柱一桩"格构柱混凝土逆作施工时,分两次支模,第一次支模高度为柱高减去预留柱帽的高度,主要为方便格构柱振捣混凝土,第二次支模到顶,顶部形成柱帽的形式。应根据图纸要求弹出模板的控制线,施工人员严格按照控制线来进行格构柱模板的安装。模板使用前,涂刷脱模剂,以提高模板的使用寿命,同时也容易保证拆模时不损坏混凝土表面,图 4-35 为逆作立柱模板支撑实景图。当剪力墙也采用逆作法施工时,施工方法与格构柱相似,顶部也形成开口形的类似柱帽的形式。图 4-36 为剪力墙逆作施工完成后的实景图。

图 4-35　逆作立柱模板支撑实景图

图 4-36　剪力墙逆作施工完成后的实景图

(2)内衬墙施工。逆作内衬墙的施工流程为:衬墙面分格弹线→凿出地下连续墙立筋→衬墙螺杆焊接→放线→搭设脚手排架→衬墙与地下连续墙的堵漏→衬墙外排钢筋绑扎→衬墙内侧钢筋绑扎→拉杆焊接→衬墙钢筋隐蔽验收→支衬墙模板→支板底模→绑扎板钢筋→板钢筋验收→板、衬墙和梁混凝土浇筑→混凝土养护。

施工内衬墙结构,内部结构施工时采用脚手管搭排架,模板采用九夹板,内部结构施工时要严格控制内衬墙的轴线,保证内衬墙的厚度,并要对地下连续墙墙面进行清洗凿毛处理,地下连续墙接缝有渗漏必须进行修补,验收合格后方可进行结构施工。在衬墙混凝土浇筑前应对纵横向施工缝进行凿毛和接口防水处理。

3. 逆作法土方开挖技术

支护结构与主体结构相结合,在采用逆作法施工时,土体开挖首先要满足"两墙合一"地下连续墙以及结构楼板的变形及受力要求,其次,在确保已完成结构满足受力要求的情况下尽可能地提高挖土效率。

1)取土口的设置

在主体工程与支护结构相结合的逆作法施工工艺中,除顶板施工阶段采用明挖法以外,其余地下结构的土方均采用暗挖法施工。逆作法施工中,为了满足结构受力以及有效传递水平力的要求,常规取土口大小一般在 150m² 左右,布置时需满足以下几个原则。

(1)大小满足结构受力要求,特别是在土压力作用下必须能够有效传递水平力。

(2)水平间距一是要满足挖土机最多二次翻土的要求,避免多次翻土引起土体过分扰动;二是在暗挖阶段,尽量满足自然通风的要求。

(3)取土口数量应满足在底板抽条开挖时的出土要求。

(4)地下各层楼板与顶板洞口位置应相对应。

地下自然通风有效距离一般在 15m 左右,挖土机有效半径为 7～8m,土方需要驳运时,一

般最多翻驳两次为宜。综合考虑通风和土方翻驳要求,并经过多个工程实践,对于取土口净距的设置可以量化如下指标:一是取土口之间的净距离,可考虑为30～35m;二是取土口的大小,在满足结构受力情况下,尽可能采用大开口,目前比较成熟的大取土口的面积通常可达到600m² 左右。在考虑上述原则时,取土口的布置可充分利用结构原有洞口,或主楼筒体等部位。

2)土方开挖形式

对于土方及混凝土结构量大的情况,无论是基坑开挖还是结构施工形成支撑体系,相应工期均较长,无形中增大了基坑风险。为了有效控制基坑变形,基坑土方开挖和结构施工时可通过划分施工块并采取分块开挖与施工的方法。施工块划分的原则是:

(1)按照"时空效应"原理,采取"分层、分块、平衡对称、限时支撑"的施工方法。

(2)综合考虑基坑立体施工交叉流水的要求。

(3)合理设置结构施工缝。

结合上述原则,在土方开挖时,可采取以下有效措施:

(1)合理划分各层分块的大小。由于一般情况下顶板为明挖法施工,挖土速度比较快,相对应的基坑暴露时间短,故第一层土的开挖可相应划分得大一些;地下各层的挖土是在顶板完成的情况下进行的,属于逆作暗挖,速度比较慢,为减小每块开挖的基坑暴露时间,顶板以下各层土方开挖和结构施工的分块面积可相对小些,这样可以缩短每块的挖土和结构施工时间,从而使围护结构的变形减小,地下结构分块时需考虑每个分块挖土时能够有较为方便的出土口。

(2)采用盆式开挖方式。通常情况下,逆作区顶板施工前,先大面积开挖土方至板底下约150mm 处,然后利用土模进行顶板结构施工。采用土模施工明挖土方量很少,大量的土方将在后期进行逆作暗挖,挖土效率将大大降低;同时由于顶板下的模板体系无法在挖土前进行拆除,大量的模板将会因为无法实现周转而造成浪费。针对大面积深基坑的首层土开挖,为兼顾基坑变形及土方开挖的效率,可采用盆式开挖的方式,周边留土,明挖中间大部分土方,一方面控制基坑变形,另一方面增加明挖工作量从而增加了出土效率。对于顶板以下各层土方的开挖,也可采用盆式开挖的方式,以起到控制基坑变形的作用。

(3)采用抽条开挖方式。逆作底板土方开挖时,一般来说底板厚度较大,支撑到挖土面的净空较大,这对控制基坑的变形不利。此时,可采取中心岛施工的方式,即基坑中部底板达到一定强度后,按一定间距抽条开挖周边土方,并分块浇捣基础底板,每块底板土方开挖至混凝土浇捣完毕,必须控制在72h 以内。

(4)楼板结构局部加强代替挖土栈桥。支护结构与主体结构相结合的基坑,由于顶板先于大量土方开挖施工,因此可以将栈桥的设计和水平梁板的永久结构设计结合起来,并充分利用永久结构的工程桩,对楼板局部节点进行加强,作为逆作挖土的施工栈桥,满足工程挖土施工的需要。

3)土方开挖设备

采用逆作法施工工艺时,需在结构楼板下进行大量土方的暗挖作业,开挖时通风照明条件较差,施工作业环境较差,因此选择有效的施工作业机械对于提高挖土工效具有重要意义。目前,逆作挖土施工一般在坑内采用小挖机进行作业(图4-37),地面采用长臂挖机(图4-38)、滑臂挖机、吊机、取土架(图4-39、图4-40)等设备进行作业。根据各种挖机设备的施工性能,其挖土作业深度亦有所不同,一般长臂挖机作业深度为7~14m,滑臂挖机一般7~19m,吊机及取土架作业深度则可达30余米。

图4-37　小型挖机在坑内暗挖作业

图4-38　长臂挖机在进行施工作业

图4-39　吊机在吊运土方

图4-40　取土架在进行施工作业

4.逆作法通风照明

通风、照明和用电安全是逆作法施工措施中的重要组成部分。这些方面稍有不慎,就有可能酿成事故。可以采取预留通风口、专用防水动力照明电路等手段并辅以安全措施确保安全。

在浇筑地下室各层楼板时,应按挖土行进路线预先留设通风口。随着地下挖土工作面的推进,当露出通风口后应及时安装大功率涡流风机,并启动风机向地下施工操作面送风,清新空气由各风口流入,经地下施工操作面再从取土孔中流出,形成空气流通循环,以保证施工作业面的安全。在风机的选择时,应综合考虑如下因素:

(1)风机的安装空间和传动装置。

(2)输送介质、环境要求、风机串并联。

(3)首次成本和运行成本。

(4)风机类型和噪声。

（5）风机运行的调节。

（6）传动装置的可靠性。

（7）风机使用年限。

图 4-41 为某工程的通风设备实景。

a)

b)

图 4-41 通风设备实景

地下施工动力、照明线路需设置专用的防水线路，并埋设在楼板、梁、柱等结构中，专用的防水电箱应设置在柱上，不得随意挪动。随着地下工作面的推进，自电箱至各电气设备的线路均需采用双层绝缘电线，并架空铺设在楼板底。施工完毕应及时收拢架空线，并切断电箱电源。在整个土方开挖施工过程中，各施工操作面上均需有专职安全巡视员监护各类安全措施和检查落实。

通常情况下，照明线路水平向可通过在楼板中的预设管路（图 4-42），竖向利用固定在格构柱上的预设管，照明灯具应置于预先制作的标准灯架上（图 4-43），灯架固定在格构柱或结构楼板上。

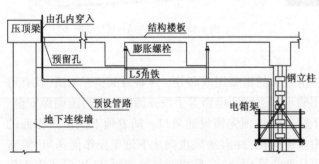

图 4-42 照明线路布设示意图　　　　　　　图 4-43 标准灯架搭设示意图

为了防止突发停电事故，在各层板的应急通道上应设置一路应急照明系统，应急照明需采用一路单独的线路，以便于施工人员在发生意外事故导致停电的时候能安全从现场撤离，避免人员伤亡事故的发生。应急通道上大约每隔 20m 设置一盏应急照明灯具，应急照明灯具在停电后应有充分的照明时间，以确保现场施工人员能安全撤离。

第五节　其他浅埋地下工程施工方法简介

地下工程的施工方法很多,在选择施工方法时,要综合考虑场地条件、工程地质和水文地质条件、地面交通状况、工期要求,并做一定的技术经济比较,从而确定最为经济合理的施工方法。前面几节详细介绍了浅表土地下工程常用的施工方法,如明挖法、浅埋暗挖法和逆作法,本节主要对其他的施工方法做简要介绍,以期使读者对浅埋地下工程的主要施工方法有一个总体认识。

一、管棚法施工

管棚法是指利用钢拱架沿开挖轮廓线以较小的外插角向开挖面前方打入钢管或预先钻孔安设惯性力矩较大的厚壁钢管构成棚架,来形成对开挖面前方围岩的预支护,起临时超前支护作用,防止土层坍塌和地表下沉,以保证掘进与后续支护工艺安全运作。

管棚超前支护作为地下工程的辅助施工方法,是为了在恶劣和特殊条件下安全开挖,预先提供增强地层承载力的临时支护方法,对控制塌方和抑制地面沉降有明显的效果。它是防止地中和地面结构物开裂、倒塌的有效方法之一。

采用长度小于10m的钢管,称为短管棚;采用长度为 10 ~ 45m 且较粗的钢管,称为长管棚。短管棚一次超前量少,基本上与开挖作业交替进行,占用循环时间较多,但钻孔安装或顶入安装较容易。长管棚一次超前量大,虽然增加了单次钻孔或打入长钢管的作业时间,但减少了安装钢管的次数,减少了与开挖作业之间的干扰。在长钢管的有效超前区段内,基本上可以进行连续开挖,也更适于采用大中型机械进行大断面开挖。目前,长管棚在地下工程施工中较短管棚的应用更为广泛。

1.管棚法的特点及适用范围

管棚因采用钢管作纵向预支撑,又采用钢拱架作环向支撑,其整体刚度较大,对围岩变形的限制能力较强,且能提前承受早期围岩压力。因此,管棚主要适用于围岩压力来得快、来得很大、对围岩变形及地表下沉有较严格要求的软弱、破碎围岩隧道工程中,如砂质地层、强膨胀性地层、强流变性地层、裂隙发育的岩体、断层破碎带、浅埋有显著偏压等围岩的隧道中。

根据国内外的经验,一般在下列场合可采用管棚进行超前支护:

(1)在铁路正下方修建地下工程。

(2)在地中和地面结构物下方修建地下工程。

(3)修建大断面地下工程。

(4)隧道洞口段施工。

(5)通过断层破碎带等特殊地层。

(6)其他特殊地段,如大跨度地铁车站、重要文物保护区、突破河底、海底的地下工程施工等。图4-44 ~ 图4-48为管棚法施工在各种不同场合地下工程中的应用。

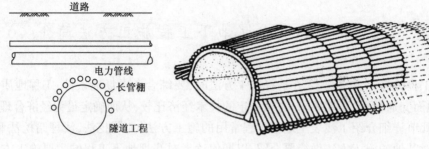

图 4-44 地下管线下方   图 4-45 隧道洞口段长管棚伞形支撑

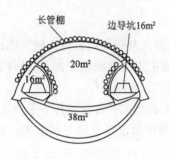

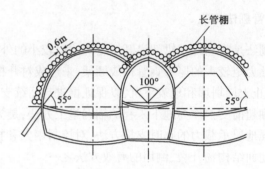

图 4-46 双侧洞正台阶法施工   图 4-47 车站长管棚施工

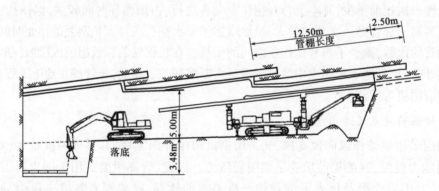

图 4-48 长管棚支护开挖示意图

2.管棚法施工要点

管棚超前支护的施工工艺流程:设置管棚基地—水平钻孔—压入钢管(必须严格向钢管内或管周围土体注浆)—管棚支护条件下进行开挖。如果隧道内的岩土层结构松软,或有破碎带,或自承力很低,可再采取措施提高管棚的支承力及侧墙的承载力,包括在管棚间的缝隙打上顶板铆钉或扇状铆钉、底板钻进灌浆孔、隧道侧墙下钻进微型桩等。

管棚法施工时的技术参数确定及施工要求如下。

(1)管棚的各项技术参数要视围岩地质条件和施工条件而定。长管棚长度不宜小于10m,一般为 10 ~45m,管径 70 ~180mm,孔径比管径大 20 ~30mm,环向间距 0.2 ~0.8m,外插角 1° ~2°。

（2）两组管棚间的纵向搭接长度不小于1.5m，钢拱架常采用工字钢拱架或格栅钢架。

（3）钢拱架应安装稳固，其垂直度允许误差为±2°，中线及高程允许误差为±5cm。

（4）钻孔平面误差不大于15cm，角度误差不大于0.5°，钢管不得侵入开挖轮廓线。

（5）第一节钢管前端要加工成尖锥状，以利导向插入。要打一眼，装一管，由上而下顺序安装。

（6）长钢管应用4~6m的管节逐段接长，打入一节，再连接后一节，连接头应采用厚壁管箍，上满丝扣，丝扣长度不应小于15cm。为保证受力的均匀性，钢管接头应纵向错开。

（7）当需增加管棚刚度时，可在安装好的钢管内注入水泥砂浆，一般在第一节管的前段管壁交错钻10~15mm孔若干，以利排气和出浆，或在管内安装出气导管，浆注满后方可停止压注。

（8）钻孔时如出现卡钻或塌孔，应注浆后再钻，有些土质地层则可直接将钢管顶入。

二、顶管法施工

顶管施工技术最早始于1896年美国北太平洋铁路铺设工程的施工中。欧洲发达国家最早开发应用顶管法，1950年前后，英、德、日等国家相继采用。从20世纪60年代开始，顶管施工技术在世界上许多国家得到推广应用，日本最先开发土压平衡盾构，并把该项技术用于顶管工程。

施工动画

我国较早的顶管施工约在20世纪50年代，初期主要是手掘式顶管，设备也较简陋。20世纪70年代，工业大口径水下长距离顶管技术在上海首先取得成功。1978年，研制成功三段双铰型工具管，解决了百米顶管技术难题。1984年前后，我国的北京、上海、南京等地先后开始引进国外先进的机械式顶管设备，成功完成了一些较长距离的顶管工程，使我国的顶管技术上了一个新台阶。1987年，引入计算机控制、激光指向、陀螺仪定向等先进技术，顶进长度达到了1120m（直径3 m）。1989年研制成功第一台φ1200mm的泥水平衡遥控掘进机，1992年研制成功第一台外径为φ1440mm土压平衡掘进机。1992年，上海奉贤开发区污水排海顶管工程中，将一根直径为φ1600mm的钢筋混凝土管，单向一次顶进1511m，成为我国第一根依靠自主力量单向一次顶进超过千米的钢筋混凝土管。

1. 顶管施工的分类

顶管技术也称为液压顶管技术，不仅是一种具体的非开挖管道铺设方法，还是以顶管施工原理为基础的一些非开挖铺管技术的总称。施工方法的实质是，首先采用顶管掘进机成孔，然后将所要顶进的管道在主顶工作站的作用下（有时需要中继站辅助），由始发井始发，顶进至目标井，以形成连续衬砌的管道非开挖铺设技术。采用顶管法施工可显著减小对邻近建筑物、管线和道路交通的影响，具有广泛的应用前景。

顶管施工的分类方法很多，每一种分类都只是侧重于某一个侧面，下面介绍几种常用的分类：

1）按口径大小分类

按管子口径的大小分，有大口径、中口径、小口径和微型顶管4种。大口径多指直径2m以上的顶管，中口径顶管的管径为1.2~2.0m，大多数顶管为中口径顶管。小口径顶管直径为

0.5～1.2mm,微型顶管的直径通常在0.5m以下。

2）按一次顶进的长度分类

一次顶进长度指顶进工作坑和接收工作坑之间的距离,按其距离的大小分为普通顶管和长距离顶管。顶进距离长短的划分目前尚无明确规定,过去多按100m左右为界,现在可把500m以上的顶管称为长距离顶管。

3）按顶管机的类型分类

顶管机安装在顶管的最前端,按破土方式分为手掘式顶管和掘进机顶管。掘进机顶管的破土方式与盾构类似,也有机械式和半机械式之分。机械顶管有气压平衡式、土压平衡式和泥水平衡式。

4）按管材分类

按制作管节的材料分,有钢筋混凝土顶管、钢管顶管、其他管材的顶管。目前,大量采用的是钢筋混凝土顶管和钢顶管。

2.顶管法施工工艺

顶管施工一般是先在始发井(坑)内设置支座和安装液压千斤顶,借助主顶油缸及管道沿程设置的中继油缸等的推力,把工具管或掘进机从工作井(坑)内穿过土层一直推到接收井内吊起。与此同时,紧随工具管或掘进机后面,将预制的管段逐一顶入地层。由此可见,这是一种边顶进、边开挖地层、边将管段接长的管道埋设方法。

施工时,先制作顶管始发井及接收井,作为一段顶管的起点和终点。始发井中有一面或两面井壁设有预留孔,作为顶管出口,其对面井壁是承压壁,其前侧安装有顶管的千斤顶和承压垫板(即钢后靠)。千斤顶将工具管顶出始发井预留孔,而后以工具管为先导,逐节将预制管节按设计轴线顶入土层中,直至工具管后第一节管节进入接收井预留孔,施工完成一段管道。为进行较长距离的顶管施工,可在管道沿途间隔一定距离设置一至多个中继间作为接力顶进,并在管道外周压注润滑泥浆。

整个顶管施工系统主要由工作基坑、掘进机(或工具管)、顶进装置、顶铁、后座墙、管节、中继间、出土系统、注浆系统以及通风、供电、测量等辅助系统组成,见图4-49。顶管机是顶管用的机器,安装在所顶管道的最前端,是决定顶管成败的关键设备。在手掘式顶管施工中,不用顶管机而只用一只工具管。不管哪种形式,其功能都是取土和确保管道顶进方向的正确性。

顶进系统包括主顶进系统和中继间。主顶进系统由主顶油缸、主顶油泵和操纵台及油管4部分构成。主顶千斤顶沿管道中心按左右对称布置。在顶进距离较长、顶进阻力超过主顶千斤顶的总顶力、无法一次达到顶进距离时,需要设置中继接力顶进装置,即中继间。

采用顶管机施工时,其机头的掘进方式与盾构相同,但其推进动力由安设在始发井内的千斤顶提供。顶管管道由预制的管节连接而成,一节管长2～4 m。对于同直径的管道工程,采用顶管法施工的成本要比盾构法施工低。

3.顶管法的特点

1）顶管法的优点

(1)接缝较盾构法大为减少,容易达到防水要求。

(2)管道纵向受力性能好,能适应地层的变形。

（3）对地表交通的干扰少。

（4）工期短,造价低,人员少。

（5）施工时噪声和振动小。

（6）在小型、短距离顶管使用人工挖掘时,设备少,施工准备工作量小。

（7）不需二次衬砌,工序简单。

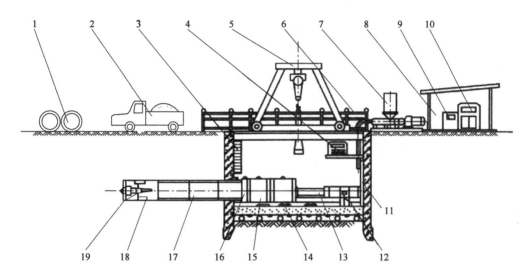

图4-49 顶管施工示意图

1-预制的混凝土管;2-运输车;3-扶梯;4-主顶油泵;5-行车;6-安全护栏;7-润滑注浆系统；8-操纵房;9-配电系统;10-操纵系统;11-后座;12-测量系统;13-主顶油缸;14-导轨;15-弧形顶铁;16-环形顶铁;17-已顶入的混凝土管;18-运土车;19-机头

2）顶管法的缺点

（1）需要详细的现场调查。

（2）需开挖工作坑。

（3）多曲线顶进、大直径顶进和超长距离顶进困难,纠偏困难。

（4）使用顶管机时处理障碍物困难。

三、沉管法施工

沉管法又叫预制管段沉放法,即先在预制场(船厂或干坞)制作沉放管段,管段两端用临时封墙密封,待混凝土达到设计强度后拖运到隧道位置,此时设计位置上已预先进行了沟槽的疏浚,设置了临时支座,然后沉放管段。待沉放完毕后,进行管段水下连接,处理管段接头及基础,然后覆土回填,再进行内部装修及设备安装。图4-50为一般沉埋管段水底隧道的纵断面图,在船台上制作的管段其横断面多采用圆形,而在船坞内制作的管段多为矩形断面。

施工动画

沉管法应用始于1910年美国的底特律河隧道,迄今为止,世界上已有100多条沉管隧道。其中,横截面宽度最大的为比利时亚伯尔隧道,宽53.1m;沉埋长度最长的是美国海湾地区交通隧道,长达5825m。我国修建沉管隧道起步较晚,已建成的有上海金山供水隧道、宁波南江

隧道、广州珠江隧道、香港地铁隧道、香港东港跨港隧道以及台湾高雄港隧道。

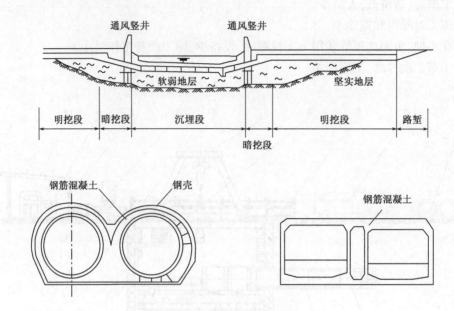

图 4-50　水底隧道的纵断面图

1．沉管隧道的优点

(1)隧道结构的主要部分由于在船厂或干坞中浇筑,因此就没有必要像普通隧道工程那样在遭受土压力或水压力荷载作用下的有限空间内进行衬砌作业,从而可制作出质量均匀且防水性能良好的隧道结构。

(2)由于沉放隧道的密度小,其有效重量一般为 5 ~ 10kN/m³,再加上附加压重以及混凝土防护层,隧道重量可增至 20kN/m³ 左右。而隧道所作用的末扰动地基土层的有效应力为 30 ~ 100kN/m³。由此可见,地层的承载力几乎不成问题。

(3)由于隧道在水底位置,对船舶的航行和将来航路的疏浚影响不大,所以隧道可以埋在最小限度的深度上,从而使隧道的全长缩短至最小限度。

(4)因为管段制作采用的是预制方式,且浮运与沉放的机械装置大型化,这样对施工安全与大断面隧道的施工都较有利,且大大缩短了工期。

2．沉管隧道的缺点

(1)由于管段的浮运、沉放以及沟槽的疏浚、基础作业,大部分是依靠机械来完成,对于平静的波浪、在流速较缓的情况下施工是不成问题的。可是如果情况相反,而且隧道截面较大时,就会带来一系列的问题,诸如管段的稳定、航道的影响等。

(2)尽管地基的承载力是不成问题的,但对于沉放管段底面与基础密贴的施工方法还应继续改进,以免沉陷与不均匀沉降的产生。

(3)由于橡胶衬垫的发展,沉放管段在水下的连接得到发展,但是对于有些地质条件所带来的不均匀沉降和防水等问题须进一步研究。

思考题

1. 如何界定浅埋地下工程?

2. 浅埋地下工程有哪些施工方法? 各施工方法的特点如何?

3. 地下工程明挖法施工有何特点? 分为哪几种类型?

4. 基坑支护结构有哪些类型,各有何特点?

5. 简述浅埋暗挖法的概念及基本原理。

6. 浅埋暗挖法施工有哪些典型施工方法? 各施工方法的特点及适用范围如何?

7. 如何控制浅埋暗挖法施工引起的地层沉降?

8. 何谓逆作法施工? 请简述逆作法施工的大致做法。

9. 与传统的顺作法相比,逆作法施工有何特点?

10. 简述管棚法施工的要点。

11. 试述顶管法施工的基本原理和顶管结构的适用范围。

12. 简述沉管隧道的施工原理及特点。

第五章 盾 构 技 术

第一节 概 述

盾构法是地下工程暗挖施工法的一种,在施工时使用盾构机,一边在围岩中推进,一边防止土体的崩坍,通过在盾构机内部进行土体开挖和衬砌作业来修建隧道。盾构机是一个由外形与隧道截面相同但尺寸比隧道外形稍大的保护切削机械的钢外壳及壳内各种作业机械、作业空间形成的组合体。简单讲,盾构机就是一种既能支撑地层传递的压力,又能在地层中掘进的施工工具。以盾构机为核心的一整套完整的建造隧道的施工方法称为盾构施工法,与其他暗挖法施工相比,盾构施工法对周边环境影响较小。

用盾构法修建隧道始于 1818 年,至今已有近 200 年的历史,最早由法国工程师布鲁诺尔从蛆虫腐蚀船底成洞而得到启发提出盾构法,并取得了隧道盾构的发明专利。1825 年,英国泰晤士河底首次用矩形盾构建造隧道,实际上,当时盾构仅是一个活动的施工防护装置。1869年,英国工程师格雷托海德成功地应用了 P. W. Barlow 式盾构修建英国伦敦泰晤士河水底隧道以后,盾构法施工才得到普遍的承认。1874 年,在英国伦敦城南修建隧道时,格雷托海德创造了比较完整的用压缩空气来防水的气压盾构施工工艺,使水底隧道施工工艺有了长足的发展,并为现代化盾构奠定了基础。

19 世纪末,盾构法施工传入美国。在美国纽约,采用气压盾构法成功地建造了 19 座重要的水底隧道,应用于道路、地铁、煤气和上下水道等,其中最有名的哈德逊河下的厚兰(Holland)道路隧道,第一次解决了人工通风问题;林肯道路隧道则采用"盲开挖",即在淤泥地层中采用闭胸式盾构挤入地道,仅将 20% 的土壤放入隧道的挤压施工法,一昼夜内的推进速度达13.5m,最快的月进度达 317m。后来德国、苏联、日本等国也都采用并发展盾构法施工工艺。特别是近代,日本盾构法得到了迅速发展,用途越来越广,并研制了大量新型盾构机械,如机械式盾构、半机械式盾构、局部气压盾构、泥水加压盾构和土压平衡(泥土加压)盾构。与此同时,盾构施工配套设备与管理技术也获得了迅速发展。

我国自 20 世纪 50 年代开始应用盾构法施工,1957 年北京下水道工程中首次使用 2.6m小盾构(当时称盾甲法)。此后,从 1963 年起先后设计制造了外径为 2.6m、4.2m、5.8m、10.2m 等不同直径的盾构机械,1984 年设计制造了直径超过 11m 的大盾构,用于建造黄浦江第二条水底公路隧道。2004 年施工的"万里长江第一隧"武汉长江隧道,全长 3630m,采用了两台直径 11.38m 泥水加压平衡盾构和复合式刀具,实现了长距离不换刀掘进。2004 年,上海隧道工程公司研制成我国第一台具有自主知识产权的"先行号"加泥式土压平衡盾构,日最大推进速度为 38m,且智能化程度高;2009 年又研制并成功应用了直径为 11.22m 的"进越号"大型泥水平衡盾构机。2006 年施工的上海沪崇越江隧道,全长 8950m,采用直径 15.44m 泥水加气平衡盾构(德国海瑞克),为当时世界上直径最大的盾构掘进机。

近十多年来,在南水北调工程、港珠澳海上大通道、杭州钱塘江水底隧道工程、上海过江隧道、南京过江隧道以及全国各地的众多城市地铁隧道工程中盾构法施工得到了广泛的应用。目前,我国盾构施工技术取得了丰硕的成果,泥水、土压平衡盾构技术得到普及和推广,技术细节有了完善、改进和提高;一些特种盾构工法相继问世,如双圆、三圆搭接形、椭圆形、矩形(含凹凸矩形)、马蹄形等盾构工法,球体盾构工法,母子盾构(异径盾构、分岔盾构)工法,扩径盾构工法,断面变形盾构工法,硅胶盾构工法,ECL 盾构工法等等;大深度、大口径、长距离、高速施工、高地下水压等各种施工方法也得到成功运用。今后盾构技术将朝着大深度化、高地下水压、大口径化、长距离化、施工机械化、自动化、施工高速化、断面异圆化等方向发展。

第二节　盾构工作原理及基本构造

一、盾构法施工工作原理

盾构法施工的基本原理是指外形与隧道横截面相同,但尺寸比隧道外形稍大的钢筒或钢架压入地中构成保护切削机械的外壳,在此外壳的保护下,切削机械沿隧道轴线向前推进的同时开挖土层。这个钢组件在最初或最终的隧道衬砌建成以前总是在防护着开挖出的空洞。盾构必须承受周围地层的压力,而且如果有需要,还要防止地下水的入侵。

施工动画

盾构法施工的基本原理可以从其施工过程来理解。其主要施工步骤是先在隧道某段的一端建造竖井或基坑,以供盾构安装就位。盾构从竖井或基坑的墙壁预留孔处开孔出发,在地层中沿着设计轴线,向另一竖井或基坑的设计预留孔洞推进。盾构推进中所受到的地层阻力,通过盾构千斤顶传至盾构尾部已拼装的预制衬砌,再传到竖井或基坑的后靠壁上。盾构是这种施工方法中主要的独特施工机械,是一个既能支承地层压力,又能在地层中推进的圆形、矩形、马蹄形及其他特殊形状的钢筒结构。其直径稍大于隧道衬砌的直径,在钢筒的前面设置各种类型的支撑和开挖土体的装置,在钢筒中段周圈内安装顶进所需的千斤顶,钢筒尾部是具有一定空间的壳体,在盾尾内可以安置数环拼成的隧道衬砌环。盾构每推进一环距离,就在盾尾支护下拼装一环衬砌,并及时向盾尾后面的衬砌环外周的空隙中压注浆体,以防止围岩松弛和地面下沉,在盾构推进过程中不断从开挖面排出适量的土方。盾构法施工就是利用盾壳作为支护,一边在机内安全地进行开挖作业和衬砌作业,一边防止开挖面土体崩塌,从而构筑成隧道的施工法。

盾构法是一项综合性的施工技术,它除土方开挖、正面支护和隧道衬砌结构安装等主要作业外,还需要其他施工技术密切配合才能顺利实施。主要包括:始发和接收端地层加固、衬砌结构的制造、隧道内的运输、衬砌与地层间空隙的充填、衬砌的防水与堵漏、开挖土方的运输及处理、施工测量及变形监测等。盾构法施工示意如图 5-1 所示。

二、盾构的基本构造

盾构机主要采用 A3 钢板(单层厚板或多层薄板)制成,由通用机械和专用机构组成。通用机械通常由盾构壳体、推进系统、拼装系统、出土系统四大部分组成,专用机构因机种的不同

而异,主要包括掘削机构、挡土机构和驱动机构。大型盾构考虑到水平运输和垂直吊装的困难,可制成分体式,到现场进行就位拼装。

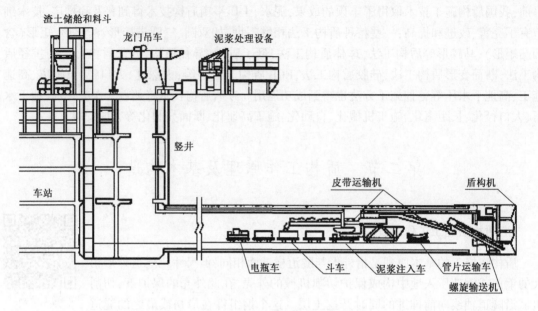

图 5-1　盾构法施工示意图

1.盾构壳体

盾构壳体简称盾壳,是由钢板焊接成的壳体。设置盾构外壳的目的是保护掘削、排土、推进、施工衬砌等所有作业设备、装置的安全,故整个外壳用钢板制作,并用环形梁加固支承。盾构壳体由切口环、支承环和盾尾三部分组成。

1)切口环

切口环为盾构的前端,设有刃口,施工时可以切入土层中,掩护开挖作业。切口环的长度主要取决于支撑、开挖方法、挖土机具和操作工作面,多取 300 ~ 1000mm。在稳定地层中切口环上下宽度可以相等,但在淤泥、流砂地层中切口的顶部要比底部长,犹如帽檐(图 5-2),既能保证掩护工作空间,又减少了盾构底部的长度。某些盾构还设有千斤顶操纵的活动前檐,以增长掩护长度。

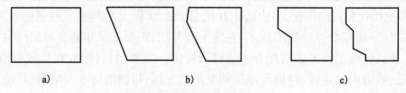

图 5-2　盾构切口形状
a)垂直形;b)倾斜形;c)阶梯形

切口环保持工作面的稳定,并由此把开挖下来的土体向后方运输。因此,采用机械化开挖、土压式或泥水加压式盾构时,应根据开挖下来的土体状态,确定切口环的形状、尺寸。切口环的长度主要取决于盾构正面支承、开挖的方法。对于机械化盾构,切口需容纳各种专门的挖土设备,切口环长度应由各类盾构所需安装的设备确定。泥水盾构,在切口环内安置有切削刀盘、搅拌器和吸泥口;土压平衡盾构,在切口环内安置有切削刀盘、搅拌器和螺旋输送机;网格式盾构,切口环内安置有网格、提土转盘和运土机械的进口;棚式盾构,安置有多层活络平台、储土箕斗;水力机械盾构,则安置有水枪、吸口和搅拌器。在局部气压、泥水加压、土压平衡盾构中,因切口内压力高于隧道内的常压,所以在切口环和支承环之间还需布设密封隔板及人行舱的进出闸门。

2)支承环

支承环紧接于切口环,位于盾构的中部,属于盾构的主体构造部。支承环是盾构承受荷重的核心部分,采用刚性较好的圆环结构,该部分的前方和后方均设有环状梁和支柱。支承环的长度应根据安装盾构千斤顶、切削刀盘的轴承装置、驱动装置的空间决定。大型盾构空间较大,需要在支承环内安设水平隔板和竖直隔板,以保证结构具有足够的刚度。水平隔板起系杆作用承受拉力,竖直隔板承受压力。为了便利工作面开挖,在水平隔板上设有可伸缩的工作平台和相应的千斤顶,可安设所有液压动力设备(如油箱、油泵、液压马达等)、操纵控制台、衬砌拼装器(举重臂)等,隔板数量和分隔情况视盾构直径大小和工作方便决定。对局部气压盾构,水平隔板之间支承环内还要布置人工加压和减压闸。

3)盾尾

盾尾主要用于掩护隧道衬砌管片的安装工作,一般由盾构外壳钢板延伸构成,其长度必须保证衬砌组装工作的进行,同时应考虑在衬砌组装后因破损而需更换管片、修理盾构千斤顶和曲线段进行施工等条件,使其具有一些富余量。盾尾厚度应尽量薄,可以减小地层与衬砌间形的建筑空隙,从而减少压浆工作量,对地层扰动范围也小;有利于施工,但盾尾也需承担土压力,在遇到偏离隧道曲线施工时,还有一些难以估计的荷载出现,所以其厚度应综合上述因素来确定。盾尾末端设有密封装置,以防止水、土及注浆材料从盾尾与衬砌间隙进入盾构内。盾尾密封装置要能适应盾尾与衬砌间的空隙,由于施工中纠偏的频率很高,因此要求密封材料应富有弹性、耐磨、防撕裂等,其最终目的是能够止水。止水形式有多种,目前较为理想且常用的是采用多道、可更换的钢丝刷密封装置,如图5-3所示。盾尾采用钢丝刷时,一般使用专用的盾尾油脂泵往钢丝束内加注油脂,由于充满了油脂,钢丝又为优质弹簧钢丝,使其成为一个既有塑性又有弹性的整体,油脂还能保护钢丝免于生锈损坏。这种盾尾密封装置的更换时间主要取决于土质情况,在砂性土中掘进,盾尾刷损坏较快,而在黏性土中掘进,则使用寿命较长,一般一次推进可达500m以上。盾尾的密封道数根据隧道埋深、水位高低来确定,一般为2~3道。

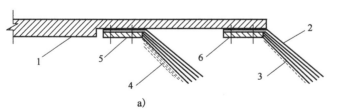

a)　　　　　　　　　　　　　　b)

图5-3　盾尾密封示意图

1-盾壳;2-弹簧钢板;3-钢丝束;4-密封油脂;5-压板;6-螺栓

2. 推进系统

盾构的推进系统主要由设置在盾构外壳内侧环形中梁上的盾构千斤顶和液压设备组成。

1）盾构千斤顶

盾构千斤顶一般是沿支承环圆周均匀分布的,千斤顶是使盾构机在土层中向前推进的关键性构件,同时千斤顶上下左右的活塞杆伸出长度的不同还可达到纠偏目的。

(1)盾构千斤顶的选择和配置。盾构千斤顶的选择和配置应根据盾构的灵活性、管片的构造、拼装管片的作业条件等来决定。选定盾构千斤顶必须注意以下事项:

①千斤顶要尽可能轻,直径宜小不宜大,且经久耐用,易于维修保养和更换方便。

②采用高液压系统,使千斤顶机构紧凑。目前使用的液压系统压力值一般为 30～40MPa。

③一般情况下,盾构千斤顶应等间距地设置在支撑环的内侧,紧靠盾构外壳。在一些特殊情况下,也可考虑非等间距设置。

④千斤顶的伸缩方向应与盾构隧道轴线平行。

(2)千斤顶的推力及数量。一般情况下,选用的每只千斤顶的推力范围是:中小口径盾构每只千斤顶的推力为 600～1500kN,大口径盾构每只千斤顶的推力为 2000～4000kN。

盾构千斤顶的数量根据盾构直径 $D(\text{m})$、要求的总推力、管片的结构、隧道轴线的情况综合考虑,数量 N 也可按式(5-1)初步估算:

$$N = \left(\frac{D}{0.3}\right) + (2～3) \tag{5-1}$$

(3)千斤顶的最大伸缩量。盾构千斤顶的最大伸缩量应考虑到盾尾管片拼装及曲线施工等因素,通常取管片宽度加上 100～200mm 的富余量。

另外,成环管片有一块封顶块,若采用纵向全插入封顶时,应将顶部盾构千斤顶做成二级活塞杆,即在相应的封顶块位置应布置双节千斤顶,其行程约为其他千斤顶的两倍,以便将封顶管片纵向插入,满足拼装成环需要。

2）盾构液压设备

盾构的液压设备由输油泵、高压油泵、控制油泵等组成。盾构是利用电能带动液压设备工作的。工作时,启动控制油泵待油压升至额定压力后,按指令操纵电磁阀开关,由电磁吸铁来打开控制阀门,依靠压力较低的控制油压按同样的指令推动高压阀,使总管内高压油通向千斤顶,而千斤顶活塞杆则按操纵指令伸出或缩回。整个系统设有电控压力表、电流过载保护装置等,使高压油泵及电动机不致超载损坏。

3. 拼装系统

盾构拼装系统设置在盾构的尾部,由管片拼装机和真圆保持器构成。

1）管片拼装机

管片拼装机又称举重臂,是拼装系统的主要设备,是在盾尾内把管片按照设计所需要的位置安全、迅速拼装成管环的装置。举重臂以油压系统为动力,一般均安装在支承环上,中、小型盾构因受空间限制,有的安装在后车架上或平板车上。举重臂在钳捏住管片后,能沿隧道中轴线做前后平移、360°(左右叠加)旋转、径向伸缩运动。举重臂有环式、空心轴式、齿轮齿条式等,一般常用环式拼装机(图5-4)。这种举重臂如同一个可自由伸缩的支架,安装在具有支承滚轮的、能够转动的中空圆环上的机械手,该形式中间空间大,便于安装出土设备。

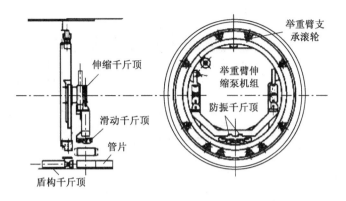

图 5-4　环式拼装机

2)真圆保持器

当盾构向前推进时,管片拼装环(管环)就从盾尾部脱出,管片受到自重和土压的作用会产生横向变形,使横断面成为椭圆形,已经拼装成环的管片与拼装环在拼装时就会产生高低不平,给安装纵向螺栓带来困难。为了避免管片产生高低不平的现象,就有必要让管片保持真圆,此时就需要使用真圆保持器,使拼装后管环保持正确(真圆)位置。真圆保持器支柱上装有可上、下伸缩的千斤顶和圆弧形的支架,它在动力车架的伸出梁上是可以滑动的,如图 5-5 所示。当一环管片拼装成环后,就将真圆保持器移到该管片环内,当支柱的千斤顶使支架圆弧面紧贴管片后,盾构就可进行下一环的推进。

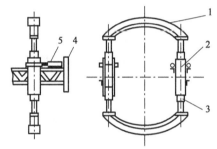

图 5-5　真圆保持器
1-扇形顶块;2-支撑臂;3-伸缩千斤顶;4-支架;
5-纵向滑动千斤顶

4.出土系统

大直径盾构施工要运出大量土方,出土方式恰当与否直接影响到盾构推进的速度和施工场地安排是否合理,出土方式一般采用有轨运输和管道运输。

有轨运输是盾构开挖出的土方经皮带运输机或螺旋传输机传送到矿车,由电机车牵引到洞口或工作井,再经垂直起吊送至地面。有轨运输在气压施工时,矿车要经过气闸室加压或减压才能进出气压段,功效低、施工麻烦。

管道运输是将开挖或水力冲刷下来的土,经搅拌机拌成泥浆,然后再经泥浆泵接力压至地面,使盾构出土实现了连续化,大大提高了功效,并且隧道内非常干净,实现了文明施工。近年来,泥水盾构、加水式土压平衡盾构都采用这种出土方式,如图 5-6 所示。

5.掘削机构

对人工掘削式盾构而言,掘削机构即鹤嘴锄、风镐、铁锹等;对于半机械式盾构而言,掘削机构即铲斗、掘削头;对于机械式、封闭式(土压式、泥水式)盾构而言,掘削机构即切削刀盘。下面主要对切削刀盘做详细的介绍。

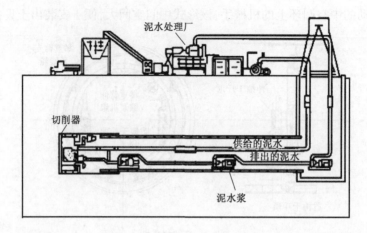

图 5-6　泥水盾构出土系统示意图

1）刀盘的构成及功能

切削刀盘即做转动或摇动的盘状掘削器,由切削地层的刀具、稳定掘削面的面板、出土槽口、转动或摇动的驱动机构、轴承机构等构成。刀盘设置在盾构机的最前方,既能掘削地层的土体,又能对掘削面起一定支承作用,从而保证掘削面的稳定。掘削方式根据刀具运动的方式不同分为旋转掘削式、摇动掘削式和游星掘削式,如图 5-7 所示。

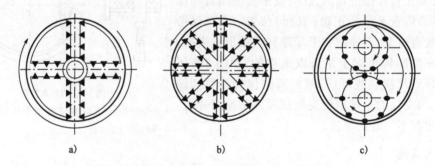

图 5-7　刀盘掘削方式图
a）旋转掘削式;b）摇动掘削式;c）游星掘削式

2）刀盘与切口环的位置关系

刀盘与切口的位置关系有三种形式,一种是刀盘位于切口环内,适用于软弱地层;第二种是刀盘外沿突出切口环,适用的土质范围较宽,适用范围最广;第三种是刀盘与切口环对齐,位于同一条直线上,适用范围居中,如图 5-8 所示。

3）刀盘的形状

刀盘的纵断面形状有垂直平面形、突芯形、穹顶形、倾斜形和缩小形五种,如图 5-9 所示。垂直平面形刀盘以平面状态掘削,同时用于稳定掘削面;突芯形刀盘的中心装有突出的刀具,掘削的方向性好,且利于添加剂与掘削土体的拌和;穹顶形刀盘设计中引用了岩石掘进机的设计原理,主要用于巨砾层和岩层的掘削;倾斜形刀盘的倾角接近于土层的内摩擦角,利于掘削的稳定,主要用于砂砾层的掘削;缩小形刀盘主要用于挤压式盾构。

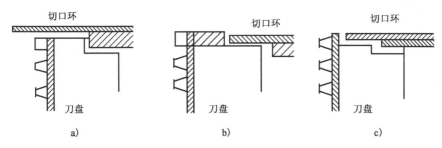

图 5-8 刀盘与切口环的位置关系

a)刀盘位于切口环内;b)刀盘外沿突出切口环;c)刀盘与切口环对齐

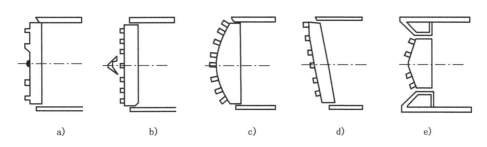

图 5-9 刀盘纵断面的形状

a)垂直平面形;b)突芯形;c)穹顶形;d)倾斜形;e)缩小形

刀盘的正面形状有轮辐形(图5-10)和面板形(图5-11)两种。轮辐形刀盘由辐条及布设在辐条上的刀具构成,属敞开式,其特点是刀盘的掘削力矩小、排土容易、土舱内土压可有效地作用到掘削面上,多用于机械式盾构及土压盾构。面板式刀盘由辐条、刀具、槽口及面板组成,属封闭式。面板式刀盘的特点是面板直接支承掘削面,利于掘削面的稳定。另外,多数情况下面板上都装有槽口开度控制装置,当停止掘进时可使槽口关闭,防止掘削面坍塌。控制槽口的开度还可以调节土砂排出量,控制掘进速度。面板式刀盘对泥水式和土压式盾构均适用。

图 5-10 轮辐形刀盘

图 5-11 面板形刀盘

4）刀盘的支承形式

掘削刀盘的支承方式可分为中心支承式、周边支承式和中间支承式三种，以中心支承式、中间支承式居多。支承方式与盾构直径、土质对象、螺旋输送机、土体黏附状况等多种因素有关，确定支承方式时必须综合考虑各种因素的影响合理确定。

6. 挡土机构

挡土机构是为了防止掘削时掘削面坍塌和变形，确保掘削面稳定而设置的机构，该机构因盾构种类的不同而不同。

就全敞开式盾构机而言，挡土机构是挡土千斤顶；对半全敞开式网格盾构而言，挡土机构是刀盘面板；对机械盾构而言，挡土机构是网格式封闭挡土板；对泥水盾构而言，挡土机构是泥水舱内的加压泥水和刀盘面板；对土压盾构而言，挡土机构是土舱内的掘削加压土和刀盘面板。此外，采用气压法施工时由压缩空气提供的压力也可起挡土作用，保持开挖面稳定。开挖面支撑上常设有土压计，以监测开挖面土体的稳定性。

7. 驱动机构

驱动机构是指向刀盘提供必要旋转力矩的机构。该机构是由带减速机的油压马达或电动机，经过副齿轮驱动装在掘削刀盘后面的齿轮或销锁机构。有时为了得到更大的旋转力，也有利用油缸驱动刀盘旋转的。油压式对启动和掘削砾石层较为有利；电动机式噪声小、维护管理容易，也可相应减少后方台车的数量。驱动液压系统由高压油泵、油马达、油箱、液压阀及管路等组成。

第三节　盾构的分类及特点

一、盾构的分类

自 20 世纪 60 年代以来，盾构法施工得到广泛应用，盾构施工技术得到迅猛地发展，为适应各种不同的土质和施工条件，形成了种类繁多的盾构。盾构的分类方式很多，如按盾构切削断面的形状分，有圆形盾构、椭圆形盾构、矩形盾构和马蹄形盾构等；按盾构正面对土体开挖与支护的方法分，有手掘式盾构、挤压式盾构、网格式盾构、半机械式盾构和机械式盾构；按盾构自身构造的特征分，有敞开式、半敞开式和封闭式；按稳定掘削面的加压方式分，有压气平衡式盾构、泥水平衡式盾构和土压平衡式盾构。下面对主要的几种盾构分类方法介绍如下。

1. 按盾构土体开挖与支护的方法分类

按盾构正面对土体开挖与支护的方法不同可将盾构分为手掘式盾构、挤压式盾构、网格式盾构、半机械式盾构、机械式盾构等五类。

1）手掘式盾构机

手掘式盾构如图 5-12 所示，盾构机的正面是敞开的，通常设置防止开挖顶面坍塌的活动前檐及上承千斤顶、工作面千斤顶及防止开挖面坍塌的挡土千斤顶。开挖采用铁锹、镐、碎石机等开挖工具，由人工进行。手掘式盾构的开挖面可以根据地质条件来决定采用不同的支护方式,一般土层可采用全部敞开式或用正面支撑开挖,一面支撑一面开挖;在松软的砂土地层可以按照土的内摩擦角大小将开挖面分为几层,采用棚式开挖。

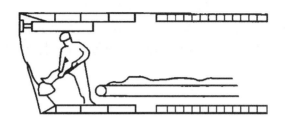

图 5-12 手掘式盾构

手掘式盾构的主要优点是:

(1)正面是敞开的,施工人员随时可以观测地层变化情况,及时采取应付措施。

(2)当在地层中遇到桩、大石块等地下障碍物时,比较容易处理。

(3)可向需要方向超挖,容易进行盾构纠偏,也便于曲线施工。

(4)造价低,结构简单,配套设备少,易制造,加工周期短。

它的主要缺点是:

(1)在含水地层中,往往须辅以降水、气压等措施加固地层。

(2)工作面若发生塌方,易引起危及人身及工程安全事故。

(3)劳动强度大、效率低、进度慢,在大直径盾构中尤为突出。

这种盾构机适应的土质是自稳性强的洪积层压实的砂、砂砾、固结粉砂和黏土。对于开挖面不能自稳的冲积层软弱砂层、粉砂和动土,施工时必须采取稳定开挖面的辅助施工法,如压气施工法、改良地层、降低地下水位等措施。目前,手掘式盾构机一般用于开挖断面有障碍物、巨砾石等特殊场合,而且其应用逐年减少。

2)挤压式盾构

挤压式盾构的开挖面用胸板封起来,把土体挡在胸板外,对施工人员比较安全、可靠,没有塌方的危险。当盾构推进时,让土体从胸板局部开口处挤入盾构内,然后装车外运,不必用人工挖土,劳动强度小,效率也成倍提高,见图5-13。

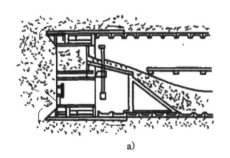
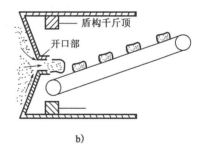

图 5-13 挤压式盾构

a)开口在上部;b)开口在中间

挤压式盾构仅适用于松软可塑的黏性土层,适用范围较狭窄。在挤压推进时,对地层土体扰动较大,地面产生较大的隆起变形,所以在地面有建筑物的地区不能使用,只能用在空旷的

地区或江河底下、海滩处等区域。

3）网格式盾构

网格式盾构是一种介于挤压和手掘之间的一种半敞开式盾构。这种盾构在开挖面装有钢制的开口格栅，称为网格。当盾构向前掘进时，土体被网格切成条状，进入盾构后被运走；当盾构停止推进时，网格起到支护土体的作用，从而有效地防止了开挖面的坍塌，同时，引起地面的变形也较小。

网格盾构也仅适用于松软可塑的黏土层，当土层含水率大时，尚需辅以降水、气压等措施。

4）半机械式盾构

半机械式盾构也是一种敞开式盾构，它是在手掘式盾构正面装上机械来代替人工开挖，其进行开挖及装运石渣都采用专用机械，配备液压铲土机、臂式刀盘等挖掘机械和皮带运输机等出渣机械，或配备具有开挖与出渣双重功能的机械，见图 5-14。根据地层条件，一般土层可以安装正、反铲挖土机或螺旋切削机，当土体较硬时，可安装软岩掘进机的凿岩钻。

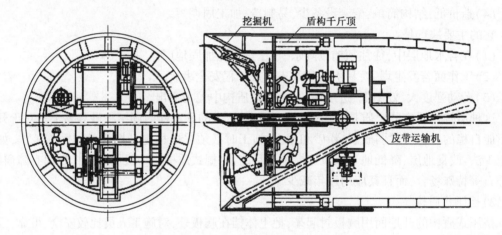

图 5-14　半机械式盾构

为防止开挖面顶面坍塌，盾构机内装备了活动前檐和半月形千斤顶。由于安装了挖掘机，再设置工作面千斤顶等支挡设备是较困难的，需采用确保开挖面稳定的措施。半机械式盾构的适用范围基本上和手掘式盾构机一样，适应土质以洪积层的砂、砂砾、固结粉砂和黏土为主，也可用于软弱冲积层，但需同时采用压气施工法，或采取降低地下水位、改良地层等辅助措施。

5）机械式盾构机

机械式盾构是在手掘式盾构的切口环部分装上与盾构直径相适应的大刀盘，以进行全断面机械切削开挖，切削下的土石靠刀盘上的旋转铲斗和斜槽卸到皮带输送机上，用矿车运出洞外，如图 5-15 所示。机械式盾构机前面装备有旋转式刀盘，增大了盾构机的挖掘能力，由于围岩开挖和排土可以连续进行，缩短了工期，减少了作业人员。

在开挖自稳性好的围岩时，机械式盾构机适应的土质与手掘式盾构机、半机械式盾构机一样，需采用辅助施工方法。

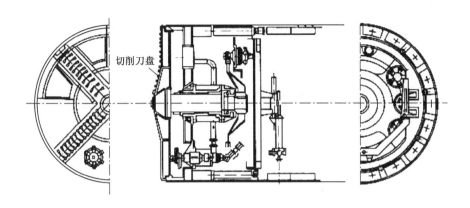

图 5-15　敞开式机械切削式盾构

2. 按盾构自身构造特征分类

根据盾构机前方的构造不同,盾构又可以分为敞开式、半敞开式和封闭式三种类型。

1) 敞开式

敞开式是指没有隔墙和大部分开挖面呈敞露状态的盾构机,包含手掘式、半机械式及机械式 3 种不同的开挖方式。这种盾构机适用于开挖面自稳性好的围岩,在开挖面不能自稳的地层施工时,需要结合使用压气施工法等辅助施工法,以防止开挖面坍塌。

2) 半敞开式

半敞开式主要指挤压式盾构机,这种盾构机的特点是在隔墙的某处设置可调节开口面积的排土口,盾构一边推进一边让土体从胸板局部开口处挤入盾构内。

3) 密封式

密封式是指在机械开挖式盾构机支撑环的前边设置隔墙,使切口环成为一个密封舱,将开挖土砂送入开挖面和隔墙间的刀盘腔内,由压缩空气、泥水压力或土压提供足以使开挖面保持稳定的压力。密封式盾构机是在开挖面密封的情况下进行隧道开挖的,开挖面能得到较好的支护,不易坍塌。

3. 按稳定掘削面的加压方式分类

根据支护工作面的原理和方法可将密封型盾构分为局部气压盾构、泥水平衡式盾构、土压平衡式盾构和混合式等几种。

1) 局部气压式盾构

在机械式盾构支撑环的前边装上隔板,使切口环成为一个密封舱,其中充满压缩空气,达到疏干和稳定开挖面的作用,如图 5-16 所示。压缩空气的压力值可根据工作面下 1/3 点的地下静水压力确定。由于这种盾构是靠压缩空气对开挖面进行密封,故要求地层透水性小,渗透系数 K 小于 $10m/s$,静水压力不大于 $0.1MPa$。另外,这种盾构在密封舱、盾尾及管片接缝处易产生漏气,引起工作面土体坍塌,造成地面降陷。

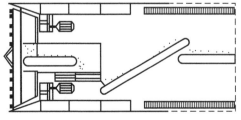

图 5-16　局部气压式盾构结构

2）泥水平衡式盾构

泥水平衡式盾构机（图 5-17），是一种封闭式机械盾构。它是在敞开式机械盾构大刀盘的后方设置一道封闭隔板，隔板与大刀盘之间作为泥水舱。在开挖面和泥水舱中充满加压的泥水，通过加压作用和压力保持机构，保证开挖面土体的稳定。刀盘掘削下来的土砂进入泥水舱，经搅拌装置搅拌后，含掘削土砂的高浓度泥水经泥浆泵泵送到地面的泥水分离系统，待土、水分离后，再把滤除掘削土砂的泥水重新压送回泥水舱。如此不断地循环完成掘削、排土、推进。因靠泥水压力使掘削面稳定，故称为泥水加压平衡盾构，简称泥水盾构。

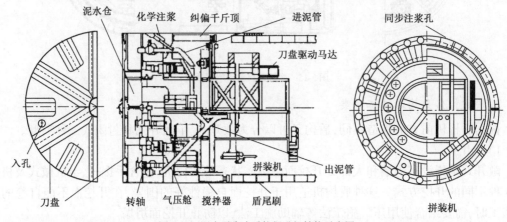

图 5-17　泥水平衡式盾构掘进机结构示意图

泥水平衡盾构主要由盾构掘进机、掘进管理、泥水处理和同步（壁后）注浆等系统组成。与土压平衡盾构相比，泥水平衡盾构需增加泥水处理系统。泥水同时具有三个作用：

（1）泥水的压力和开挖面水土压力平衡。

（2）泥水作用到地层上后，形成一层不透水的泥膜，使泥水产生有效的压力。

（3）加压泥水可渗透到地层的某一区域，使得该区域内的开挖面稳定。

就泥水的特性而言，浓度和密度越高，开挖面的稳定性越好，而浓度和密度越低泥水输送时效率越高。一般情况下，泥水的容积密度为 $1.05 \sim 1.25 \mathrm{g/cm^3}$，黏度为 $20 \sim 40\mathrm{s}$，脱水量 $Q < 200\mathrm{mL}$。

泥水加压盾构对地层的适用范围非常广泛，软弱的淤泥质土层、松动的砂土层、砂砾层、卵石砂砾层等均能适用。但是在松动的卵石层和坚硬土层中采用泥水加压盾构施工会产生逸水现象，因此在泥水中应加入一些胶合剂来堵塞漏缝。

3）土压平衡式盾构

土压平衡式盾构属封闭式机械盾构，如图 5-18 所示。它的前端有一个全断面切削刀盘，切削刀盘的后面有一个储留切削土体的密封舱，在密封舱中心线下部装置长筒形螺旋输送机，输送机一头设有出入口。所谓土压平衡就是密封舱中切削下来的土体和泥水充满密封舱，并可具有适当压力与开挖面土压平衡，以减少对土体的扰动，控制地表沉降。这种盾构主要适用于黏性土或有一定黏性的粉砂土，是当前最为先进的盾构掘进机之一。

土压平衡式盾构的基本原理是：由刀盘切削土层，切削后的泥土进入土腔（工作室），土腔内的泥土与开挖面压力取得平衡的同时由土腔内的螺旋输送机出土，装于排土口的排土装置在出土量与推进量取得平衡的状态下，进行连续出土。土压平衡式盾构又分为：削土加压式、加水式、高浓度泥浆式和加泥式4类。

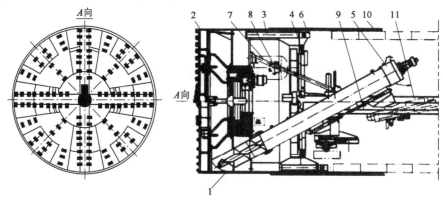

图5-18 土压平衡式盾构

1-盾壳;2-刀盘;3-推进油缸;4-拼装机;5-螺旋输送机;6-油缸顶块;7-人行闸;8-拉杆;9-双梁系统;10-密封系统;11-工作平台

4）混合盾构

混合盾构是近些年在欧洲发展起来的一种新型盾构。混合盾构就是装配了混合刀盘的盾构。这种盾构本身可以构成一台泥水加压平衡式盾构、气压平衡式盾构或土压平衡式盾构,当地层条件变化时,可根据地层性质更换刀盘上的刀具类型和调整面板的开口率。由于它既适用于土层又能适用于风化岩层,所以称为混合盾构。

二、盾构法施工的特点

盾构法通常是在软弱地层中采用,是城区软弱地层中修建地下工程的最好施工方法之一。加之近年来盾构机械设备和施工工艺的不断发展,各种断面形式的盾构机械、特殊功能的盾构机械(急转弯盾构、扩大盾构、地下对接盾构等)的相继出现,使之对各种复杂的工程地质和水文地质条件的适应能力大为提高,这将为城市地下空间利用的发展起到有力的技术支撑作用。

盾构法的主要优点有:

(1)除竖井施工外,施工作业均在地下进行,既不影响地面交通,又可减少对附近居民的噪声和振动影响。

(2)隧道的施工费用受埋深的影响不大。

(3)盾构推进、出土、拼装衬砌等主要工序循环进行,易于管理,施工人员较少。

(4)穿越江、河、海道时,不影响航运,且施工不受风雨等气候条件影响。

(5)在土质条件差、水位高的地方建设埋深较大的隧道,盾构法有较高的技术经济优越性。

(6)土方量较少。

但目前盾构法还存在以下一些问题:

(1)在陆地建造隧道时,如隧道埋深太浅,则盾构法施工困难很大,而在水下时,如覆土太浅,则盾构法不够安全。

(2)盾构施工过程中引起的隧道上方一定范围内的地表下沉尚难完全防止,特别在饱和含水松软的土层中,要采取严密的技术措施才能把地表下沉控制在很小的限度内。

(3)在饱和含水地层中,盾构法施工所用的拼装衬砌,对达到整体结构防水性的技术要求较高。

第四节 盾构法施工技术

盾构法施工的主要步骤是先在隧道的一端建造竖井或基坑井,在井内进行盾构的就位安装,然后盾构从竖井或基坑井的墙壁预留孔处开孔出发,在地层中沿着设计轴线,向另一端的竖井或基坑井的设计预留孔洞推进,完成隧道的掘进。由盾构法施工的主要步骤可知,盾构法施工技术需要关注三个主要阶段,第一个阶段是盾构的始发,即盾构机从始发工作井开始向隧道内推进,也叫作盾构的出洞;第二个阶段是盾构始发后向另一端的达到井掘进,叫作盾构隧道的推进;第三个阶段是盾构到达接收井,即盾构的进洞。这三个施工阶段是盾构法施工的重要环节,能否处理好事关盾构隧道施工的成败。

一、盾构法施工进出洞技术

在盾构法施工技术领域,盾构机出洞、进洞是盾构法施工的重点、难点,涉及工作井设置、洞口封门形式、洞门端头土体加固、盾构进出洞方法、洞内设备布置等技术方案。

1. 盾构工作井

在盾构施工段的始端和终端,为了便于进行盾构安装和拆卸,需建造竖井或基坑井,又叫工作井。如果盾构推进线路特别长时,还需要设置检修工作井。这些竖井或基坑井都应尽量结合隧道规划线路上的通风井、设备井、地铁车站、排水泵房、立体交叉、平面交叉、施工方法转换处等需要来设置。

1)工作井尺寸

作为拼装和拆卸用的竖井,工作井的建筑尺寸应根据盾构拼装、拆卸及施工来确定,满足盾构装、拆的施工工艺要求。一般工作井的宽度应大于盾构直径 1.6 ~ 2.0m,井的长度主要考虑盾构设备安装余地,以及盾构出洞施工所需最小尺寸。盾构拆卸井要满足起吊、拆卸工作的方便,其要求一般比拼装井稍低,但应考虑留有进行洞门与隧道外径间空隙充填工作的余地。

2)盾构基座

工作井内需要设置支撑盾构拼装的基座。盾构基座置于工作井的底板上,用作安装及稳妥地搁置盾构,更重要的是通过设在基座上的导轨使盾构在施工前获得正确的导向。因此,导轨需要根据隧道设计轴线及施工要求定出平面、高程和坡度进行测量定位。基座可以采用钢筋混凝土(现浇或预制)或钢结构。导轨夹角一般为 60° ~ 90°,图 5-19 所示为常用的钢结构基座。盾构基座除了承受盾构自重外,还应考虑盾构切入土层后,进行纠偏时产生的集中荷载。

3)盾构后座

盾构刚开始向前推进出洞时,其推力要靠工作井后井壁来承担,在盾构与后井壁之间需要有相应的传力设施,这个设施就称为后座。盾构后座通常由隧道衬砌管片、专用顶块或顶撑制作。如图 5-20 所示后座是盾构采用专用工作井时的后座形式,由后盾环(负环)和细石混凝土组成,盾构掘进的轴向力由其传递至井壁上。图 5-21 表示的是利用地铁车站作为工作井时构筑的后座,由后盾环(负环)、3 榀 56 号工字钢柱和 φ609mm 钢管支撑组成,盾构掘进的轴向力由其传递至站台的顶板、底板上。

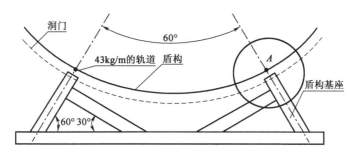

图 5-19 盾构基座示意图

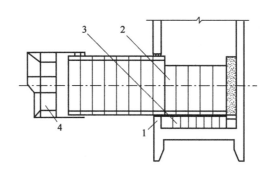

图 5-20 专用工作井盾构后座
1-盾构工作井井壁;2-盾构后座管片;3-盾构基座;4-盾构

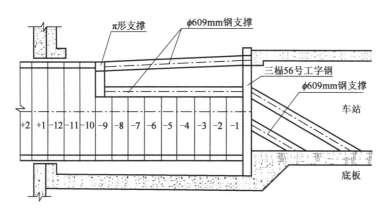

图 5-21 地铁车站盾构后座

后座不仅要传递推进顶力,还是垂直水平运输的转折点。所以后座不能是整环,应有开口作为垂直运输通口,而开口尺寸需由盾构施工的进出设备材料尺寸决定,在第一环(闭口环)上都要加有后盾支撑,以确保盾构顶力传至后井壁。

由于工作井平面位置的施工误差会影响到隧道轴线与井壁的垂直度,为了调正洞口第一环管片与井壁洞口的相交尺寸,后盾管片会与后井壁之间产生一定间隙,这间隙要采用混凝土填充,以使盾构推力均匀地传给后井壁,也为拆除后盾管片提供方便。当盾构向前掘进达到一

定距离,盾构顶力可由隧道衬砌与地层之间的摩阻力来承担时,后座即可拆除。

2.盾构临时洞门

盾构进出洞前需先完成工作井或工作基坑,为确保盾构能够方便顺利地进洞、出洞,应在工作井或基坑施工的同时在竖井端上将盾构通过的开口预留出来,设置洞门并临时封闭,洞门又称为封门。这些封门最初起挡土和防止渗漏的作用,一旦盾构安装调试结束,盾构刀盘抵住端墙,要求封门能尽快拆除或打开。洞门的封闭形式与周围的地质条件、工作井采用的围护结构及洞口加固方法有关,同时还需考虑盾构进洞、出洞是否方便、安全和可靠。

临时洞门按其设置位置分有内封门和外封门,内封门一般用于进洞洞口,外封门常用于出洞洞口;按封门材料分有混凝土封门、钢板桩封门和 H 型钢封门。

1)混凝土封门

当采用混凝土搅拌桩、钢筋混凝土灌注桩和地下连续墙等作封门时,可直接在壁墙上凿孔出洞,拆除可用凿岩机或爆破的方法。施工时一般按盾构外径尺寸在井壁(或连续墙钢筋笼)上预留环形钢板,板厚 8~10mm。宽度同井壁厚。环向钢板切断了连续墙或井壁的竖向受力钢筋,故封门周边要做构造处理。这种封门制作和施工简单,结构安全。但拆除时要用大量人力铲凿,费工费时。

2)钢板桩封门

钢板桩封门较适宜于用沉井修建的盾构工作井。在沉井制作时,按设计要求在井壁上预留圆形孔洞,沉井下沉前,在井壁外侧密排钢板桩,封闭预留的孔洞,以挡住侧向水、土压力。当沉井较深时,钢板桩可接长。盾构刀盘切入洞口靠近钢板桩时,用起重机将其连根拔起。用过的钢板桩经修理后可以重复使用。钢板桩通常按简支梁计算。钢板桩封门受埋深、地层特性和环境要求等的影响较大。

3)预埋 H 型钢封门

预埋 H 型钢封门施工时需将位于预留孔洞范围内的连续墙或竖井壁的竖向钢筋用塑料管套住,以免其与混凝土黏结,同时,在连续墙或沉井壁外侧预埋 H 型钢,封闭孔洞,抵抗侧向水、土压力。当盾构刀盘抵住墙壁时,凿除混凝土,切断钢筋,连根拔起 H 型钢。

3.盾构出洞、进洞方法

1)盾构出洞

盾构出洞是指利用反力架和负环管片,将始发基座上的盾构,由始发竖井推入地层,开始沿盾构设计线路掘进的一系列作业。盾构出洞在盾构施工中占有相当重要的位置,是盾构施工的关键环节之一,也是容易出现风险的环节。

盾构出洞的主要内容包括:始发前竖井端头的地层加固,安装盾构始发基座,盾构组装及试运转,安装反力架,凿除洞门临时墙和围护结构,安装洞门密封,盾构姿态复核,安装负环管片,盾构贯入作业面建立土压和试掘进等,如图 5-22 所示。

(1)盾构出洞方式。盾构出洞方式根据不同的考虑因素,可划分为多种形式。根据盾构主机、后配套及相关附属设施是否一次性放置于地下,分为整体始发和分体始发;根据临时拼装的负环管片是否封闭,分为整环始发和半环始发;根据盾构始发的线路不同,又可分为直线始发和曲线始发。

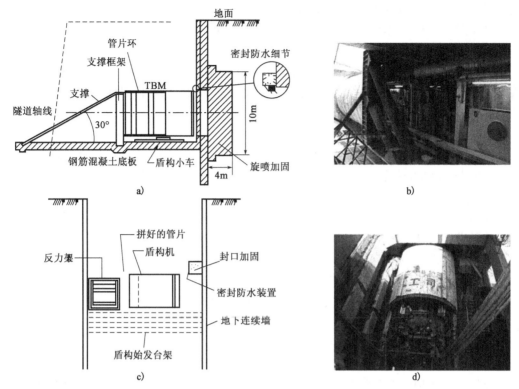

图 5-22 盾构出洞始发示意图

①整体始发与分体始发。整体始发是指将盾构主机和全部台车安装在始发井下,盾构始发掘进时带动全部台车一起前进的施工技术。当具备整机始发条件时,尽量采用整体始发,以便充分发挥盾构施工安全、快速、高效的优势。目前盾构施工中,采用的整体始发主要有利用车站整体始发和利用始发竖井、出土井并结合反向隧道两种方式。利用"始发竖井 + 反向隧道 + 出土井"的整体始发方式只需增加一个出土竖井的投资,在出土井施工场地许可的情况下,可以在始发井和出土井同时施工的情况下,从两个工作面相向施工 70m 左右的反向隧道,能大大节约工期。因此,在车站不具备盾构机整体始发条件时,可优先考虑"始发竖井 + 反向隧道 + 出土井"的整体始发方式。

盾构进行常规整体始发需要 80m 长的始发竖井或车站空间,如此长的竖井不但造价昂贵,而且在繁华的城市中很少具备这样的场地条件,此外车站也有可能因场地拆迁或总工期控制等因素一时不能提供盾构整体始发空间,这时就需要采用分体式始发。分体始发是将盾构主机与全部或部分台车之间采用加长管线连接,盾构主机与全部或部分台车分开前行,待初始掘进完成后再将盾构主机与全部台车在隧道内安装连接进行正常掘进。盾构分体式始发时,盾构主机与地面台车之间采用的电缆、油管等管线需加长连接,在盾构掘进 80m 左右后拆除负环,将后配套台车吊入始发井内,并拆除台车与盾构主机相接的加长管线,对台车与盾构主机重新进行连接,然后按正常掘进模式掘进。目前盾构施工中,根据现场场地情况,常用的有把部分台车或全部台车置于地面两种方式。

②整环始发与半环始发。盾构始发时,盾构机的后端是一个反力架,盾构机向前推进时需

在盾尾拼装管片环(一般通缝拼装)以给盾构机掘进提供反作用力,从反力架到盾尾之间安装的管片就是负环管片。负环管片若为整环安装即为整环始发,若采用半环方式安装始发称为半环始发。

③直线始发和曲线始发。直线始发是指盾构始发时隧道中心线为直线的始发方式,曲线始发是指盾构始发时隧道轴线为曲线的始发方式。一般情况下,曲线始发半径不宜小于500m。

(2)盾构出洞准备工作。盾构出洞正式始发前需做好以下准备工作。

①井内的盾构后盾管片布置、后座混凝土浇筑或后支撑安装。盾构后盾由负环管片组合而成,可根据施工情况确定开口环(需预留运输通道时,负环管片安装时不封闭成环)、闭口环的数量。

②洞口止水装置的安装。井壁洞口内径与盾构外径存在环形建筑空隙,为了防止盾构出洞时土体从此空隙处流失,洞圈内应安装由橡胶帘布环状板、扇形板等组成的密封装置,作为施工阶段临时防泥水措施。

③洞门混凝土凿除。先凿除洞圈内大部分钢筋混凝土,外壁留20cm厚混凝土,并把它分9块,凿出外排钢筋,在盾构与槽壁之间搭设脚手架,准备进行下一步施工作业。

(3)盾构出洞施工。待洞口加固土体达到一定强度,后盾负环拼装、盾构调试完成后,即可拉去洞圈内钢筋混凝土网片,将盾构靠近加固土体,然后调整洞口止水装置,准备出洞。

为防止盾构出洞时正面土体的流失,在盾构切口前端离洞口加固土体有一定距离时,利用螺旋机反转法向盾构的正面灌注黏土,使土压力达到施工要求。盾构推进前,为减少盾构的推进阻力,可在盾构基座轨道面上涂抹牛油,同时为避免刀盘上的刀头损坏洞门密封装置,在刀头和密封装置上亦应涂抹油脂,另外应将盾尾钢刷填满密封油脂。当第一环闭口环管片脱出盾尾后,立刻进行反力架的安装,支撑柱用工字钢呈"π"形布置,并用钢管支撑撑紧。支撑完成后,在盾构推进时要密切观察后靠的变形情况,以防止变形过大而造成的破坏。

盾构自基座上开始推进到盾构掘进通过洞口土体加固段为止,即为盾构出洞始发施工,其技术要点如下。

①盾构基座、反力架与管片上部轴向支撑的制作与安装要具备足够的刚度,保证负载后变形量满足盾构掘进方向要求。

②安装盾构基座和反力架时,要确保盾构掘进方向符合隧道设计轴线。

③由于负环管片的真圆度直接影响盾构掘进时管片拼装精度,因此安装负环管片时必须保证其真圆度,并采取措施防止其受力后旋转、径向位移与开口部位的变形。

④拆除洞口围护结构时,要确认洞口土体加固效果,必要时进行补浆加固,以确保拆除洞口围护结构时不发生土体坍塌、地层变形过大现象,且盾构始发过程中开挖面稳定。

⑤盾构机的盾尾进入洞口后,应将洞口密封且与管片贴紧,以防止泥浆与注浆浆液从洞门泄漏。

⑥加强观测盾构井周围地层、盾构基座、反力架、负环管片的变形与位移,超过预定值时必须采取有效措施后,才能继续掘进。

2)盾构进洞

盾构进洞即盾构机的到达和接收,是指盾构机沿设计的路线掘进至距离接收竖井50~

100m 直至从预先准备好的洞门开口处将盾构机顶进竖井内的整个施工过程,见图5-23。

(1)盾构进洞施工内容。盾构进洞前应首先完成盾构接收井施工,然后需对洞门位置的中心坐标测量确认,并安装盾构接收基座(参照出洞盾构基座安装形式),同时完成接收井内混凝土洞门凿除和洞门封堵材料准备等各项盾构进洞准备工作。

盾构在进洞前 100m 做隧道贯通测量,进洞口中心坐标测量,要求复测两次。根据测量数据及时调整盾构推进姿态,确保盾构顺利进洞。当盾构逐渐靠近洞门时,要在洞门混凝土上开设观察孔,加强对其变形和土体的观测,并控制好推进时的土压值。在盾构切口距洞门 20 ~ 50cm

图 5-23 盾构进洞

时,停止盾构推进,尽可能掏空平衡仓内的泥土,使正面的土压力降到最低值,以确保混凝土封门拆除的施工安全。混凝土封门拆除的方法与出洞时基本相同。在洞门凿卜的混凝土吊除后,盾构应尽快连续推进并拼装管片,尽量缩短盾构进洞时间。洞圈特殊环管片脱出盾尾后,用弧形钢板与其焊接成一个整体,并用水硬性浆液将管片和洞圈的间隙进行充填,以防止水土流失。

综上所述,盾构进洞接收施工的主要内容归纳如下。

①完成盾构接收井施工和接收端头地层加固。

②在盾构贯通之前 100m、50m 处分两次对盾构姿态进行人工复核测量。

③接收洞门位置及轮廓复核测量。

④根据前两项复测结果确定盾构姿态控制方案并进行盾构姿态调整。

⑤接收洞门凿除,盾构接收架准备。

⑥贯通后刀盘前部渣土清理,盾构接收架就位、加固。

⑦洞门防水装置安装及盾构推出隧道。

⑧洞门注浆堵水处理。

(2)盾构进洞施工技术要点。为确保盾构进洞顺利、安全,盾构接收施工需注意以下技术要点。

①盾构暂停掘进时,准确测量盾构机坐标位置与姿态,确认与隧道设计中心线的偏差值。

②根据测量结果制定到达掘进方案。

③继续掘进时及时测量盾构机坐标位置与姿态,并及时进行方向修正。

④掘进至洞口加固段时.确认土体加固效果,必要时进行补注浆加固。

⑤进入接收井洞口加固段后,逐渐降低土压(泥水压),降低掘进速度,适时停止加泥、加泡沫或送泥与排泥、停止注浆,并加强工作井周围地层变形观测。

⑥拆除洞口围护结构前要确认洞口土体加固效果,必要时进行注浆加固,以确保拆除洞口围护结构时不发生土体坍塌、地层变形过大。

⑦盾构接收基座的制作和安装要具备足够的刚度,且安装时要对其轴线和高程进行校核,

保证盾构机顺利、安全接收。

⑧盾构机落到接收基座上后,及时封堵洞口处管片外周与盾构开挖洞体之间的空隙,同时进行填充注浆,控制洞口周围土体沉降。

3)洞门土体加固

在盾构出洞始发和进洞接收时,随着竖井挡土墙或围护结构的拆除,端头土体的结构、作业荷载和应力将发生变化,因此盾构出洞、进洞施工时,除合理选用洞门结构形式外,在直径大、土质差、隧道埋深较大的情况下,还应考虑洞外土体的稳定性问题。如果洞外土体能自立稳定相当长一段时间,可不进行加固,盾构进出洞前拆除封门即可,否则,应提前采取有关辅助措施,对始发和接收竖井的端头地层进行土体加固,稳定洞口土体和防止泥水涌入。

(1)端头加固目的。盾构洞门端头土体加固的目的主要是控制端头地表沉降,控制洞口周围水土流失,避免坍塌,提高土体的承载力,以及防止重型机械在软弱土体上起吊时发生失稳、坍塌,或对已成形隧道安全造成不利影响。在盾构出洞始发掘进前几环时,同步注浆不能实施,管片与盾壳之间的空隙不能立刻填充,进行端头加固还可以有效地防止同步注浆前隧道上方土体的稳定。

(2)端头加固时机。端头加固时机根据加固方法不同而异,考虑加固施工1个月的工期、1个月的龄期、检测后的补充加固等因素,一般应提前至少3个月进行。通常是在盾构施工前,车站或盾构井主体结构施工完成后进行,亦可在前期基坑土体开挖前进行。

(3)端头加固范围。洞门土体的加固范围一般应为盾构推进过程中,周围土体受到扰动、易出现塑性松动变形的范围。土体的加固深度包含全深加固和局部加固两种,全深加固是隧道口上部一直到地面的土层全部加固;局部加固是只对盾构周围须穿透的土层进行加固,其他土体不进行加固,如图5-24所示。加固深度与加固方法和隧道的埋深有关,通常深层搅拌桩法采用全深加固;注浆法一般为局部加固;冻结法则在隧道埋深大时可采用局部加固,埋深较浅时采用全深加固。土体的加固范围包括径向和纵向两个方向。径向加固厚度一般为2~4m,具体需根据土层情况和加固方法确定。纵向厚度须根据水土压力进行设计计算,并且考虑一定的安全系数。一般来说,用冻结法加固时,纵向厚度为1~3m,注浆加固则更厚些,其他方法可根据经验取盾构长度再加长1m左右。

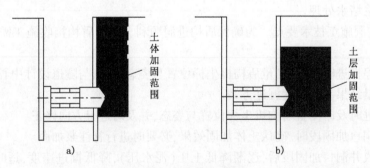

图5-24 土体加固深度范围

a)全深加固;b)局部加固

(4)加固方法。目前,国内常用的加固方法有多种,施工中应根据地质、地下水、埋深、盾构机直径、盾构机型、施工环境等因素,同时考虑安全、施工方便、经济性、进度等确定,可单独采用或联合采用。

①旋喷加固。旋喷桩法是利用工程钻机钻孔到设计深度,将一定压力的水泥浆液和空气,通过其端部侧面的特殊喷嘴同时喷射,并使土体强制与喷射出来的浆液流混合,胶结硬化。该法主要适用于第四纪冲击层、残积层及人工填土等。对于砂类土、黏性土、淤泥土及黄土等土质都能加固,但对砾石直径过大、含量过多及有大量纤维质的腐殖土的加固质量稍差。虽有应用范围广、施工简便、固结桩体强度高等特点,但总体造价偏高,在城市狭小的施工环境下,泥浆排放比较困难。

②深层搅拌加固。深层搅拌桩是软土地基加固和深基坑开挖侧向支护常用的方法之一,其主要是利用深层搅拌机械,用水泥、石灰等材料作为固化剂与地基土进行原位的强制粉碎拌和,待固化后形成不同形状的桩、墙体或块体等的地层加固方法。该法主要适用于饱和软黏土、淤泥质亚黏土、新填土和沉积粉土等地层的加固,但在砂层中加固效果不好,须与旋喷桩等工法配合使用。该法优点是工程造价低、操作方便,场地较小时采用更为合理。

③冻结法加固。冻结法是指采用人工冻结原理,将土体温度降至零度以下,使土体固结形成较好的稳定土体,同时起到隔水的作用,在冻土帷幕保护下进行地下工程施工。冻结法依冻结孔的布置方式,可分为水平冻结和垂直冻结。盾构始发到达端地层加固时多采用水平冻结。该法主要适用于各类淤泥层、砂层、砂砾层,但对于含水率低的地层不适用。

④注浆加固法。注浆加固法适用于多种地层,尤其是深度较大的砂质地层、砂砾层,在土质较好的地段主要用于对于水量不大的情况进行加固止水或与搅拌桩等工法相结合。该法可进行单液和双液注浆,同时可进行跟踪注浆,浆液种类较多,经济性和可施工性好,材料和施工方法多种多样,可根据地下水、地质、施工环境等来确定。

二、盾构推进施工

盾构推进时必须根据围岩条件,保证工作面的稳定,同时控制好盾构机的掘进方向,保证盾构按设计的路线进行推进。

1. 盾构姿态的控制

盾构的姿态控制包括盾构推进方向的控制和盾构自身扭转的控制。盾构隧道一般不是完全呈直线形,由于各种原因和需要,在纵轴线上会存在水平方向的弯曲和垂直方向的变坡。因此,盾构施工时要保证盾构按设计的路线进行推进,控制盾构机掘进方向就显得十分重要。

1)盾构掘进方向控制

盾构掘进操作主要是控制盾构运动轨迹始终在设计轴线容许偏差值范围内,使隧道衬砌拼装在理想的位置上。要控制好盾构掘进轴线,不但要能熟练地操作盾构,懂得纠偏原理、方法,还应对隧道埋置的地质情况、盾构施工时土质与盾构相互的影响有全面的了解。盾构的方向控制主要是通过调整盾构千斤顶的编组、油压和开挖面阻力等操作来实现。

(1)盾构偏向的原因。盾构偏向是指盾构机掘削进过程中,其平面、高程偏离设计轴线的数值超过允许范围。盾构在脱离基座导轨,进入地层后,主要依靠千斤顶编组及借助辅助措施来控制盾构的运动轨迹。盾构在地层中推进时,导致偏向的因素很多,主要有以下几方面。

①地质条件的因素。由于地层土质不均匀,以及地层有卵石或其他障碍物,造成正面及四

周的阻力不一致,从而导致盾构在推进中偏向。

②机械设备的因素。如千斤顶工作不同步,由于加工精度误差造成伸出阻力不一致;盾构外壳形状误差;设备在盾构内安置偏重于某一侧;千斤顶安装后轴线不平行等。

③施工操作的因素。如部分千斤顶使用频率过高,导致衬砌环缝的防水材料压密量不一致,累积后使推进后座面不正,挤压式盾构推进时有明显上浮;盾构下部土体有过量流失,引起盾构下沉;管片拼装质量不佳、环面不平整等。

(2)盾构偏向的测定。在盾构施工中的每一环推进前,先要充分了解盾构所处的位置和姿态,否则无法控制下一环推进轴线和制定纠偏措施。施工中可通过对盾构机现状位置的测量后报出的盾构现状报表来反映盾构真实状态。目前,对盾构现状测量大多还是依靠于每环推进中或结束后,由人工进行测量,但这种方法不能使施工人员随时了解盾构的现状,当今最为先进的自动导向测量系统是激光导向系统和陀螺仪加千斤顶冲程计数器导向系统。

(3)盾构的纠偏措施。盾构机在掘进时总会偏离设计轴线,按规定必须进行纠偏。纠偏必须有计划、有步骤地进行,切忌一出现偏差就猛纠猛调。盾构机的纠偏措施如下:

①盾构机在每环推进的过程中,应尽量将盾构机姿态变化控制在 ±5mm 以内。

②应根据各段地质情况对各项掘进参数进行调整。对于含水率较大的地层,管片很容易上浮,如果对盾构机的姿态控制不好,将使管片的上浮加剧,并造成管片的破损。因此,这种地层推进时对盾构机姿态的控制更显重要,应对各项掘进参数进行调整。

③尽量选择合理的管片类型,避免人为因素对盾构机姿态造成过大的影响。严格控制管片拼装质量,避免因此而引起的对盾构机姿态的调整。

④当盾构机偏离理论轴线较大时,纠偏和俯仰角的调整力度控制在 5mm/m,不得猛纠猛调。

⑤在纠偏过程中,掘进速度要放慢,并且要注意避免纠偏时由于单侧千斤顶受力过大对管片造成的破损。

⑥在纠偏时,要密切注意盾构机的姿态、管片的选型及盾尾的间隙等,把盾构机姿态控制在设计轴线中心 ±20mm 以内,盾尾与管片四周的间隙要均匀。

⑦当盾构机的姿态处在轴线左边时,在纠偏时首先要提高盾构机左侧分区千斤顶的推力。使盾构机机头向右侧偏移,然后相应再逐渐减小左侧分区千斤顶的推力,加大右侧分区千斤顶的推力,逐渐使盾构机逼近设计轴线。当盾构机姿态处在轴线右侧、上面及下面时,也应如此控制。

2)盾构自转控制

盾构在推进施工中,除了偏离设计轴线外,还会存在盾构本身自转的现象。

(1)盾构自转对盾构掘进施工的影响。

①使盾构设备操作、液压系统的运转不正常。原来安置平整的设备自转后歪斜,如不调整,会造成操作不方便,运转使用失常。

②隧道衬砌拼装困难。当采用全纵向插入的成环形式时,因位置转了一个角度,会造成封顶块管片难以或根本无法拼装。

③给隧道测量带来不便。测量时在盾构上安装有弧形尺,盾构自转后尺位发生偏移,有时要重新装尺,两次定位肯定会影响到测量精度。

（2）盾构产生自转的原因。

①地质原因。盾构推进时土层土质不均匀，盾构两侧的土体有明显差别时，则土体对盾构的侧向阻力不一，从而引起旋转。

②盾构掘进施工不当造成影响。在施工中为了纠正轴线，对某一处超挖过量，造成盾构两侧阻力不一致而使盾构旋转，同样，安装在盾构上的大的旋转设备顺着一个方向使用过多，也会引起盾构自转。

③盾构制作、安装质量造成的影响。由于盾构制作误差、千斤顶位置与轴线不平行、盾壳不圆、盾壳的重心不在轴线上等，同样会使盾构在施工中产生旋转。

（3）盾构自转后纠正的方法。施工中允许盾构有滚动偏差，但当超过规定偏差时，盾构机会报警。在盾构有少量自转时，可通过调整盾构内的举重臂、转盘、大刀盘等大型旋转设备的使用方向，改变管片拼装左、右交叉的先后次序，调整盾构两腰推进油缸轴线，使其与盾构机轴线不平行等措施来纠正。当自转量较大时，可在盾构机支承环或切口环内单边加压重，使其形成一个反旋转力偶。

2. 盾构推进时的壁后充填

随着盾构的推进，在管片和土体之间会出现建筑空隙，如果不及时填充这些空隙，地层就会出现变形，地表发生沉降。填充这些空隙的有效途径就是进行壁后注浆，壁后注浆的好坏直接影响对地层变形的控制。因此，衬砌壁后注浆是盾构法施工的一个必不可少的工序。

1）注浆的作用

注（压）浆的作用除了防止和减小地表变形外，还可减少隧道的沉降量，增加衬砌接缝的防水性能，改善衬砌的受力状况，用压浆的压力来调整管片与盾构的相对位置，有利于盾构推进纠偏。

2）注浆浆液的选择

盾构壁后注入材料主要有水泥、石灰膏、黏土、粉煤灰、水玻璃、黄沙等。注浆浆液的选择受土质条件、工法的种类、施工条件、价格等因素支配，故应在掌握浆液特性的基础上，按实际条件选用最合适的浆液材料。根据施工经验，在砂砾层、砂层中，60%使用双液型浆液；淤泥层、黏土层中使用双液型浆液的小于50%；使用急凝充气砂浆与瞬凝型注浆材料的比例大致相等。另外，对砂层、淤泥层来说，使用砂浆中添加纸浆纤维的浆液比例占10%。

通常，如果土体稳定，则无须要求壁后注浆一定与掘进同时进行，此时多使用单液浆。当地层是不稳定的淤泥层和易塌方的砂层时，应采用掘进的同时就向尾隙中注入浆液的方法，为此，应选用可以同步注入的浆液。在泥水盾构中，还应考虑浆液对掘削泥水物影响的条件，故较多使用双液瞬凝型浆液。对于砂砾层地下水含量大的地层来说，选定不易被水稀释的浆液也至关重要。

3. 盾构推进施工要点

盾构推进施工时，应适当地调整千斤顶的行程和推力，使盾构沿所定路线方向准确地进行掘进。掘进时应注意以下问题：

（1）正确地操作推进千斤顶的数量及相关的关键位置，使之产生推力按设计的线路方向行走，并能进行必要的纠偏。

(2)不应使开挖面的稳定受到损害。一般是在开挖后立即推进,或在开挖的同时进行推进。每次推进的距离可为一环衬砌的长度,也可为一环衬砌长度的几分之一,推进速度为10～20mm/min。衬砌组装完成后,应立即进行开挖或推进,尽量缩短开挖面的暴露时间。

(3)不应使衬砌等后方结构受到损害。推进时应根据衬砌构件的强度,尽力发挥千斤顶的推力作用。为使每台千斤的推力不致过大,最好用全部千斤顶来产生所需推力。在曲线段、上下坡、修正蛇行等情况下,有时只能使用局部千斤顶,尽量多加千斤顶的使用台数。在当采用的推力可能损及衬砌等后方结构物时,应对衬砌进行加固,或者采取一定的措施。

(4)为使盾构能在计划路线上正确推进,预防偏移、偏转及俯仰现象的发生,盾构隧道施工前,应在地表进行中线及纵断面测量,以便建立施工所必需的基准点。施工时必须精密地把中心线和高程引入竖井中,以便进行施工中的管理测量,使组装的衬砌和盾构在隧道的计划位置上。测量时应注意及早掌握盾构推进时与设计位置之间的偏差,随时进行监视,毫不迟疑地修正盾构推进的方向,原则上2次/d左右。测量应考虑与其他工序的关系,力求简化和合理。

第五节　盾构辅助作业技术

一、盾构隧道防水技术

在饱和含水软土地层中采用装配式钢筋混凝土管片作为隧道衬砌,除应满足盾构隧道结构强度和刚度的要求外,还有另外一个需要解决的重要课题就是防水问题。隧道防水不但在隧道正常运营期间要能满足预期的要求,即使在盾构施工期间,也要能防止地下水的渗入,否则会给隧道的施工和使用带来较大影响,甚至可能造成较严重的后果。例如,地铁隧道内渗水,轻则会因潮湿的工作环境使衬砌(特别是一些金属附件)和设备锈蚀,另外隧道内的湿度增加,会使人感到不舒适,而重则会引起较严重的隧道不均匀纵向沉陷和横向变形,导致工程事故的发生。

目前,盾构法修建隧道的防水主要依靠衬砌结构,要比较彻底地解决隧道防水的问题,必须从防水材料、管片生产工艺和接缝防水处理等几个方面进行综合处理。盾构隧道防水工作包括管片防水、管片接缝防水、螺栓孔和注浆孔防水、充填注浆、盾尾密封和渗漏处理等多个方面。

1. 盾构隧道衬砌结构的抗渗施工要求

盾构隧道衬砌埋设在含水地层内,会承受一定静水压力,衬砌在这种静水压的作用下必须具有相当的抗渗能力。要保证衬砌本身的抗渗能力,应做好下列几方面工作。

(1)合理提出衬砌本身的抗渗指标。

(2)通过抗渗试验,确定混凝土的合适配合比,同时要严格控制水灰比(一般不大于0.4,另外添加塑化剂以增加和易性)。

(3)保证衬砌构件的最小厚度和钢筋保护层厚度。

(4)控制好管片生产工艺,尤其是混凝土的振捣和养护。

（5）严格的产品质量检验制度。

（6）避免管片在堆放、运输和拼装过程中发生损坏。

2. 管片防水

管片防水包括管片本体防水和管片外防水涂层。

1）管片本体防水

根据隧道所处的水文地质条件,应对管片本体的抗渗性能作出明确规定,一般要求其抗渗标号不小于 P8,渗透系数不大于 10^{-11} m/s。对于钢筋混凝土管片来说,制作质量、工艺和外加剂的使用对提高管片本体的抗渗性效果明显。

国内外隧道施工实践表明,管片制作精度对隧道防水效果具有很大的影响。钢筋混凝土管片在含水地层中应用和发展受到一些限制,其主要原因就在于管片制作精度不够而引起隧道漏水。若管片制作精度较差,再加上拼装误差的累计,往往导致衬砌拼缝出现较大的初始裂隙,当管片防水密封垫的弹性变形量不能适应这一初始裂隙时,就会发生漏水现象。另外,管片制作精度不够,盾构在推进过程中极易造成管片的顶碎和开裂,同样导致漏水现象。

要能生产出高精度的钢筋混凝土管片,就必须要有一个高精度的钢模。这种钢模必须经过机械加工,并具有足够的刚度(特别是要确保两侧模的刚度),管片与钢模的重量比为 1∶2。钢模的使用必须有一个严格的操作制度。采用这种高精度的钢模时,最初生产的管片较易保证精度,而在使用一定时期之后,就会产生翘曲、变形、松脱等现象,必须随时注意精度的检验,对钢模做相应的维修和保养,通常钢模在生产了 400～500 块管片后就必须检修。

2）管片外防水涂层

管片外防水涂层根据隧道防水要求确定,若管片制作质量高,采用抗侵蚀水泥,不做外防水涂层也是可以的。防水涂层选用视管片材质而定,对常见的钢筋混凝土管片而言,一般要求如下。

（1）涂层应能在盾尾密封钢丝刷与钢板的挤压摩擦下不损伤。

（2）当管片弧面的裂缝宽度达 0.3mm 时,仍能抗 0.6MPa 的水压,长期不渗漏。

（3）涂层应具有良好的抗化学腐蚀性能、抗微生物侵蚀性能和耐久性。

（4）涂层应具有防迷流的功能,其体积电阻串、表面电阻率要高。

（5）涂层应具有良好的施工季节适应性,施工简便,成本低廉。

3. 管片接缝防水

管片接缝防水包括管片间的弹性密封垫防水、隧道内侧相邻管片间的嵌缝防水及必要时向接缝内注入聚氨酯溶液等。其中,弹性密封垫防水最可靠,是接缝防水重点。当然,管片制作精度对接缝防水的影响不可忽视,一般要求接缝宽度不应大于 1.5cm。

1）弹性密封垫防水

（1）弹性密封垫的功能要求。一般情况下,要求弹性密封垫能承受实际最大水压的 3 倍。对接缝防水材料的基本要求为:

①保持长久的弹性状态和工作效能,使之适应隧道长期处于"蠕动"状态而产生的接缝张开和错动。

②与混凝土构件应具有足够的黏结性,而且不能影响管片的拼装精度,施工还要方便。

③能适应地下水的侵蚀。

环、纵缝上的防水密封垫除了要满足上述基本要求外,还得按各自所承担的工作效能相应提出不一样的要求。环缝防水密封垫需要有足够的承压能力和弹性复原力,能承受和分散盾构千斤顶顶力,防止管片顶碎;纵缝密封垫对管片的纵缝初始缝隙进行填平补齐,并对局部的集中应力具有一定的缓冲和抑制作用。衬砌环缝的密封垫还应在衬砌产生纵向变形时,保持在规定水压力作用下不透漏水,即密封垫在设计水压下的允许开张值应大于衬砌在产生纵向挠曲时环缝的开张值。

(2)密封材料种类。从密封材料的发展过程看,密封材料大致可以分为如下3类。

①单一型。如未硫化的异丁烯类、硫化的橡胶类、海绵类、两液型的聚氨酯类等。

②复合型。如海绵加异丁烯类加保护层、硫化橡胶加异丁烯类加保护层等。

③遇水膨胀型。如水膨胀橡胶,它是在橡胶(天然橡胶或氯丁橡胶)中加入水膨胀剂(如吸水性树脂、水溶性聚氨酯等)而制成的。

从已有的试验资料来看,以合成橡胶(氯丁橡胶或丁苯橡胶)为基材的齿槽形管片定型密封垫的防水效果较好。此外,遇水膨胀密封材料的出现,显著地改变了盾构法隧道的防水性,因为它吸水后膨胀产生的膨胀压力可以抵抗水压力,防止渗水,是今后的发展方向。

2)嵌缝防水

管片接缝除了设置防水密封垫外,根据已有的施工实践资料来看,较可靠的是在环、纵缝沿隧道内侧设置铅缝槽,在槽内嵌填密封防水材料。要求嵌缝防水材料在大于衬砌外壁的静水压作用下,能适应隧道接缝变形而达到防水要求。嵌缝材料最好在隧道变形已趋于基本稳定的情况下施工。一般情况下,正在施工的隧道,在盾构推力影响不到的区段,即可进行嵌缝作业。

4.螺栓孔和压浆孔防水

螺栓与螺栓孔或压浆孔之间的装配间隙是渗水的重要通道,所采取的防水措施就是用塑性(合成树脂类、石棉沥青或铅)和弹性(橡胶或聚氨酯水膨胀橡胶等)密封圈垫在螺栓和螺孔之间,在拧紧螺栓时,密封圈受挤压充填在螺栓与孔壁之间,达到止水效果。

密封圈应具有良好的伸缩性、水密性、耐螺栓拧紧力、耐老化等。为提高防水效果,螺栓孔口可做成喇叭状。由于螺栓垫圈会产生蠕变而松弛,为了提高止水效果,有必要对螺栓进行二次拧紧。施工时,螺栓位置偏于一边的现象是经常发生的。应充分注意,必要时也可对螺栓孔进行注浆。

5.二次衬砌

在目前隧道接缝防水尚未能完全满足要求的情况下,隧道防水较多采用双层衬砌。在外层装配式衬砌已趋基本稳定的情况下,进行二次内衬浇捣。在内衬混凝土浇筑前,应对隧道内侧的渗漏点进行修补堵塞和高压水冲污。内衬混凝土层的厚度不得小于150mm,有时根据需要可厚达300mm。双层衬砌的做法不一,有的直接在外层衬砌结构内浇捣内衬混凝土,也有在外层衬砌的内侧面先喷筑20mm厚找平层,再铺设油毡或合成橡胶类的防水层,然后在防水层上再浇筑内衬混凝土层。

内衬混凝土一般都采用混凝土泵加钢模台车配合分段施工,每段为8~10m,每24h进行一个施工循环。城市地铁的区间隧道大都采用这种方法。但这种内衬施工法,隧道顶拱部分混凝土质量往往不易保证,尚需预留压浆孔进行压力注浆填实。此外,也有用喷射混凝土法施工二次衬砌的。

二、地表沉降变形控制

盾构法在软土层中推进,会导致不同程度的地面和隧道沉降、隆起,即使采用当前先进的盾构技术,也难完全防止这些变形。

1. 地面沉降机理和预测

盾构施工引起的地层损失和盾构周围土体受扰动,或受剪切破坏的重塑土的再固结,是地面沉降的基本原因,其中由于盾构施工引起的地层损失是导致地面沉降的主要原因。

1) 地层损失

地层损失是盾构施工中实际挖除土体体积和竣工隧道体积之差。盾构隧道的挖掘土方量常常由于超挖或盾构与衬砌间的间隙等原因而比理论上按照隧道断面计算出来的土方量大得多,这就使隧道与衬砌间产生间隙。周围土体在弥补地层损失中,发生地层变形,引起地面沉降。地层损失用地层损失率来表示,地层损失率以地层损失体积占盾构理论排土体积的百分比来表示。引起地层损失的因素有以下几个方面:

(1) 开挖面土体移动。盾构掘进时,开挖面土体受到水平支护应力小于原始侧向应力,则开挖面土体向盾构内移动,引起地层损失,而导致盾构上方地面沉降;若盾构推进时,作用在正面土体的推应力大于侧向应力,则正面土体向上、向前移动,引起地层负损失,而导致盾构前上方土体隆起。

(2) 盾构后退。在盾构暂停推进时,盾构推进千斤顶漏油而引起盾构后退,使土体坍落或松动,造成地层损失。

(3) 土体挤入盾尾空隙。盾构推进后压浆不及时,压浆量不足,压浆压力不适当,均会使盾尾后周边土体失去平衡状态,向盾尾的空隙中移动,引起地层损失。

(4) 改变推进方向。盾构在曲线推进、纠偏、抬头或磕头推进过程中,实际开挖面不是圆形而是椭圆,引起地层损失。盾构轴线与隧道轴线的偏角越大,则对土体扰动和超挖程度就越大,其引起的地层损失也越大。

(5) 随盾构推进而移动的盾构正面阻碍物,使地层在盾构通过后产生空隙,而又无法及时压浆填充,引起地层损失。

(6) 推进的盾构外周黏附一层黏土时,盾尾后隧道外周环形成的空隙会有较大量的增加,如不相应增加压浆量,地层损失必然大量增加。

(7) 盾构移动对土层的摩擦和剪切。

(8) 在土压力作用下,隧道衬砌产生的变形也会引起地层损失。饱和松软地层衬砌渗漏亦会引起地层沉降。

2) 固结沉降

由于盾构推进过程中的挤压、超挖和盾尾注浆作用对地层产生了扰动,使隧道周围地层产生正、负超孔隙水压力,从而引起的地层沉降。固结沉降可分为主固结沉降和次固结沉降。土

层厚度越大,主固结沉降占总沉降的比例越大。因此,在隧道埋深较大的工程中,主固结沉降的作用不可忽视。

2. 地面沉降的预测

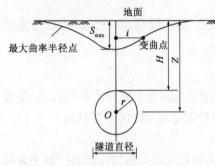

图 5-25 地表横向沉降槽

随着盾构法施工被日益广泛地采用,盾构法施工引起的地面沉降问题也越来越被关注。到目前为止,已有大量用于预测盾构隧道施工引起地表沉降的计算方法,但应用最为广泛的方法主要是经验公式法。经验法主要是根据盾构隧道施工后所引起的地表沉降槽的形状,采用一定的曲线形式表示,再根据地表沉降实测结果或已有的资料,确定曲线的具体特征参数。最经典的经验公式法是 Peck 于 1969 年提出的基于正态分布曲线沉降槽估算公式,Peck 公式虽为经验公式,但与实际沉降曲线相似,且参数少,使用方便,目前仍被广泛使用。地表横向沉降槽,如图 5-25 所示。

$$S(x) = S_{\max} \exp\left[\frac{-x^2}{2i^2}\right] \tag{5-2}$$

$$S_{\max} = \frac{V_s}{\sqrt{2\pi}\,i} \tag{5-3}$$

$$i = \frac{Z}{\sqrt{2\pi}\tan\left(45° - \dfrac{\phi}{2}\right)} \tag{5-4}$$

式中:$S(x)$——地面任一点的沉降值;

$\quad S_{\max}$——地面沉降最大值,位于沉降曲线的对称中心上;

$\quad x$——从沉降曲线中心到所计算点的距离;

$\quad i$——沉降槽宽,从沉降曲线对称中心到曲线拐点的距离;

$\quad V_s$——隧道地表沉降槽的体积;

$\quad Z$——地面至隧道中心的深度。

3. 地面沉降控制措施

由于盾构法施工势必引起地面沉降,尤其在软土层中,因此,在盾构掘进施工过程中,应当特别注意对周边环境的保护,采取有效措施降低和减少地面沉降,具体有以下几个方面措施。

1)控制最佳盾构推进状态

所谓最佳盾构推进状态,是指盾构推进过程中其参数的优化及匹配,具体表现为在该状态下盾构推进对周围地层及地面的影响最小。

衬砌背后压浆。一般来说,衬砌背后压浆具有较好的效果,可使衬砌与土体稳定,并将盾构的推力传递到衬砌周围的土体上去,促使外部压力均匀地作用在衬砌上,使衬砌受到约束,防止衬砌变形和衬砌周围土体的松动。若要使衬砌背后的空隙达到良好的充填效果,则压浆时必须满足以下几点。

（1）盾尾脱出后及时压浆。这样能使衬砌与土层间的空隙迅速充填，起到减少地面沉降的目的，目前经常采用的是同步注浆。

（2）压浆量充足。由于浆液会产生收缩、失水和盾尾带泥等原因使实际压浆量远大于理论压浆量。

（3）严格控制压浆压力。这是由于如果压浆压力过大，压出的浆液在土层中产生劈裂效应，对地层产生额外扰动。另外，过高的注浆压力也会产生瞬间应力集中，使混凝土衬砌产生裂缝。一般要求压浆压力略大于该点的静水压力和土压力之和。在决定压浆的压力时，应考虑由于注浆管的压力损耗和管口的扩散效应所导致的压力减弱。

（4）采用两次以上的压浆。其目的是弥补一次压浆的不足，减少地面沉降。

（5）浆液选择、配比、拌制和储运必须合理。

2）开挖面施加土压力

保持开挖面土压力的平衡可以减少开挖面土体的坍塌、变形、土体损失等。为维护开挖面的稳定，通常要在盾构前方形成一定压力，来平衡土体的水平侧向土压力。通常，采用气压、泥水压力及土压来平衡。

3）其他施工参数优化

（1）加强推进速度控制，要尽量不使或少使前方土体受挤压。

（2）控制盾构推进中的"姿态"，推进轴线尽量与隧道保持一致，减少纠偏。

（3）控制衬砌拼装偏差，提高隧道质量，减少施工后期沉降。

三、盾构隧道施工监测

1. 监测目的

盾构法施工作为一种在地表以下暗挖隧道的施工方法，由于在技术上的不断改进，其机械化程度越来越高，对各种地层的适应性也越来越好，同时其埋置深度可以较深而不受地面建筑物和交通的影响，因此在水底公路隧道、城市地下铁道和大型市政工程等领域均被广泛采用。但在软土层中采用盾构法掘进隧道，会引起地层移动而导致不同程度的沉降和位移，即使采用先进的土压平衡和泥水平衡盾构，并辅以同步注浆技术，也难以完全防止地面沉降和位移的发生。因此在盾构隧道施工时，必须通过监测掌握由盾构施工引起的周围地层的移动规律，及时采取必要的技术措施改进施工工艺，控制对周围地层产生的位移量，确保周边环境的安全。加强在盾构施工过程中的地表变形监测，有以下几方面的作用。

（1）有助于快速反馈施工信息，预防工程破坏事故和环境事故的发生，及时发现问题并采用最优的工程对策。

（2）将现场测量结果与预测值相比较，以判别前一步施工工艺和施工参数是否符合其要求，有助于确定和优化下一步施工参数，从而指导现场施工。

（3）测量结果及时反馈有助于进一步优化设计，使设计达到优质安全、经济合理，提高工效。

（4）还可将现场监测结果与理论预测值相比较，用反分析法导出更加接近实际的理论公式指导其他工程。

2. 监测内容

盾构隧道施工监测一般采用巡视监测和仪器监测相结合的方法进行。

1) 巡视监测

整个工程施工期内,每天均应派专人进行巡视检查,巡视检查主要包括以下内容。

(1) 盾构隧道结构。

①管片状况(管片变形、开裂等)。

②管片拼装后状况(错台、拼接缝、掉块以及漏水状况等)。

③盾构机姿态、开挖面土压力、推力、推进速度和出土量等参数是否同步采集。

④洞内有无渗水等状况。

(2) 盾构隧道区间周边环境。

①地下管道有无破损、泄漏情况。

②区间隧道上部建筑物有无裂缝出现。

(3) 监测设施。

①基准点、测点完好状况。

②有无影响观测工作的障碍物。

③监测元件的完好及保护情况。

(4) 设计要求或当地经验确定的其他巡视检查内容。

巡视检查以目测为主,可辅助放大镜等工具及摄影摄像设备进行。如发现异常,及时通知委托方及相关单位。

2) 仪器监测

盾构隧道施工仪器监测的主要内容有:隧道隆陷、隧道净空收敛、地表沉降、地下管线沉降、建筑物变形、裂缝、衬砌结构内力、土压力、孔隙水压力等。

(1) 隧道隆陷监测。在隧道底部管壁螺栓孔上选取易于立尺的螺栓作为监测点(考虑在管片上钻孔对管片损坏大,会影响造成管片寿命时间),螺栓顶部磨成半圆。监测方法采用水准仪监测。

(2) 隧道净空收敛监测。在隧道两侧管片上拧下螺栓,将专用的收敛环套在螺栓上,把收敛环和螺栓一起拧紧。使用数显钢尺收敛计,将收敛计钢尺挂钩分别挂在两个测点上,然后收紧钢尺,并用卡钩将钢尺固定,调节钢尺拉力到基准值,读出测点距离。初测读数与每次读数之差,即为收敛值。

(3) 地表沉降监测。根据国家规范要求埋设测点,采用专用内嵌式沉降观测标,或者专用测钉打入路面基层,监测方法采用水准测量法进行。

(4) 地下管线沉降监测。施工影响范围内地层不同程度的沉陷,可能会引起地下管线的变形、断裂而直接危及其正常使用,甚至引发灾难性事故,因此需对地下管线进行严密监测。

在管线轴线相应的地表,凿开路面结构层,将钢筋直接打入地下,深度与管线顶部一致,并且延伸到地面,顶端磨成半球形并涂上防锈漆,测点顶突出地表5mm以上,注意保护测点不被破坏和人为移位。监测方法采用高精度水准仪和钢钢尺等仪器进行地管线沉降或隆起监测。

(5) 建筑物变形监测。在建筑物四角、承重墙或者柱上按规范要求位置采用专用沉降观测标埋设测点,并做标记,监测方法采用高精度水准仪和钢钢尺等仪器进行建(构)筑物沉降或隆起监测。

(6)裂缝监测。裂缝观测应包括裂缝的位置,走向、长度、宽度及变化程度,需要时还包括深度。对裂缝宽度监测,可在裂缝两侧贴石膏饼、划平行线或贴埋金属标志等,采用千分尺或游标卡尺等直接量侧的方法,也可采用裂缝计、粘贴安装千分表法、摄影量测法等。

(7)衬砌结构内力监测。一般通过量测管片中的钢筋应力后计算出隧道衬砌测点处的弯矩和轴力。钢筋应力一般采用钢弦式钢筋应力计进行测量,钢筋应力计的埋设是在管片钢筋笼制作时把钢筋应力计焊接在管片内外缘的主筋上面。

(8)土压力、孔隙水压力监测。监测通过埋设在土体中的土压力计和孔隙水压计进行,土压计和孔隙水压计分为钢弦式和电阻应变式两种,数据采集分别由频率仪和电阻应变仪测得。周围地层的土压力和孔隙水压力监测点是采用钻孔埋设,隧道衬砌的土压力测点一般在预制管片时预留埋设孔,在管片拼装前将土压计埋设在预留孔内,土压计外膜必须与管片背面保持在一个平面上。

思考题

1. 简述用盾构法修建隧道的原理。
2. 盾构法隧道施工的适用条件和特点是什么?
3. 简述盾构的基本组成及各组成部分的作用。
4. 盾构的常见类型有哪些? 试述每种盾构的适用条件和优缺点。
5. 何谓盾构法施工出洞、进洞?
6. 盾构出洞方式有哪些?
7. 盾构推进施工有哪些技术控制要点?
8. 盾构隧道衬砌结构的防水可以采取哪些措施?
9. 试述盾构隧道施工引起地面沉降的原因与控制方法。
10. 盾构隧道施工监测包含哪些内容?

第六章 地下工程水防治技术

第一节 概 述

地下水对地下工程的设计方案、施工方法与工期、工程投资以及工程长期使用都有着十分密切的关系。如果对地下水处理不当,可能产生不良影响,甚至发生重大工程事故。地下工程特殊施工方法大都是针对如何处理地下水或减少其对工程的危害而相应产生的,是地下施工的重要组成部分。

所谓特殊施工实质是地下工程通过松散的不稳定含水层即表土(地质年代最年轻的第三、四系地层,冲击层或湖积层),或稳定的含水裂隙层(奥陶纪石炭纪等岩层)或破碎带。

对于第一类地层,危害最大的是黏土层和流砂层。黏性土的基本特征是吸水后塑性、膨胀性及流变性,流变性强的黏土有时也称为"浓稠"液体。

砂性土的明显特征是见水流动,这一特征称为砂的"液化",其危害性极大,机械排水可导致涌砂冒泥、地表沉陷、井筒脱落,这一现象可能发生于排水后的几个月,也可发生在距排水点较远的地方,如相邻的地下工程等。

对于第二类地层,裂隙中的水常常为承压水、流动水或静水,最大的特点是隐蔽性和不均匀性。

一、地下水的分类

地下水按埋藏条件不同,分为三大类,如图 6-1 所示。

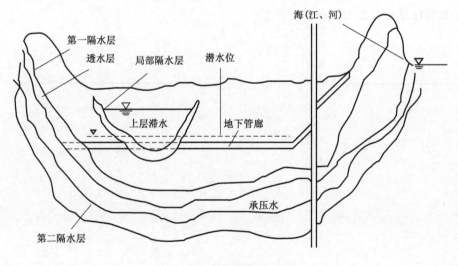

图 6-1 地下水埋藏条件示意图

上层滞水：地表水下渗，积聚在局部透水性小的黏性土隔水层上的水，称为上层滞水。这种水靠雨水补给，有季节性，存在于雨季，旱季可能干涸。勘察时，应注意与潜水区分。

潜水：埋藏在地表以下第一个连续分布的稳定隔水层以上，具有自由水面的重力水，称为潜水。其自由水面为潜水面，水面高程称为地下水位。地面至潜水面的铅直距离称为地下水的埋藏深度。

潜水由雨水与河水补给，水位也有季节性变化。地下水埋藏深度各地区相差较大，如南方一些地区不足 1m，西北黄土高原深达 100 ~ 200m。

承压水：埋藏在两个连续分布的隔水层之间，完全充满的有一定压力的地下水，称为承压水。如打穿承压水上面的第一隔水层，则承压水因有压力而上涌，压力大时可以喷出地面。对于矿山工程中的立井，深度达几百米至千米，在施工过程中可能穿过多个承压含水层，应引起足够重视。

二、地下工程涌水特征

1. 地下工程涌水的主要来源

1）地表水

地表水属于第一或第二类水。若地表水体与第四纪松散砂、砾层或基岩裂隙含水层有密切水利联系，当地下工程施工揭露砂、砾含水层或基岩裂隙含水层时，地表水便以孔隙或裂隙为通道涌入地下工程。若地表水体与导水断层相连，当地下工程施工遇该断层时，地表水常为地下工程的直接水源。

对此类水系应重点查清与开挖目标的连通渠道。

2）地下水

根据赋存状态的不同，地下水可进一步细分为松散层孔隙水、基岩裂隙水和可溶岩溶洞水。在松散层中进行地下工程施工时，若事先未对松散层进行特殊处理，则当地下工程通过含水丰富的松散砂、砾层时，不仅有水进入，而且常伴有泥沙涌出，造成墙体坍塌，地面建筑物、构筑物倾斜甚至倒塌等事故。

对于基岩裂隙水，因裂隙的成因不同，基岩裂隙水的富水特征也不尽相同，对地下工程施工威胁较大的多为脆性岩层中的构造裂隙水，尤其是张性断裂，它不仅本身富水性较好，且常能沟通其他水源（地表水或强含水层），造成大的突水事故。

对于地下水关键是弄清水的性质，尤其是可溶岩溶洞水。

2. 地下工程涌水的主要通道

地下工程涌水的通道有多种类型，归结起来，可以分为两大类，即天然通道和人为通道。

1）天然通道（按复杂程度分类）

（1）土层的孔隙。这类通道多存在于松散沉积层中，其透水性取决于土颗粒的大小、形状及排列情况，颗粒大而均匀，则孔隙大，透水性好。反之，则孔隙小，透水性差，其涌水特点是缓而可控。

（2）岩层的裂隙。岩层的风化裂隙、成岩裂隙都能构成地下工程涌水的通路。但对地下工程涌水具有普遍而严重威胁的是构造裂隙（各种节理、断层和巨大的断裂破碎带）。因为，

它不仅本身构成富水的断裂带,且往往又是良好的导水通道,尤其是大倾角裂隙。任何地下工程都会揭露不同数量、不同性质、不同规模和不同时期所形成的构造裂隙,故导水性能也不尽相同。

(3)岩层的溶隙(尤其是奥陶岩或石灰岩)。岩层的溶隙,为可溶岩所独具。岩溶发育的程度,受地质条件、气候条件、水交替循环强烈程度等因素控制,三者相辅相成。由于溶隙主要是沿一组或几组裂隙发育,故常有一组或几组溶隙是地下水的主要通道,如陷落柱。另外,岩溶不仅是涌水的主要通道,而且本身又是良好的储水空间——溶洞、水洞及地下暗河,所以常造成灾害性的突水事故。

2)人为通道

排水引起新的补给。长期排水,由于排水漏斗破坏或改变了地下水天然状态,因此不仅可以造成地表水的渗入条件,而且各含水层之间会出现新的补给排泄关系或涉及新的补给水源。

另外,未封闭或封孔质量不好的钻孔,矿山压力对顶底板的破坏造成的隔水性丧失等,都可形成人为的过水通道。

三、地下水预测、预报

地下水的赋存状况、水源位置、水力特征、涌水量大小随机性、隐蔽性很强,对其预测、预报的理论与技术尚不成熟,是地下工程地下水处理的技术难题之一。目前,常用的预测、预报方法有:水文地质比拟法、涌水量与水位降深曲线法、地下水动力学方法等,这些方法常常不能奏效。

目前,正在研究的化学动力学涌水预测技术、电法及瞬变电磁物探技术、物化综合预测技术、钻探法改进技术等,会给地下水预测、预报难题带来新的突破。

第二节 人工降低水位法

降低水位法分明排法和人工降低水位法,表土施工时常用。明排法是在基坑开挖至地下水位时,在基坑周围内基础范围以外开挖排水沟或在基坑开挖排水沟。相隔一定距离设集水井,地下水沿排水沟流入集水井,然后用水泵将水抽走,如图6-2所示。明排法是一种简单的地下水处理法,当地下水压较大而又为细粉砂时,采用明排法往往会发生涌砂冒泥即流砂现象,难以施工。此时应采用人工降低地下水位的方法。

一、方法实质

人工降低地下水位,就是在井筒或地下工程基坑开挖前,预先在其四周埋设一定数量的滤水管或井,用抽水设备抽水,使地下水位降到坑底以下,同时在开挖过程中仍不断抽水。这种方法可使所开挖的土始终保持干燥状态,从根本上防止流砂现象的发生,改善了工作条件,同时由于土中水被排除后,动水压力减小或消除,边坡可以放陡,减少挖土量。此外,由于渗流向下,在动水压力的作用下,增加了土颗粒间的压力,使坑底土层更为密实。

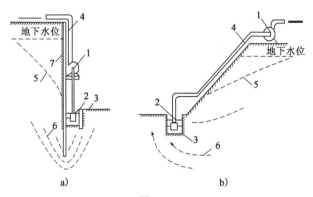

图 6-2

a)直坡边沟;b)斜坡边沟

1-水泵;2-排水沟;3-集水井;4-压力水管;5-降落曲线;6-流水曲线;7-板桩

人工降低地下水位的方法有:轻型井点、喷射井点,电渗井点、管井井点及深井泵井点等,可根据土的渗透系数、要求降低水位的深度、工程特点及设备条件等,参照表 6-1 选择。

各种井点的适用范围
表 6-1

井 点 类 别	土层渗透系数(m/d)	降低水位深度(m)	土 的 类 别
单层轻型井点	0.1~50	3~5	轻亚黏土、细砂、中砂、粗砂
多层轻型井点	0.1~50	5~12 由井点层数而定	轻亚黏土、粉砂、细砂、中砂、粗砂
电渗井点	<0.1	根据选用的井点而定	黏土、亚黏土
管井井点	20~200	3~5	粗砂、砾石、卵石
喷射井点	0.1~20	8~20	轻亚黏土、细砂、中砂、粗砂
深井泵井点	10~250	>6	中砂、粗砂、砾石

二、轻型井点系统

轻型井点就是沿基坑四周将许多根直径较细的井点管埋入地下含水层内,井点管的上端通过弯管与总管相连接,用抽水设备将地下水从井点管内不断抽出,这样便可将原有地下水降至坑底以下。轻型井点布置如图 6-3 所示。

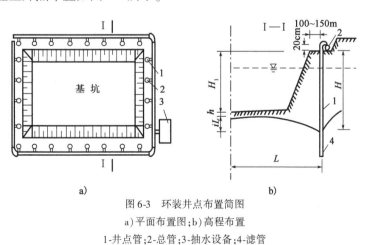

图 6-3 环装井点布置简图

a)平面布置图;b)高程布置

1-井点管;2-总管;3-抽水设备;4-滤管

轻型井点包括由井点管、总管组成的管路系统和抽吸设备两大部分。井点管由长 5 ~ 8m,直径 38 ~ 50mm 的钢管做成。滤管长 1 ~ 2m 直径同井管,管壁钻有直径 38 ~ 50mm 的滤孔,按梅花状排列,滤孔总面积与滤管表面积之比为 20% ~ 25%,构造如图 6-4 所示。轻型井点的安装程序按设计布置方案,先排放总管,再埋设井点管,然后用弯管把井点管与总管相连接,最后安装抽水设备,井点施工工艺流程见图 6-5。

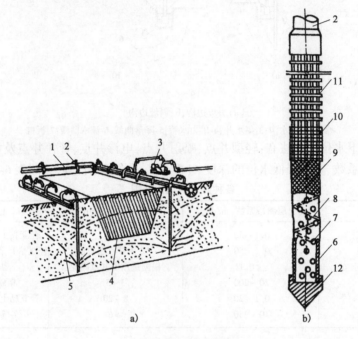

图 6-4 轻型井点降水
a)轻型井点系统;b)滤管构造

1-集水总管;2-井点管;3-抽水设备;4-基坑;5-滤管;6-钢管;7-管壁上的孔眼;8-塑料管;9-细滤网;10-粗滤网;11-粗金属网;12-堵头

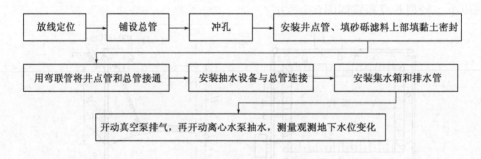

图 6-5 轻型井点施工工艺

本降水方法具有机具设备简单、使用灵活、装拆方便、降水效果好、可提高边坡的稳定、能防止流砂现象的发生、降水费用较低等优点。此方法适用于渗透系 $K = 0.1 \sim 50 \text{m/d}$ 的土及土层中含有大量的细砂和粉砂的土或明沟排水易引起流砂、坍方的基坑降水工程。降水深度为:单级轻型井点 3 ~ 6m,多级轻型井点 6 ~ 12m。

三、喷射井点系统

当基坑开挖深度或降水深度超过 6m 时,上述轻型井点必须采用多层井点,但增加了挖土量与设备数量,有时因场地狭小,不可能布置,此时可考虑采用喷射井点。喷射井点系统布置,见图 6-6。

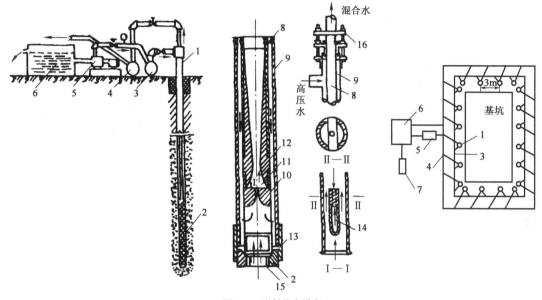

图 6-6 喷射井点设备

1-喷射井管;2-滤管;3-进水总管;4-总排水管;5-高压水泵;6-集水池;7-低压水泵;8-内管;9-外管;10-喷嘴;11-混合室;12-扩散管;13-环形底座;14-进水窗;15-芯管;16-管箍

喷射井点系统除抽水原理与轻型井点系统不同外,两者的布置基本相同。其工作原理是:高压水泵将具有一定压力($7\sim8kg/cm^2$)的工作水通过供水总管分配到各个井点管,从各个井点管的内管与外管之间的环形空腔入进水窗,由喷嘴喷出。因喷射水流流速急剧增加,压力水头相应降低,吸走周围空气而形成高度真空(700mm 以上)。管内外的压力差将地下压力水吸入井管。地下水及一部分空气通过滤网,从滤管中的芯管上升至扬水器,经过喷嘴两侧与喷射出来的高速水流一起进入混合室,并在混合室中混合,进行能量交换,流速逐渐减小,由流速水头逐渐变为压力水头,地下水被排至地面,并经排水总管进入集水池重新参与工作循环,多余的水被排走。

喷射井点由集水池、高压水泵、输水干管和喷射井管等组成。每根喷射井管上都有扬水器,因此不受吸水高度的限制,单层抽水就可以使地下水位下降较大的深度。通常一台高压水泵能为 $30\sim35$ 个井点服务,其降水范围为 $5\sim18m$。

四、管井井点和深井泵井点

在遇有流砂,特别是地下水充沛的土层,宜用管井井点或深井泵井点,两者与轻型井点的不同之处是每个井点均单独采用一台泵,而后者是将泵放置在井管中。井点布置如图 6-7、图 6-8所示。

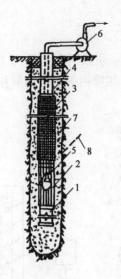

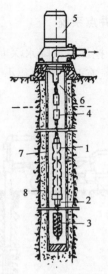

图 6-7　管井井点　　　　　　　　　图 6-8　深井泵示意图

1-沉砂管;2-多焊接骨架;3-滤网;4-管身;5-吸水管;　　1-立式多级离心泵;2-吸水管;3-滤管头;4-扬水管;

6-水泵;7-小砾石;8-降落水位线　　　　　　　　　　5-电动机;6-传动轴;7-滤水管;8-滤井

深井泵井点一般适用于土的渗透系数为 10 ~ 2500m/d 的第四系含水土层,土质为砂类土、碎石土、基岩裂隙等含水层,土层厚度宜 >5m,降低水位深度不限。管井井点或深井泵井点具有井距大、各井点相互独立、施工方便、易于布置、排水量大、降水深、降水设备和操作工艺简单、抽水效果好、工程费用低等特点,是人工降低地下水位经常采用的降水方法,特别是地下水丰富,降水深、面积大、时间长的降水工程应用最为广泛。在含水层的渗透系数大、地下水比较丰富的地区施工时,宜采用管井井点降低地下水位。

五、水平降水系统

水平降水也称辐射井技术。有些情况下现场不具备垂直降水条件,如暗挖施工、长条带施工(地铁隧道等)、地面不具备操作场地,存有障碍物(如市政设施、构筑物等)。此时,可采取水平降水技术,可明显提高降水效率。

水平降水系统包括大口径钢筋混凝土管竖井及竖井内沿含水层水平方向布设的多根辐射管组成,即将开挖区域上部一层或多层含水层中的地下水,由水平辐射排水管排至竖井,再由水泵排出地面。由于水平管呈辐射状分布,故称辐射井。水平降水系统布置见图6-9。

竖井及水平辐射孔施工应根据场地情况和地层情况,选择不同的施工方法。常见的竖井水平辐射孔施工工艺流程如下。

竖井施工工艺流程:

(1)井位放样。

(2)人工挖井。

(3)上部竖井。

(4)分段开挖。

(5)钢筋混凝土护壁。

(6)施作井口井字地梁。

(7)钻机就位。

(8)泥浆制备。

(9)钻孔。

(10)漂浮法。

(11)下入井管。

(12)井管与钻孔壁间隙回填砾石。

(13)清理集水井内积水和泥砂。

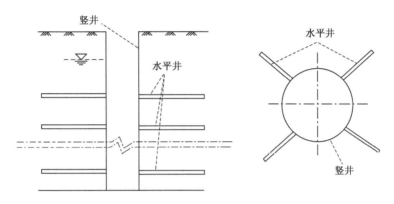

图6-9　水平降水系统布置示意图

水平辐射孔施工流程：

(1)吊装工作平台。

(2)下入水平钻机。

(3)水平辐射孔钻进。

(4)安装滤水管。

(5)调整工作平台至另一层水。

(6)水平辐射孔钻进成孔。

(7)吊出水平钻机及工作平台。

(8)下泵。

(9)集水竖井口防护处理。

施工中注意事项：

人工取土自重下沉施工方法是一种安全可靠的施工方法,控制井管垂直度是沉井法施工中最关键的一个环节,沉管过程中要尽量缩短施工工期,争取一气呵成,施工工期延误过长经常会造成意外事故的发生。

水平辐射孔钻进过程中,由于存在一定水头压力,一股较大水流向竖井内冲出,并携带大量泥沙,导致孔口有轻微坍塌。解决方法:备好井口管、速凝水泥、止水带等材料,及时做好孔口防护,钻进时钻杆外壁与孔口管的间隙用止水材料封堵。

水平降水优点：

(1)占用场地面积小,井位布置灵活。边长＜100m的深基坑,一般只在四个角上,各设一

个竖井,即可满足降水要求,不受周边环境和设施的影响。施工仅需临时占用 $100 \sim 150m^2$ 场地,井口位置可避开场地限制,灵活调整,竖井完工后即可恢复场地交通和地貌景观。

(2)出水量大,降水范围大。因为土体的渗透系数 K 水平方向要比垂直方向大 $5 \sim 10$ 倍,辐射井的水平辐射管是呈辐射状,近似水平地被放置在含水层中,所以将会增大出水量,扩大降水范围。由于在含水层中设置多根辐射管,与相同深度的管井相比较,一般相当于 $8 \sim 10$ 个管井的水量。

(3)随着设备和施工方法的改进,由于辐射井水平管周围在运行中很快形成天然反滤层,使得井的出水量随着时间延长,不但不会衰减,还有增加趋势。地下水进入水平辐射管要比进入管井滤水管产生的水跃值小得多,不易淤堵,井的寿命长。

(4)降水控制范围大,疏干效果好,降水半径可达 50m。

(5)地面差异沉降小,辐射井水平降水的降落漏斗呈平缓蝶状,降落曲线坡度远小于垂直井点降水。

(6)施工工期短,水平井施工完成即可进行开挖,抽水不占用主体施工时间,一般井点降水必须先于主体结构 30 天以上开始抽水。

(7)工程造价比井点降水方式节约了 30% 左右,其施工技术和经济效益方面是可行的。

水平降水技术要点:含水层、隔水层位置;竖井位置、间距、深度;水平排水管数量、辐射角度及长度等。

六、电渗井点系统

在基坑的土方开挖工程中,开挖土层为饱和黏性土,特别是淤泥和淤泥质黏土,由于土的透水性差(渗透系数小于 0.1m/d),使用重力或真空作用的一般轻型井点降水,效果很差,此时宜采用电渗井点排水。它是利用黏性土中的电渗现象和电泳特性,使黏性土空隙中的水流动加快,起到一定的疏干作用,从而使软土地基排水效率得到提高。

19 世纪初,列斯用直流电通过含水土时,发现了电动现象。电动主要包括电渗和电泳两种现象。在饱和黏土中插入两根电极,通过直流电,则阳极周围的土中水会向阴极流动,土中细颗粒向阳极移动或压密,前者称电渗现象,后者称电泳现象。

电渗现象的原因可以从黏土的物理化学性质得到解释。黏土固体颗粒表面一般带有负电荷,因而能把水中的氢阳离子和溶解在水中的其他阳离子如 Na^+、Ca^{2+}、和 Al^{3+} 等和水分子一起吸附在土颗粒表面。这些阳离子本身因带电又吸引了一定数量的极性水分子。当在土中通以直流电后,离颗粒较远的阳离子连同它们吸引的水分子,甚至还带动相邻的自由水,一起由阳极移向阴极,于是阳极处水分减少,阴极处则增加。因此,电渗现象在黏土颗粒含量多且含水率大的饱和土层较显著,若含水率接近塑性限界,则电渗现象很弱。电泳现象是带负电荷的土颗粒由阴极向阳极移动,对土层起固结作用,从而对软土地基有加强作用。电渗井点布置如图 6-10 所示。

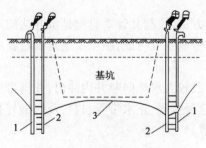

图 6-10 电渗井点布置图

1-井点管;2-金属棒;3-地下水降落曲线

用钢管(直径 $50 \sim 70mm$)或钢筋(直径 25mm 以

上)作为阳极,埋设在井点管环圈内侧1.25m处,外露在地面上20~40cm,其入土深度应比井点管深50cm,以保证水位能降到所要求的深度。阴阳极的间距,采用轻型井点作为阴极一般为0.8~1.0m,并呈平行交错排列,阴阳极的数量宜相等,必要时阳极数量可多于阴极数量。阴、阳极分别用BX型铜芯橡皮线或扁钢、钢筋等连成通路,并分别接到直流发电机的相应电极上。一般常用功率为9.6~55kW的直流电焊机代替直流发电机使用。

电渗井点埋设程序一般是先埋设轻型井点,预留出布置电渗井点阴极的位置,待轻型井点降水不能满足降水要求时,再埋设电渗阳极,以改善降水性能。电渗井阳极埋设与轻型井点相同,阳极埋设可用75mm旋叶式电钻钻孔埋设,钻进时加水和高压空气循环排泥,阳极就位后,利用下一钻孔排出泥浆倒灌填孔,使阳极与土接触良好,减少电阻,以利电渗。如深度不大,亦可用锤击法打入。钢筋埋设必须垂直,严禁与相序阴极相碰,以免造成短路,损坏设备。使用时工作电压不宜大于60V,土中通电的电流密度宜为0.5~1.0A。为防止大量电流从土表面通过,降低电渗效果,减少电耗,应在不需要电渗的土层(如渗透系数较大的土层)的阳极表面涂两层沥青绝缘。地面应使之干燥,并将地面以上部分的阳极和阴极间的金属或其他导电物处理干净,有条件时亦涂上一层沥青绝缘,以提高电渗效果。电渗降水时,为清除由于电解作用而积聚在电极附近及表面的气体(该气体会使土体电阻加大,电能消耗增加),应采用间歇通电方式,即通电24h,停电2~3h,再通电。

第三节 注浆施工技术

注浆技术是解决地下水患、加固围岩及基础的主要技术措施之一。注浆的实质是:在一定的压力下,将可凝固的浆液注入岩层裂隙或松散的砂土层中,充填裂隙、孔隙或空洞,以达到封堵涌(淋)水,加固岩层的目的。它必须完成两个过程,即物理化学过程和水动力学过程。

由于该项技术具有设备投入少、操作简单、成本低、见效快、工程质量可靠等特点,已在城市地下工程、矿山、水电、建筑、桥梁、隧道及一些军事工程中得到广泛应用。

一、注浆技术发展及应用

1. 注浆技术发展

注浆法是由"注射法"这一古老的概念转变而来的。注浆技术的沿革大致可分为四个阶段:黏土浆液阶段(1802—1857年),初级水泥浆液注浆阶段(1858—1919年),中级化学浆液注浆阶段(1920—1969年)及现代注浆阶段(1969年之后)。

1802年,法国人查理斯·贝里格尼在封堵坝体漏水时,用一种木制冲击筒装置,采用人工锤击方法向地层挤压黏土浆液,这被称为注浆的开始。之后,此法在多个欧洲国家得以应用(基础加固与防水)。从1802—1857年,注浆方法比较原始,浆液主要采用黏土、火山灰、生石灰等简单材料。

1826年,英国人成功研制出硅酸盐水泥。1845年,美国沃森在一个溢洪道陡槽基础下灌

注水泥砂浆。英国的基尼普尔在1856—1858年间,用水泥作为注浆材料进行了一系列注浆试验,并获得成功,这是第一次用水泥材料注浆。1886年,英国克雷阿森德研制出压气注浆机,此后又研制出高压注浆泵,并改进了注浆材料混合方式等注浆工艺,很快应用到隧道和大坝的防渗与加固工程,成为现代岩层注浆技术的基础。

在使用水泥浆作为注浆材料时,人们发现普通水泥颗粒的粒径较大,对于较为细小的裂隙难以注入,并且在流速较大的条件下,注入地基内的水泥浆很容易被冲走,于是人们又投入到溶液态的化学浆液材料的注浆研究。荷兰采矿工程师尤斯登在1920年首次采用水玻璃、氯化钙双液双系统二次压注法,标志着化学注浆技术的开始。从此,欧美一些国家广泛开展注浆材料与注浆技术的研究工作,逐渐研究出黏度低的铬木素系、丙烯酰胺系等一系列化学注浆材料。自此之后,新的化学浆品种不断出现,与之配套的注浆工艺、注浆设备不断改进、完善,使注浆技术得以不断提高。

1974年10月,日本福冈县发生了注入丙烯酰胺引起中毒的事故,日本厚生省发布命令,禁止使用有毒的化学浆液。1978年美国厂商停止生产AM-9,同时许多其他国家也效仿日本、美国,开始禁止产生和使用有毒的化学浆液。人们又开始把注浆材料重点转向了水泥浆液和水玻璃浆液。

目前,水玻璃类浆体(特别是酸性中和水玻璃类、复合型水玻璃类、气液反应型水玻璃类及水玻璃 + 水泥类)是所有注浆材料中使用率最高的,其中又以中国、日本及东亚各国应用较多。

2. 注浆技术的应用

注浆的应用按其目的可分为堵水注浆和加固注浆两种,但是在实际应用中往往是两者的综合效果,即堵水与加固兼而有之。受注后的地层,整体性、封水性和承压能力增强,可有效地防止矿井、隧道及其他地下工程掘进时出现的涌水、坍塌、冒落和地压所引起的底鼓现象。

注浆法的应用主要可以归纳为以下三大领域。

(1)涌水(冒水):如深基坑开挖、地铁、隧道工程、人防工程、矿山井巷工程、露天开采工程、地下商业街等的施工过程中,常常遇到涌水问题,无法正常施工。这些地下水可分为静水(自然水头)、动水(地下暗河)、承压水(隔水层)。岩土开挖后,地下水由于失去平衡而沿着岩层的裂隙或土层的空隙涌入地下空间,危及人身安全。

(2)漏(渗)水:地下结构施工或竣工使用后,在地下水头的作用下,地下水会沿着结构缝、施工缝或质量薄弱部(在水环境下难以保证施工质量)位漏(渗)入地下空间。如地铁、隧道、地下室、坝体漏(渗)水等,也可以通过敷设隔水层加以解决。这是防治盾构、冻结及防渗墙等的漏(渗)水堵漏技术措施。

(3)沉降与失稳:软岩、地下降水或人为扰动的影响会造成建筑物的沉降甚至失稳,如比萨斜塔、西安大雁塔等;地下空间开挖后的塌落(冒顶或片帮);路基路面的突起或塌陷。为阻止建筑物的不均匀下沉而进行的旋喷或高压注浆,不仅可防止其继续下沉,而且对基础还有一定程度的抬高。

注浆除了对不良地层改造外,还可以对混凝土或砌体结构进行补强注浆、锚固桩注浆以及隧道和掩护筒工程的充填注浆。

二、注浆堵水加固原理

1.渗透理论

通常,浆液的黏度是变化的,加之受注地层分布的裂隙或孔隙的非均匀性,因此,浆液的扩散并非十分规整。为方便注浆理论的研究,需要对问题进行理想化处理,即假定黏度不变、土质均匀、浆液扩散形状规整。这样,就可以将浆液的扩散归结为牛顿流体球状渗透和柱状渗透两种基本形式。

1)牛顿流体球状渗透

当浆液仅从注浆孔端部注入时,可以设想为以该点为中心的球形注浆。马格(Maag)应用达西(Darcy)定律作为原始公式推导了注浆的渗透理论公式,见图6-11。

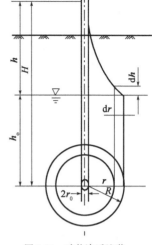

图6-11　球状渗透注浆

根据达西定律:

$$Q = K_g i A t \tag{6-1}$$

式中:Q——注浆量,m^3;

　　K_g——注浆在受注土层中的渗透系数,$K_g = \dfrac{K}{\beta}$;

　　K——土层渗透系数,m/s;

　　β——注浆材料的黏度系数,$\beta = \dfrac{\mu_g}{\mu}$;

　　μ_g——浆液的黏度,$Pa \cdot s$;

　　μ——水的黏度,$Pa \cdot s$;

　　i——注浆材料的水力梯度:$i = \dfrac{dh}{dr}$;

　　A——浆液的渗透面积,球面积 $A = 4\pi r^2$,m^2;

　　r——浆液的渗透半径,m;

　　t——注浆时间,s。

经过数学推导及简化,可得浆液扩散半径 R 的马格公式,即:

$$R = \sqrt[3]{\dfrac{3khr_0t}{\beta n} + r_0^3} \tag{6-2}$$

由于该公式假定条件限定及地层的复杂多变性,在理论分析和实际工程中,马格公式仅有参考价值。

2)牛顿流体柱状渗透

当浆液沿注浆孔一定长度向四周扩散时,即属于柱状注浆,见图6-12。

与球状渗透一样,柱状渗透也是从达西定律出发,经过以上类似的推导过程,即得到柱状注浆浆液扩散半径 R 的马格公式:

$$r = \sqrt{\dfrac{2kht}{n\beta \ln \dfrac{R}{r_0}} + r_0^2} \tag{6-3}$$

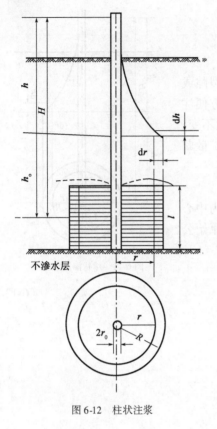

图 6-12 柱状注浆

式中：r——对应于时间 t 的浆液扩散半径，m；

R——注浆压力曲线与地下水位线交汇处的扩散半径，m；

$$R = r_0 e^{\frac{2\pi l k}{\beta q}} \qquad (6\text{-}4)$$

l——柱状注浆浆源长度(套管段长度)，m；

h——注浆孔位的注浆压力与地下水位之差，m；

q——地层的单位吸浆量，m^3/s；其他符号同式(6-2)。

3)非牛顿流体的极限渗透距离

非牛顿流体，例如宾厄姆流体，具有剪切强度，其流动状态受剪切强度的影响。贝克琴汉姆(Buckingham)研究通过毛细管浆液的阻力，得到以下关系式：

$$R_l = \frac{\rho_w g H d}{4\tau} + r \qquad (6\text{-}5)$$

式中：R_l——宾厄姆流体浆液的极限扩散距离，m；

ρ_w——水的密度，kg/m^3；

H——注浆压力，水头高度，m；

g——重力加速度，m/s^2；

d——平均孔隙直径，m；

τ——宾厄姆流体浆液的剪切强度，Pa；

r——注浆孔半径，m。

2.渗流注浆堵水加固机理

注浆堵水(加固)原理。

渗流注浆原理(即岩层裂隙中的扩散规律——充塞作用)。

在岩层裂隙注浆中常用单液水泥浆或水泥—水玻璃浆。水泥浆属于悬浊液的非稳定材料，水泥浆在岩层裂隙中的流态是由紊流变为层流，在层流状态下固体颗粒沉降而产生充塞作用，原因是紊流状态中固体颗粒呈脉动流动，使其保持悬浮状态，层流状态中固体颗粒间无交换现象，颗粒靠自重下落，沉积凝固。

判定紊流还是层流的方法一般采用流体力学中的雷诺数作为判定的依据：

$$Re = \frac{V \times de \times \rho}{\mu_c} = \frac{V \times 2h \times \gamma}{\mu_c \times g} \qquad (6\text{-}6)$$

式中：V——平均速度；

de——裂隙相当直径；

h——裂隙开度；

ρ——浆液密度；

γ——浆液容重；

g——重力加速度；

μ_c——液体有效黏度。

对于黏塑体浆液：当 $Re\leqslant 2100$，标定为层流；当 $Re>2100$ 时，标定为紊流。流速与注浆压力关系密切，在一定过水断面，注压大、流速高，但是随着液流长度的增加压力减弱（克服裂隙的摩阻力）、流速降低、Re 减小，即浆液由紊流变为层流，水泥颗粒开始沉降，可以出现以下不同阶段：

图 6-13a) 阶段：浆液沿裂隙向前推进，压力 p 和平均流速 v 均随扩距 r 下降。在任一断面，液流中心速度最大，而裂隙壁面 $v=0$。

图 6-13b) 阶段：靠近裂隙壁的水泥颗粒趋于从悬浮液中析出，其中靠近上壁的水泥颗粒落到高流速区而被液流带走，而靠近下壁的水泥颗粒则可能发生沉积，使裂隙断面缩小。此处流速增加，但并不足以带走沉积。

图 6-13c) 阶段：在水泥沉积体的后方，流速突然降低，并在其后发生新的沉积。

图 6-13d) 阶段：随着沉积体的增长，其前部压力增大，注入量逐渐减少，流速降低，直至完成岩层裂隙的填塞过程。从而实现了水泥结石体对岩层裂隙的填塞，其渗流、凝胶、填塞过程见图 6-13。

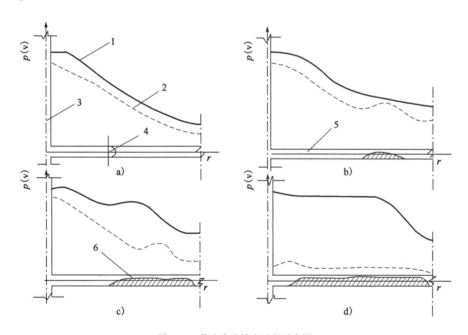

图 6-13　浆液渗流填塞过程示意图

1-压力 p 曲线；2-速度 v 曲线；3-注浆孔；4-裂隙横断面浆液速度分布图；5-岩层裂隙；6-浆液胶凝体

应当指出，以上过程是连续的。由于浆液的离析特征及裂隙在注浆压力作用下有一定程度的扩张，在卸压前受注裂隙仍存在一条窄缝。注浆结束后，被扩张的裂隙回缩、恢复原状，岩体被封闭。也可以进行二次复注，以提高堵水防渗效果。

渗流注浆规律也表现在注浆泵压力与流量的变化过程中，见图 6-14。图示态势说明浆液渗流、凝胶、填塞正常，注浆效果可信。

3.渗透注浆机理

在砂层注浆施工中,注浆以加固为主要目的。所谓砂性土一般是指粒径小于0.1mm,含泥量小于30%的土层。此类土层有一定的透水性,且颗粒越粗、含泥量越小渗透性越好。在注浆施工中通常选用化学浆液或磨细水泥充当注浆材料。在注浆压力的作用下,浆液以一定的流量均匀地渗透到砂粒之间的空隙中,同时,空隙内的水被排到注浆范围以外,见图6-15。

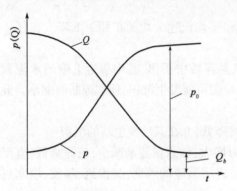

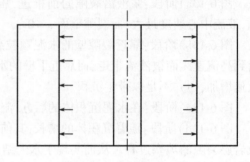

图6-14　渗流注浆 $p(Q)$-t 态势曲线图
p_0-终结压力;Q_b-终结流量

图6-15　渗透注浆原理图

浆液凝胶后,将松散的砂土层固结为一个有一定形状和尺寸的整体,即有一定强度的地下桩或墙。

4.管道(割裂或脉状)注浆机理

在黏性土中注浆是以加固为目的,由于黏性土颗粒微细其透水性差,为此应选用渗透能力

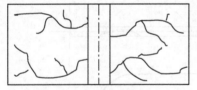

图6-16　管道注浆原理图

强的化学注浆材料,高压注入方式完成注浆过程。浆液在高压力作用下并非均匀扩散,而是沿薄弱面或通道挤入黏土层,因此浆液的扩散呈脉状或片状体,见图6-16。

挤压注浆包括:扩冲→排水→挤压→密实四个过程。高压浆液进入地层后,首先进入薄弱层面或通道,同时将孔隙水排至浆液面之外;浆液呈脉状或片状进入地层后,挤压、扩展脉状体,使脉状体间土体的密实度增加,从而提高了土层的稳定性和承载能力。应当指出的是,目前在该类地层实施注浆加固效果尚不够理想,而通过旋喷注浆,改善土层的力学性质,可得到较为满意的效果。

5.地基加固注浆机理

建筑沉降是由于地基的承载能力没有达到建筑荷载的要求。其主要原因是:地基处理不当、地基下部有空洞或软弱岩层、外界扰动等。注浆的目的就是在建筑物基础的下方建造加固桩或墙,以提高地基的承载能力。采用膨胀性注浆材料或沿某一弱面高压注浆,对建筑物还有一定程度的抬升。

对于软弱地层,在建筑物沉降量最大区域,沿外墙布置单排或双排注浆孔。高压注入浆液于软弱土层中,形成有一定承载能力的桩或墙,这样可迅速制止建筑物的继续下沉,见图6-17。根据不同的地质条件,可选用渗透注浆、挤压注浆或旋喷注浆等方法。

在含有水平或缓倾软弱夹层的地层中,地基处理不当,也会造成建筑物沉降。此时,可沿外墙布置若干注浆孔,孔底至软弱夹层界面处,高压注入浆液可提高地基的承载能力,并能产生某种程度的抬升,见图6-18。

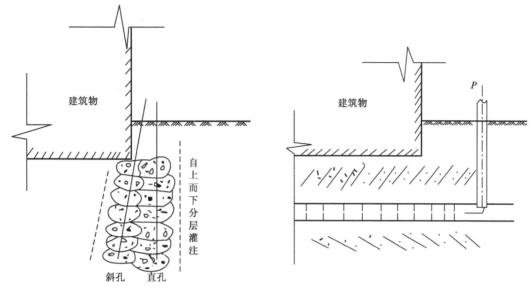

图 6-17　软弱地基加固示意图　　　　　　　图 6-18　含软弱夹层地基加固示意图

三、注浆技术参数

注浆参数是指导注浆施工、工程质量检验和注浆工程预算的依据。由于地质条件的复杂多变性,理论参数与工程实际往往不能完全符合,甚至偏差很大。可行的方法是:理论联系实际,具体情况具体分析,理论与现场实测相结合。因此,在注浆参数的选取上,将理论计算、经验数据及施工监测有机结合起来,方能达到理想效果。

注浆基本参数包括:注浆压力、注入量、有效扩散半径或距离和注浆段高或段长。

1. 注浆压力

注浆压力是浆液克服流动阻力,进行扩散、充塞和压实的能量。在裂隙注浆中,注浆压力还起到扩展裂隙、增加注入量、提高注浆效果的作用。严格地讲,注浆压力包括初压、中压和终压。初压和中压是由裂隙或孔隙与注浆泵的供需关系自动调整的,在设计中出现的压力一般是指注浆终压,用 P_0 表示。

一般情况下,注浆压力越大,浆液充塞的越密实,注浆效果越好。但是,注浆压力受到地层条件及构筑物的限制,在某些条件下,注浆压力过大,浆液扩散太远,造成浪费或造成构筑物破坏。注浆压力与受注地层的埋藏深度、浆液特征、静水压力及岩土的裂隙或孔隙状态等因素有关。由于地质及水文地质的复杂多变性,许多国家,甚至一个国家的不同区域,确定注浆压力的方法都不尽相同,归纳起来有以下几种较为典型的方法。

1)以受注段的静水压力为依据

裂隙岩层:

$$P_0 = (2 \sim 2.5)P_b \qquad (6\text{-}7)$$

式中:P_0——注浆终压,MPa;

P_b——受注段最大静水压力,MPa。

流砂层:

$$P_0 = (0.3 \sim 0.5)\text{MPa} + P_b \qquad (6\text{-}8)$$

壁后注浆:

$$P_0 = (0.5 \sim 1.5)\text{MPa} + P_b \qquad (6\text{-}9)$$

考虑衬砌的承载能力,注浆压力还应满足以下条件:

$$P_0 < [\sigma](E^2 + 2R_0 E)/2n(R_0 + E)^2 \qquad (6\text{-}10)$$

式中:$[\sigma]$——衬砌材料极限抗剪强度,MPa;

E——衬砌厚度,cm;

R_0——筒形衬砌净半径,cm;

n——安全系数,n 取 2。

矿山地面预注浆,按注浆深度每增加 10m,注浆压力增加 0.2MPa 左右计算,即:

$$P_0 = kH \qquad (6\text{-}11)$$

式中:k——由深度决定的压力系数,见表 6-2;

H——注浆深度,m。

注浆压力系数(Ⅰ) 表 6-2

注浆段深度 H(m)	< 200	200 ~ 300	300 ~ 400	400 ~ 500	> 500
压力系数 k(MPa/m)	0.023 ~ 0.021	0.021 ~ 0.020	0.020 ~ 0.018	0.018 ~ 0.016	0.016

国外以静水压力确定注浆压力的实例很多,如南非深井地面预注浆,井筒深度每增加 1m,注浆压力相应提高 0.023MPa。最小注浆压力不能低于 3.5MPa。英国采用井筒每增加 1m,注浆压力增加 0.021MPa,即注浆压力为受注点静水压力的 2.1 倍。美国地面预注浆所选择的注浆压力为:第一注浆段压力不大于 5 ~ 6MPa,以后逐渐加大到 15 ~ 22MPa。美国垦务局规定允许注浆压力为注浆深度的 2.3 倍。苏联对裂隙较均匀的含水层进行注浆时,所采用的注浆压力,也是随着被注岩层注浆段埋深的加大而增加。

基础加固注浆,一般属于高压注浆范畴,注浆压力很难定量确定下来。在实际工程中,应根据地质条件、工程技术要求及设备能力等因素综合考虑。其注浆压力一般为受注点静水压力的若干倍,甚至几十倍。

2)以静水压力为基础,并考虑岩层裂隙产状

注浆压力除了受静水压力影响以外,受注区域岩层裂隙产状也不容忽视。因此,B·B·鲁果夫斯基等以静水压力为基础,同时考虑裂隙开度,通过理论推导、简化,并经过工程实际检验,得出以下简化注浆压力公式:

$$P_0 = NP_b \qquad (6\text{-}12)$$

式中:N——与 P_b 及裂隙开度有关的系数,见表 6-3。

注浆压力系数（Ⅱ）　　　　表6-3

裂隙开度	细裂隙（<5mm）					中裂隙（<30mm）					粗裂隙（<50mm）				
P_b（MPa）	0.5	1.0	1.5	2.0	2.5	0.5	1.0	1.5	2.0	2.5	0.5	1.0	1.5	2.0	2.5
N	1.5	1.6	1.7	1.8	2.0	1.2	1.3	1.4	1.5	1.6	1.1	1.2	1.3	1.4	1.5

3）考虑注浆段顶板以上覆盖岩层的重量

H·T·特鲁巴克所建议的公式：

$$p_0 = \frac{H \times r}{10}k \tag{6-13}$$

式中：H——地表至注浆段顶板的深度，m；

r——覆盖岩层的密度。若岩层有若干层时，则采用加权平均密度，t/m³；

k——注浆压力系数，取 2～3。

4）综合考虑多种因素

准确地说，影响注浆压力的因素是多方面的，综合起来可用以下函数表达式表示：

$$P_0 = f(H,R,\mu,1/k,1/\delta,1/t) \tag{6-14}$$

式中：R——浆液扩散距离，m；

μ——浆液黏度，Pa·s；

k——岩层渗透系数；

δ——岩层裂隙开度，cm；

t——浆液凝胶时间，s。

人们试图找到一种表达式，准确地反映注浆压力与各种因素间的数学关系，以下是 H·B·佳宾所推荐的公式：

$$\Delta p = p_0 - p_b = \frac{3Q\mu\ln\frac{R}{R_0}}{4\pi\delta^3} + \frac{3\tau_0(R-R_0)}{2\delta} \tag{6-15}$$

式中：Δp——注浆压力降低值；

Q——浆液注入量，m³/s；

τ_0——浆液抗剪切应力，kgf/m²；

R_0——注浆孔半径，m。

其他符号同式（6-14）。

H·B·佳宾公式综合考虑了浆液性能、注入量、扩散距离、裂隙开度等因素，类似的公式还有很多，在这里不一一列举。此类公式的特点是较为繁杂，使用起来不甚方便。虽然在某些特定条件下较之其他公式更为科学准确，但是，由于公式推导条件的限制及地质条件的复杂多变性，此类公式难于推广使用。

2. 浆液注入量

浆液注入量是指注入受注地层的浆液量，注入量是了解浆液的充塞状态、选择设备、材料估算及配制浆液的依据，注入量计算是以浆液扩散范围为依据的。注入量可分为单孔注入量和注浆段总注入量两种。

1）单孔注入量

（1）含水砂层注入量。将浆液按柱状均匀渗透考虑，含水砂层的单孔注入量按下式计算：

$$Q_d = \pi R^2 H n C \tag{6-16}$$

式中：Q_d——浆液单孔注入量，m^3；

  R——浆液有效扩散半径，m；

  H——注浆段高，m；

  n——砂层空隙率，30% ~ 40%；

C - 修正系数，与浆液性质、砂层种类及充填率有关，一般取 $C = 1.1 ~ 1.3$。

（2）裂隙岩层注入量。浆液在裂隙岩层属非均匀扩散，可用以下公式估算：

$$Q_d = \lambda \frac{\pi R^2 H \eta \alpha}{m} \tag{6-17}$$

式中：λ——损耗系数，考虑工程管理、注浆技术水平、作业条件、地质条件等因素造成的浆液损失，一般取 $\lambda = 1.2 ~ 1.5$；

  η——岩层裂隙率，$\eta = 0.5% ~ 3%$；

  α——浆液在裂隙内的有效充填系数，$\alpha = 0.8 ~ 0.9$；

  m——结石率，与浆液性质、水泥浆的水灰比等因素有关，见表6-4。

结石率（m）取值表   表6-4

$W:C$	2:1	1.5:1	1:1	0.75:1	0.5:1
m	0.56	0.67	0.85	0.97	0.99

（3）依据压水实验估算：

$$Q_o = K \times q \times P_b \times h \tag{6-18}$$

式中：K——灌注系数；

  q——吸水率；

  h——注浆段高度。

吸水率是由压水试验结果而来，即单孔、单位长度、单位时间吸水量的大小。压水试验是正式注浆之前必须完成的一项重要作业。

2）注浆段总注入量

注浆段总注入量，即该段各单孔注入量的累加和，按下式估算：

$$Q_z = N Q_d \tag{6-19}$$

式中：N——注浆孔个数。

实际上各孔的注浆量是不相同的，先注孔的注浆量往往要超过后注孔的注浆量。在岩层裂隙发育时，各孔先后注入量相差甚多。故此，用上述方法计算出的总注入量是偏大的。为此，也可考虑按预计形成的注浆帷幕厚度来估算，即：

$$Q_z = \frac{\eta \lambda i}{m} V \tag{6-20}$$

式中：i——注浆不均匀系数，取 $i = 1.3 ~ 1.5$；

  V——受注岩层总体积，m^3；

  式中其他符号同前。

当利用化学注浆法通过流砂层时,或在其他地下工程的岩土改良施工中,注浆的目的是构造一个永久性的、具有一定强度的注浆帷幕,以此抵抗地压和水压,防止水砂涌入地下结构物。因此,注浆孔应根据浆液注入的有效扩散范围并有一定重叠的原则布置,见图6-19a)。而地下加固工程施工中应遵循逐步缩小注浆间距,分次注浆的原则,见图6-19b)。分次注浆的目的在于进一步处理更小的孔隙,以达到加固土层的目的。

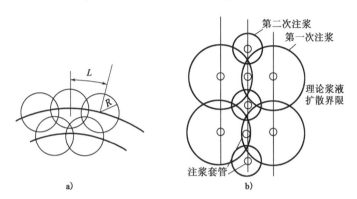

图6-19 注浆孔排列图

图6-19中,重叠部分的单孔注入量及间隔分次注浆的单孔注入量,一般不取决于理论计算,而应通过对注浆各个步骤的实际观察,根据观测数据调整确定。

3.浆液扩散半径

扩散半径是指浆液的流动范围,有效扩散半径则是指水泥浆液经充塞、脱水、压实及水化作用后凝结堵水范围或是化学浆液发生凝胶、固化反应、压实松散砂土的范围。浆液的扩散半径 R 是随注浆压力 P_0、岩层渗透系数 k 或裂隙开度 δ、注浆时间 T 的增加而加大,又随黏液粘度、岩土的孔隙率 n 的增大而减少,可用以下函数形式表示:

$$R = g(p, k, t, 1/\mu, 1/n) \qquad (6-21)$$

与确定注浆压力所遇到的问题相类似,扩散半径也很难用一种通用的表达式表示,以下方法可供参考。

(1)牛顿流体浆液及稀水泥浆液渗透注浆的有效扩散半径,可用马格公式计算。端点注浆、球状渗透可选择式(6-4)。孔隙注浆、柱状渗透宜选公式(6-5)计算。

由于砂性土的渗透系数很小,理论计算与工程实测均说明:砂土层中化学注浆的扩散半径很小,一般为 $200 \sim 700$mm,甚至更小。

(2)宾厄姆流体极限扩散半径公式(6-9),适应于具有屈服强度的浆液,如黏土水泥浆液和水灰比较小的浆液。

(3)裂隙性岩层注浆施工中,为了使问题明了化,便于问题的研究,做如下的简化,即将结石体简化为直径为裂隙开度 δ 的圆柱体,柱体的表面积所受的抗剪切应力为 τ_c,则合抗力为 T_c,挡水断面所受应力为 P_b,合力为 F_b。为保证有效堵水则应满足:

$$T_c \geqslant F_b$$
$$T_c = \pi \times \delta \times E \times [\tau_c]$$
$$F_b = \pi \times P_b \times \delta^2/4$$

代入上式简化后得出有效扩散距离为:

$$E \geqslant N \times \delta \times P_{\mathrm{b}} / [\tau_{\mathrm{c}}] \qquad (6\text{-}22)$$

式中:N——综合系数。

由于裂隙产状等因素变化很大,很难采用统一公式确定。所以,多采用经验数据确定浆液的扩散距离。

如上所述,裂隙岩层注浆时浆液的扩散半径,除受浆液性质、裂隙宽度等影响外,还与受注岩层的层位及注浆压力有较密切的关系。裂隙开度在5mm以下,注浆压力为2.0～7.0MPa时,浆液扩散半径变化范围为2～6m;裂隙开度在5～30mm,注浆压力7.0～10.0MPa时,浆液扩散半径为6～25m;当裂隙开度>30mm,注浆压力>10MPa时,浆液扩散半径>25m。

浆液扩散半径的确定,各国所采用的方法也不尽相同。南非采用实测法,即在注浆时向浆液中加入适量的惰性染色剂,在使用较高的注浆压力下,测得沉积岩的扩散半径为20m,火成岩约为10m,大于预计的5～8m。苏联则采用计算综合费用的办法确定最优扩散半径,结果为:地成预注浆为3.4～5.5m,工作面预注浆为1.5～4.7m,苏联还采用模拟试验和其他计算方法确定扩散半径。

4. 注浆段高或段长

注浆段高是指一次注浆的长度。取小段高,可有效利用注浆压力,浆液扩散均匀,充塞密实,注浆效果有保证,但增加了工序的重复次数,工期长,成本高。反之,段高愈大则钻孔与注浆工序的重复次数愈少,工期愈短,成本愈低。因此,有些施工单位选用大段高施工,有的甚至选择一次注全深。但是由于大段高增加了浆液的流动阻力,浆液不能均匀扩散,尤其下部的注浆效果难以保证。目前,尚无确定注浆段高的固定模式,可通过工程地质分析,参阅经验数据确定。一般地,地层的渗透性能好,所取的段高相应减小。以下是我国注浆段高取值的经验数据。

(1)含水砂层化学注浆,采取分层注浆方式时段高可根据砂层的渗透系数确定。渗透系数小时,层厚可大些,反之则小些,其范围为0.4～1.0m。

(2)裂隙岩层的注浆段高,主要根据含水层特征确定,其参数选择见表6-5。

裂隙岩层注浆段高取值例表

表6-5

裂隙水层特征	裂隙开度(mm)	0.3～3	3～6	6～13	>13
	裂隙等级	细裂隙	中裂隙	大裂隙	破碎地层
常用段高(m)	初注段高 复注段高	30～40 50～100	20～30 40～50	10～20 30	4～10 20

注:复注段高是指初注至终孔后,再由下向上进行分段复注的段高。

选择注浆段高时应遵循以下原则:

(1)注浆段高应与注浆泵的供浆能力相适应。泵量小,段高宜小,以保证浆液有足够的扩散半径。

(2)考虑地层状况,只有裂隙性相同、距离相近的岩层才能划分在同一段高内,以保证浆液的均匀扩散。

国外地面或工作面预注浆均以分段下行为多。在厚度大的含水层中进行工作面预注浆注浆段高大小通常取决于钻机的性能,并考虑钻孔的偏斜度。南非所选段高一般为 $30\sim50m$;加拿大为 $30\sim75m$;英国、美国为 $25\sim30m$;德国为 $35\sim70m$。

四、注浆材料

注浆材料是配制浆液的原材料,此类材料配制出的浆液基本特点是:其物理特征是可变的,即由液相变为固相。理想注浆材料的基本特点是:液相流动性好,可注性强;固相结石率高,抗渗性强;液、固相转化人工可控,实现有效堵水加固,避免浆液流失。新型注浆材料的研发是注浆技术发展的前提和条件。

1. 对注浆材料的基本要求

根据地下工程所处工程地质、水文地质条件、注浆目的及注浆工艺等选择注浆材料。一般来说,对注浆材料有如下要求。

(1)浆液黏度低、流动性好、可注性好,能注入岩层细小裂隙或粉细砂层。

(2)浆液稳定性好,能在预定时间内凝固,结石体透水性低,具有一定的抗压、抗拉强度,尤其希望结石体早期抗压、抗拉强度高,有较好的抗老化性能。

(3)凝胶时间可调,能满足特殊情况的要求,如动水情况等。

(4)材料来源广,价格适中,配制及操作简便。

(5)不污染环境及对操作人员无损害。

目前在注浆工程中,还难以找到一种能同时满足上述要求的材料。因此,注浆工程技术人员应熟悉各种浆材的特性,并根据注浆的目的和注浆对象条件等,选择较合理的一种浆材或几种浆材联合使用,使注浆既有效又经济合理。

2. 注浆材料的分类

注浆工程中使用的浆液是由主剂(主要的原材料)、溶剂(水或其他溶剂)及各种外加剂(固化剂、凝胶剂及缓凝剂等)按一定比例混合配制而成的液体。

浆液以主剂为准,分为化学浆液和非化学浆液,化学浆液主要是指水玻璃类浆液和有机高分子类浆液。非化学浆液主要是指以水泥、黏土、砂、膨润土、硅粉、粉煤灰等无机细颗粒为主剂,以水为溶剂混合而成的悬浊浆液。具体分类和主要性能指标,如图 6-20 所示。

目前,各类注浆工程都是以水泥浆液为主要注浆材料,再根据地质条件或工程技术要求,掺和少量的附加剂。只有当水泥浆不能满足要求时,才用其他化学注浆材料。

3. 几种主要注浆材料简介

1)单液水泥浆

水泥浆的特点是结石体强度高、透水性低、材料来源广、价廉,且注浆设备及工艺操作均较简单。但存在着可注性和稳定性较差、凝固时间长且难以控制等问题。因此,通常在水泥浆中加入添加剂,以改善水泥浆的性能。以下是几种常用的水泥浆添加剂。

(1)硅粉或其他燃料灰。硅粉是从生产硅铁或其他硅金属工厂中排出的废气中,回收到的一种副产品,它是由无定形氧化硅 SiO_2 为主要成分的超细颗粒组成,平均粒径 $0.1\mu m$,呈灰色。其在水泥浆中的作用为:

①由于硅粉的高细,可减小水泥颗粒之间的摩擦力,提高浆液的可注性。

②可促使水泥浆早强,提高结石强度。硅粉中含有大量的 SiO_2,与水混合后,立即与水泥浆中的氢氧化钙进行二次水化反应,生成水化硅酸钙凝胶,其反应式如下:

$$3Ca(OH)_2 + 2SiO_2 \rightarrow 3CaO \cdot 2SiO_2 \cdot 3H_2O$$

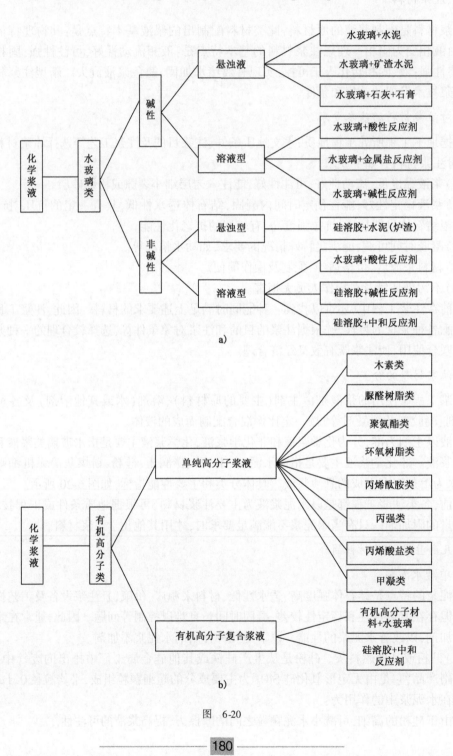

图 6-20

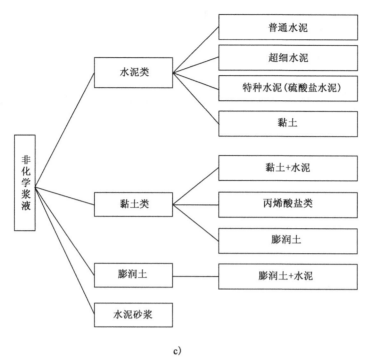

c)

图6-20 注浆材料分类示意图

a)水玻璃类浆液分类;b)有机高分子浆液分类;c)非化学浆液分类

③由于细微颗粒能很好地填充于水泥颗粒之间,能有效地提高浆液结石的抗渗性。

(2)氯化钙、水玻璃。在水泥浆中,加入氯化钙($CaCl_2$)或水玻璃($Na_2O \cdot nSiO_2$),可以缩短浆液的凝胶时间。通常在单液水泥浆中加入占水泥重5%以下的氯化钙或3%以下的水玻璃作为速凝剂。

(3)三乙醇胺与氯化钠,是两种高效速凝、早强剂。两者的最佳用量,分别为占水泥重量的0.05%和0.5%。

(4)膨润土、高塑黏土等。在单液水泥浆中加入膨润土或高塑黏土,可起到悬浮作用,以提高浆液的稳定性,降低浆液的黏度。视其品种与质量,一般添加量占水泥重3%~10%。其他如亚硫酸盐纸浆废液、食糖、硫化钠等对浆液有塑化作用,可提高浆液的可注性。

注浆常用的水泥品种有普通硅酸盐水泥和矿渣硅酸盐水泥。为了增加水泥浆的可注性,近年来出现了磨细水泥,该浆液可在粒径为0.2mm的中砂和裂隙开度为0.1mm的岩层中使用。

2)水泥—水玻璃浆液

水泥—水玻璃浆液也称CS(Cement-Sodium Silicate)浆液。在单液水泥浆中加入少量的水玻璃是为了加速浆液的凝胶,当水玻璃加到一定程度,单液水泥浆的特性发生了质的变化,具有凝胶时间可调、稳定性增强、抗渗性好、结石率高等特点。经过大量的工程实践,形成了较为完善的双液浆体系。目前,CS浆是我国注浆工程中最常用的注浆材料,常用于裂隙大水、动水、壁后注浆、直接堵漏注浆。CS浆的出现促进了水泥注浆的发展,提高了注浆效果,扩大了适用范围。CS浆的反应机理可由以下反应式表示:

$$Ca(OH)_2 + Na_2O \cdot SiO_2 + mH_2O \rightarrow CaO \cdot nSiO_2 \cdot mH_2O \downarrow + 2NaOH$$

水玻璃与水泥浆混合后,与其生成的氢氧化钙反应,生成具有一定强度的凝胶体——水化硅酸钙,构成 CS 浆的初期强度,后期强度是水泥本身水化作用的结果。

水玻璃又称刨花碱($Na_2O \cdot nSiO_2$),含氧硅酸钠,是石英砂与碳酸钠在高温条件下反应而得到的副产品,与水泥的理化反应尚不完全清楚,初步认为是与水泥中的反应生成含水硅酸钙($CaSi \cdot nH_2O$),其两个重要的性能指标是模数和波美度,分别以下式表示:

$$M = SiO_2/Na_2O$$

$$Be' = 145 - 145/\gamma$$

一般地,工程中 M 取 2.4~3.4,Be' 取 30~40。

衡量 CS 浆的两个重要指标是凝胶时间和抗压强度。

(1)抗压强度。结石体的抗压强度与浆液水灰比(w/c)、环境温度、水泥与水玻璃比(c/s)等因素有关,其中有最佳级配的问题,即当量的水泥浆与当量的水玻璃反应,当比例相当时强度最高。

(2)凝胶时间。影响浆液凝胶时间的因素很多,如水灰比、水泥品种、水玻璃浓度、c/s、环境温度等,见图 6-21。

①水泥品种的影响:含硅酸三钙越多,凝胶时间越短;水泥越新,时间越短;w/c 越小,时间越短。

②水泥浆及水玻璃浓度的影响:在 w/c 一定的条件下,波美度越高,则凝胶时间越长;在波美度一定的条件下,w/c 越高,则凝胶时间越长,见图 6-22。

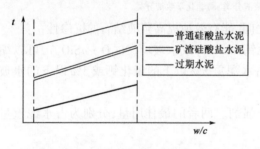

图 6-21　水泥品种的影响

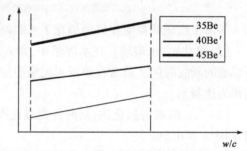

图 6-22　水泥浆及水玻璃浓度的影响

③温度的影响:温度越高则凝胶时间越短,见图 6-23。

④水泥与水玻璃的体积比的影响:在 w/c 一定的条件下,水玻璃增加,则凝胶时间加长;水玻璃浓度越高,则凝胶时间越长,见图 6-24。

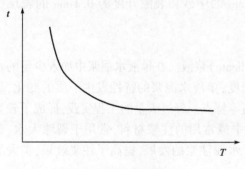

图 6-23　温度的影响

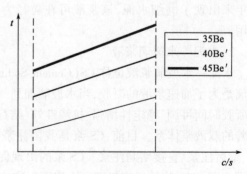

图 6-24　水泥与水玻璃体积比的影响

上述前三种影响因素分析在理论上是成立的,但在施工中不易人为准确控制。而通过调整水泥与水玻璃的体积比就能较准确地控制凝胶时间,双液注浆通过控制两种浆液的不同流量而达到控制凝胶时间的目的。

3) 水玻璃类浆液

水玻璃本身并不能充当注浆材料,只有在固化物的作用下才能产生凝胶物。一般地需加入酸性盐或有机物,产生硅酸——稳定结构。其硅—氧键形成稳定的三元网状结构,其分子结构如图 6-25 所示。

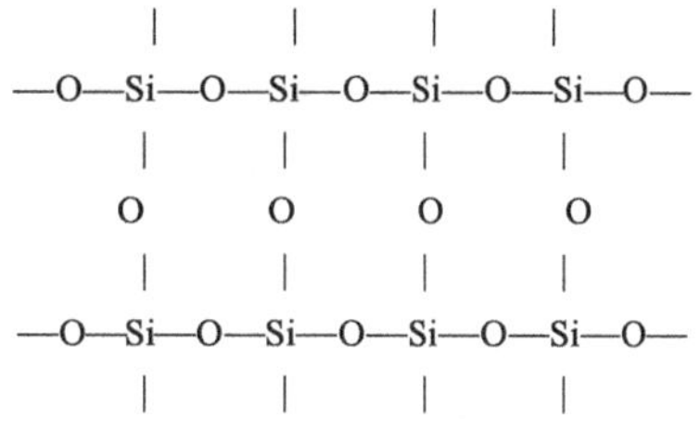

图 6-25 硅—氧键三元网状分子结构示意图

这是水玻璃凝胶的基本原理之一,可用化学反应式表示:

$$Na_2O \cdot nSiO_2 + 2H^+ \rightarrow 2Na^+ + nSiO_2 + H_2O$$

凡是酸性物质,均可将 SiO_2 从水玻璃中分离出来。例如酸性磷酸钠与水玻璃的反应式为:

$$Na_2O \cdot nSiO_2 + 2NaH_2PO_4 \rightarrow nSiO_2 + 2NaH_2PO_4 + H_2O$$

由于水玻璃来源广泛,以其为主剂配制的浆液品种多、凝胶时间短、结石强度高,对环境无污染,是一种很有实用价值的注浆材料。目前,我国应用水玻璃类比较成熟的有水玻璃—氯化钙和水玻璃—铝酸钠两种浆液,多用于地基加固、建筑和铁道部门。

4) 黏土水泥浆

黏土水泥浆是以优质黏土为主料,水泥为辅助材料,外加少量添加剂以一定比例配制而成,简称 CSC 浆液。早在 20 世纪 30 年代,苏联以黏土注浆法试凿立井获得成功,20 世纪 70 年代末期又在黏土浆的基础上发展为黏土水泥浆,并引入综合注浆法,成为专利技术。此种浆液与单液水泥浆相比有以下特点:有良好的触变性及稳定性,易于沿管路流动,能注入较细的裂隙,对大开度裂隙浆液不致扩散过远;浆液具有独特的黏塑性,其塑性强度的增长规律既有利于前期浆液的有效扩散又有利于后期的有效堵水,同时也可保证在地下工程爆破掘进时,结石体不发生破裂;可节省水泥 70% ~ 80%,黏土可就地取材,因此可降低注浆成本。由于黏土水泥浆结石强度较低,一般适用于稳定裂隙堵水注浆或地下孔洞,衬砌后空穴充填注浆。

5) 丙烯酰胺系

丙烯酰胺系是以有机化合物丙烯酰胺为主剂的化学浆液。继 20 世纪 50 年代美国发明了聚合浆液 AM-9 之后,随后又出现了日本的日东-SS 及中国的 MG-646、丙凝和 ZH-656 等。这些浆液的主剂均是丙烯酰胺,只是辅剂不同,其性能无本质差别。此类浆液黏度 1.2MPa·s 近似于水,并可准确地调节凝胶时间。

浆液以丙烯酰胺为主剂,配合其他药剂,以水溶液状态注入地层后,瞬间发生聚合反应形成具有弹性的、不溶于水的聚合体。下面以 AM-9 为例说明该类浆液的组成、反应过程及凝胶时间的确定。

AM-9 型浆液采用双液注浆系统,A 液包括主剂、交联剂、速凝剂或缓凝剂,B 液为氧化剂水溶液,其浆液组成见表 6-6。

聚合浆液 AM-9 的组成

表 6-6

溶 液	名 称	分 子 式	作 用	简 称
A	丙烯酰胺	$CH_2 = CH - CONH_2$	主剂	AAM $\Big\}$ AM-9
	NN - 亚丙基双丙烯酰胺	$(CH_2 = CH - CONH)_2CH_2$	交联剂	MBAM
	β - 二甲基氨基丙腈	$(CH_2)_2NCH_2CH_2CN$	速剂	DMAPN
	铁氰化钾	$K_2Fe(CN)_5$	缓凝剂	KFe
B	过硫酸铵	$(NH_4)_2S_2O_3$	氧化剂	AP

AM-9 型浆液的凝胶时间为十几秒至几十分钟。影响凝胶时间的主要因素是温度及氧化剂、速凝剂或缓凝剂等浓度用量,以及用水比例。

当浆液中 AM-9 占总重量 10%、DMAPN0.40%、AP0.50%,浆液的凝胶时间可由下式求得:

$$\lg G = 3.61 + 0.812\lg C - 0.044T \tag{6-23}$$

式中:G——凝胶时间,min;

　C——KFe 含量与浆液总重量比,%;

　T——温度,℃。

6)聚氨酯类浆液

聚氨酯是一种用途广泛的塑料,它既可作成发泡材料使用,又可形成坚硬且具有弹性的材料。聚氨酯是由多异氰酸酯和多元醇聚合生成的。其组成是:

$$nO = C = N - R' - N = C = O + nHO - R^2 - OH$$

　　多异氰酸酯　　　　多元醇

作为注浆材料使用的聚氨酯称为聚氨酯类浆液,它分为非水溶性(PM)型和水溶性(WPU)型两种。PM 型与其他浆液的主要不同点是遇水反应,并发泡膨胀(体积可增大 8 ~ 9倍),发生二次渗透,扩散均匀,可在动水条件下进行堵漏而不被流水冲走。采用单液注浆系统,固砂体强度可达 6 ~ 10MPa。WPU 型与水反应迅速,不加催化剂在几十秒至几分钟内就能全部凝胶,凝胶后形成包有大量水的弹性体,其含水率可达浆液自重的 20 倍。WPU 型具有丙烯酰胺浆液的特点,可加入大量的水,浆液黏度低,渗透力和形成的包水体抗渗性强。WPU 凝胶体比丙烯酰胺凝胶体更强韧,且富有弹性,施工简单,但价格昂贵。

7)脲醛树脂类和铬木素类

脲醛树脂是由尿素和甲醛综合而成的一种高分子聚合物。注浆用的脲醛树脂称为脲醛树脂浆液,一般市售脲醛树脂固体含量为55%左右,注浆时加水稀释至40%,然后加入酸或强酸弱碱盐作固化剂。凝胶时间可由固化剂的酸性强弱,以及用量多少来调节。其优点是原料来源广,固结体强度较高(0.4 ~ 0.8MPa)。缺点是黏度大,而且在酸性条件下固化,对设备有腐蚀性。

铬木素类浆液以亚硫酸盐纸浆废液为主剂,以重铬酸盐,如重铬酸钠 $Na_2Cr_2O_7$ 为硬化剂,配以少量促凝剂组成。该类浆液黏度低,可注入性好,凝胶时间可控,凝胶体稳定,抗渗性强,材料来源广,价格低廉。但重铬酸钠是一种有毒品,存在 6 价铬离子污染地下水。另外,其结石体强度较低,因而它的应用受到一定的限制。

4. 注浆材料的选择

选择注浆材料应考虑水文地质条件、工程技术要求、原料供应及施工成本等诸多因素。在实际工程中,应依据具体情况综合考虑以下因素。

(1)在稳定基岩裂隙含水层注浆,需浆量大,此时可选择单液水泥浆、黏土水泥浆或水泥—水玻璃浆。

(2)在松散含水层中注浆,粗砂可采用水泥—水玻璃浆。对于中砂、细砂、粉砂、砂质黏土以及细小裂隙,可采用诸如丙烯酰胺、聚氨酯、脲醛树脂等化学浆液。过流砂层,宜选用强度大的化学浆液。

(3)处理岩溶、断层、破碎带或突水事故。宜先注惰性材料,如砂子、炉渣、岩粉、砾石及木串等,后注水泥—水玻璃浆,如此较经济合理。

(4)在后注浆或堵漏注浆中,可采用聚氨酯类浆液、水泥—水玻璃浆液。

水泥浆仍是注浆工程的主要材料,研究并改善单液水泥浆有其重要意义。应着重在改善浆液的可注性、克服凝胶时间长且难以准确控制、提高浆液的稳定性和结石率等方面开展研究工作。如研制超细水泥、研制新的水泥品种、寻求新的高效水泥添加剂等。

有许多品种的化学浆液,性能优良,能达到理想的注浆效果。降低成本、消除毒性及简化施工工艺是化学注浆研究工作的主攻方向。如水玻璃系是没有污染的浆液,材料来源广、价格低,是配制新浆液的方向。

注浆材料占注浆成本的60%左右,因此,寻求满足工程技术要求、价格低廉的注浆材料是注浆技术领域的一个重要课题。如开展诸如黏土水泥浆、粉煤灰水泥浆及其他工业废料在注浆材料中的应用研究,对注浆技术的发展有十分重大的现实意义。

五、注浆施工工艺

按注浆施工技术考虑,一般把注浆施工分为地面预注浆、工作面预注浆和后注浆三种。三种注浆技术基本相同,但各具不同的工艺特点,现就地面预注浆分析注浆施工工艺过程。

1. 地面预注浆

地面预注浆是指在地下工程施工以前,预先从地面钻孔至含水层,并利用地面设置的注浆设施,将浆液经注浆孔压入含水层,充填岩层裂隙或土层孔隙,减少涌水,加固围岩,以利用施工的方法,称为地面预注浆。其工艺流程,见图6-26。

地面预注浆施工中,主要应解决以下几个问题。

1)注浆孔技术要求

注浆工艺有单液注浆和双液注浆两种。图6-27为水泥—水玻璃双液注浆设备布置图。

注浆孔的布置、孔数应按前述满足注浆帷幕厚度的原则确定,孔深应穿过含水层,深入不透水层10m。为了防止通过厚度较大冲击层可能出现的塌孔,一般在注浆孔开口处安设6~10m长的孔口管,它既为钻孔时提供导向作用,也为注浆时用以安设孔口封闭装置,以防止跑浆。厚表土层以下的裂隙岩层注浆,其注浆孔通过表土层之后,应安设注浆套管,套管与孔壁间应充填速凝水泥固定。

注浆孔钻进技术同冻结孔钻进相比,其偏斜率要求不像对冻结孔要求的那样严格,一般

500m以内偏斜率控制在0.5%以内,超过500m,可适当放宽到1%以内。另外,要求岩层内的注浆孔应全部取芯钻进,以便查明岩层裂隙发育及其分布状况。在坚硬岩层中的取芯率应达到80%~90%,破碎岩层应不少于70%。

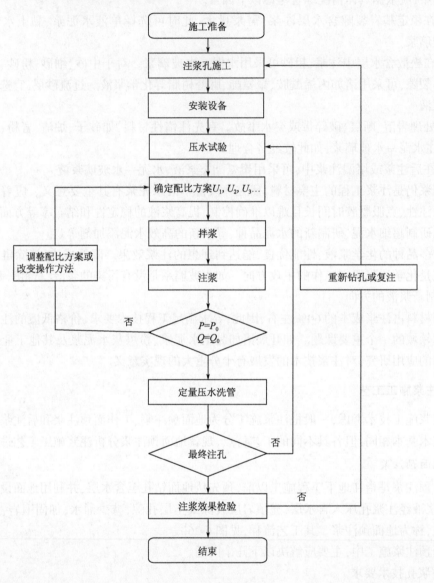

图6-26　注浆工艺流程框图

2)安装工作及压水试验

设备、仪器的安装工作可与注浆孔钻进同时进行。安装完毕后,进行管路耐压试验和设备试运转。一般要求各种管路能承受1.2倍的注浆终压,而不破裂和漏损。

注浆孔完成后,安装并下放注浆管、止浆塞以及混合器等孔内设施。

在正式注浆前应完成压水试验,其主要目的是:

(1)检查止浆塞的止浆效果。

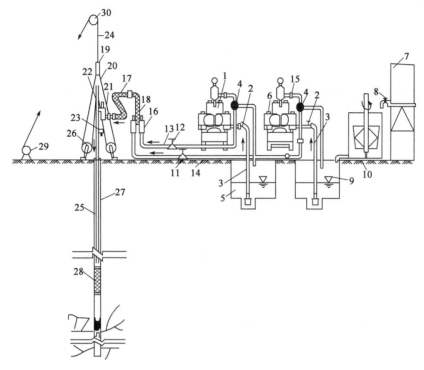

图6-27 水泥—水玻璃双液注浆设备布置图

1-水玻璃浆液泵;2-进浆阀门;3-吸浆管;4-回浆阀;5-水玻璃浆液池;6-水泥浆泵;7-定量水箱;8-放水阀门;9-吸浆池;10-水泥浆一次搅拌池;11-灰浆输出阀;12-水玻璃浆输出阀;13-水玻璃浆管路;14-水泥浆管路;15-活接头;16-水玻璃浆逆止阀;17-钢丝高压胶管;18-水泥浆逆止阀;19-提引环;20-压缩钢丝绳;21-孔口逆止阀;22-压力叉;23-泄压阀;24-提升钢丝绳;25-直径60mm钻杆;26-定滑轮;27-直径146mm套管;28-止浆阀;29-升降绞车;30-提升天轮

（2）了解裂隙产状及连通情况。

（3）完成颜色水试验。

（4）把孔底残留的岩屑、黏滞在孔壁上的杂物推到注浆范围以外,以保证浆液结石的密实性和胶结强度。

（5）测定钻孔的吸水率,为确定泵量、泵压、决定浆液品种及起始浓度提供依据。

压水试验时,其注水量由小逐渐加大,注浆压力比设计终压大0.5MPa。一般压水时间为10~20min,在破碎或大裂隙岩石中,可适当缩短压水时间。单位钻孔吸水量可按下式计算:

$$q = \frac{Q}{H} \tag{6-24}$$

式中:q——单位钻孔吸水量,L/(min·m);

Q——压水最大压力时的流量,L/min;

H——注浆段高,m。

通常认为,注浆孔段的吸水量q小于10L/(min·m)时,用连续注浆法灌注单液水泥或黏土水泥浆是经济的。如q大于该值,则应选用水泥—水玻璃双液浆。另外,注浆结束后的压水试验,还可初拟注浆结束标准。对水泥注浆,一般认为注浆后吸水率达到0.05L/(min·m)时,就符合注浆结束标准。

3）注浆方式及注浆作业

钻孔和注浆作业通常采用分组施工作业，其中最先注的孔，可兼作注浆质量的中检和终检孔。开展渐进检查的方法，有助于合理使用注浆设备并及时调整注浆参数。我国沿地层深度分段施工的顺序有以下三种方式。

（1）分段下行式：从地面开始，自上而下钻一段注一段，钻孔与注浆如此交替进行，直至设计注浆终深，然后再由下而上进行复注。由于上段已注好，所以在注下段时能有效地阻止浆液上冒。但该方式钻孔工作量大、交替作业工期长。

（2）分段上行式：注浆孔一次钻到注浆终深，利用止浆塞进行自下而上的分段注浆。该注浆方式无重复钻孔，能加快施工速度。实现这种注浆方式的基本要求是止浆塞工作可靠，无大的纵向裂隙且较稳定的裂隙岩层。

（3）一次全深注浆方式：注浆孔一次钻到注浆终深，然后对全深进行一次注浆。这种注浆方式施工简单、工期较短。但由于段高大，浆液扩散不均匀，并且要求供浆的能力较大。该方式适应于埋藏较浅、裂隙比较均匀的含水层。注浆方式见图6-28。

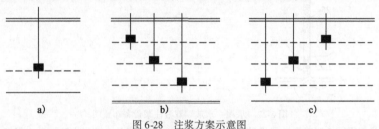

图6-28 注浆方案示意图

a）全程式；b）前进式；c）后退式

止浆塞是封隔注浆钻孔，实现分段注浆的关键装置。良好的止浆塞应保证在10MPa以上的注浆压力作用下正常工作，且止浆可靠。我国目前使用的止浆塞，根据其结构及作用原理，有机械式和水力膨胀式两种，机械式止浆塞见图6-29。

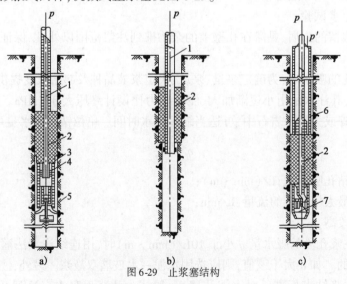

图6-29 止浆塞结构

a）三爪式止浆塞；b）异径式止浆塞；c）双管式止浆塞

1-钻杆注浆管；2-止浆胶塞；3-下托运；4-密封；5-三爪；6-外注浆管 7-混合室；p、p'-使止浆塞发挥作用而施加的力如前所述,在正常情况下,注浆压力随时间逐渐增高,而注入量则相反。因此也把注浆过程中压力与流量的变化作为判定注浆效果的重要标志之一。为此,在注浆过程中,要定时观测、记录注浆压力和注入量,并绘制出 $P(Q)-t$ 曲线,见图6-30。

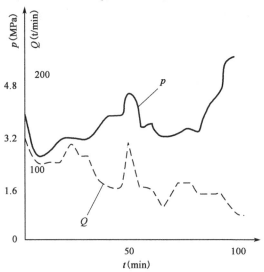

图6-30　水泥—水玻璃双液注浆 $p(Q)-t$ 曲线
（开滦徐家楼新井 8 号孔井 134～159m 区段）

2. 工作面预注浆

工作面预注浆是指在地下工程掘至含水层之前,暂停掘进工作,利用含水层上部的隔水层作为防护"岩帽",或修筑止浆垫或墙,然后在工作面上打钻、注浆。以井筒工作面预注浆为例,其施工方法见图6-31。

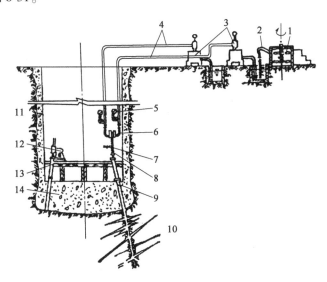

图6-31　工作面预注浆工艺流程

1-浆液搅拌机;2-软管;3-注浆泵;4-输浆管;5-压力表;6-混合器;7-泄浆阀;8-孔口阀;9-孔口管;10-注浆孔;11-井壁;12-钻机;13-工作台;14-止浆垫

工作面预注浆的基本工艺过程和地面预注浆基本相同。不同的只是将注浆作业的主要程序由地面移至地下,并增加了止浆"岩帽"或止浆垫,其计算与设计如下。

1)止浆"岩帽"厚度计算

当含水层顶板具有足够厚度的致密不透水层,或有坚硬的预注浆带时,应尽量采用预留止浆"岩帽"的方案。因为止浆"岩帽"省工料,而且简单易行。"岩帽"的厚度,可按岩石受剪状况,见图6-32。

采用下式计算:

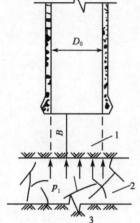

$$B = \frac{P_f D_0}{4[\tau]}$$ (6-25)

式中:B——止浆"岩帽"厚度,m;

D_0——井筒净直径,m;

p_f——注浆终压,MPa;$P_f = P_b + P_c$;

p_b——"岩帽"底面处的静水压力,MPa;

p_c——注浆时超过静水压头的工作压力,或称剩余压力,MPa;

$[\tau]$——岩层容许抗剪强度,MPa。

我国注浆实际所采用的"岩帽"厚度,一般为2~7m。英国预留"岩帽"的厚度,为6~12m。

图6-32 止浆"岩帽"计算图
1-致密不透水浆;2-含水层;
3-不透水层

2)止浆垫设计

当无止浆"岩帽"可利用时,应修筑止浆垫。止浆垫的作用在于封闭含水层涌水,防止安装钻孔导向管和防止注浆时浆液从含水层涌入井内。止浆垫一般为整体浇筑的混凝土结构,其形式主要有单级球面型和单级平底型两种,见图6-33。

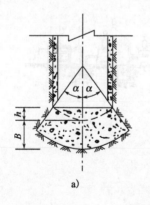

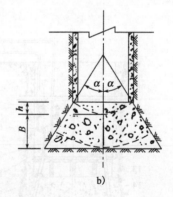

图6-33 止浆垫形式

a)单极球面型;b)单极平底型

(1)单级球面型止浆垫计算。假设注浆压力均匀作用于球面,其方向垂直向上,见图6-34。考虑到垫基岩石的承载力,应用球面板受压理论,单级球面型止浆垫的厚度,可依下式计算:

$$B = \frac{p_f(r^2 + h^2)^2}{4r^2 h[\sigma_c]}$$ (6-26)

式中:B——止浆垫厚度,m;

　　　p_f——注浆终压,MPa;

　　　r——井筒掘进半径,m;

　　　h——球面矢高,m;

　　$[\sigma_c]$——垫基岩层的容许抗压强度或止浆垫材料的抗压

　　　　　强度$[f_c]$,$[f_c] = \dfrac{f_c}{r_k}$,MPa;

　　　f_c——止浆垫材料的抗压强度设计值,MPa;

　　　r_k——混凝土结构的强度系数。

设计中通常取$h = 0.3r$,则式(6-26)简化为:

$$B = \frac{P_f r}{[\sigma_c]} \qquad (6-27)$$

止浆垫内锥角之半角 α 为:

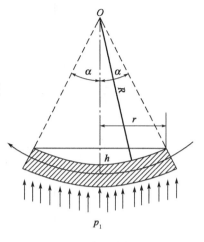

图6-34　止浆垫受力示意图

$$\alpha = \sin^{-1} \frac{2hr}{r^2 + h^2} \qquad (6-28)$$

实际取 $\alpha = 30 \sim 33°$。

球面内 R 为:

$$R = \frac{r^2 + h^2}{2h} \approx 1.8r \qquad (6-29)$$

（2）平底型止浆垫厚度。平底型止浆垫厚度的计算是以球面型止浆垫的计算为基础,其厚度比球面止浆垫增大了内球面矢高的数值。平底型止浆垫的厚度 B 按下式计算:

$$B = \frac{P_f r}{[\sigma_c]} + 0.3r \qquad (6-30)$$

式中符号含义同式(6-29)。

3）结构强度验算

当止浆垫在已砌壁的井筒内构筑时,止浆垫是以井壁为支承,呈圆柱状结构,如图6-35所示。在此情况下,应对井壁强度进行验算。

$$\frac{p_f[(D_0 + 2E)^2 + 4h^2]}{4E(D_0 + E)} \leqslant \frac{f_c}{r_k} \qquad (6-31)$$

式中:p_f——注浆终压,MPa;

　　　D_0——井筒净直径,m;

　　　E——井壁厚度,m;

　　　h——球面矢高,m;

　　f_c、r_k 含义同式(6-26)。

4）止浆垫与岩柱联合结构

当不具备单独利用含水层的顶板岩石做止浆"岩帽"的条件,或者混凝土止浆垫的计算厚度大于2.5m时,可以采用止浆垫与岩柱的联合结构,如图6-36所示。止浆垫的混凝土部分浇筑后,必要时可对岩柱先做注浆加固,以期止浆垫和岩柱共同抵抗注浆压力的作用。

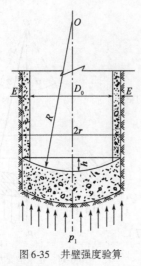

图 6-35　井壁强度验算

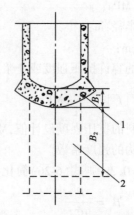

图 6-36　止浆垫与岩柱联合结构
1-混凝土止浆层,厚度为 B_1;2-岩柱,厚度为 B_2

5)注浆孔布置与注浆段高

立井工作面预注浆的注浆孔孔口布置在井筒净径以内。为了使注浆孔穿过更多的裂隙,要求在井筒以外形成一定厚度的注浆壁,注浆孔可以打成径向斜孔,或同时具有两个方向倾斜的双斜钻孔。

注浆段高应根据受注岩层产状及注浆孔状况等因素确定。斜孔注浆一般段高为 30~50m,直孔注浆可取大些。

3. 后注浆

后注浆是相对预注浆而言,一般是指衬砌结构完成后,由于漏水较大,不符合质量标准,而进行的注浆堵水工作,其设备布置及工艺流程见图 6-37。

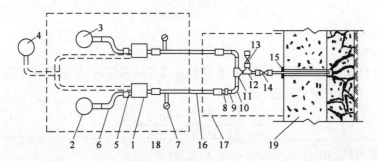

图 6-37　生产井在罐笼(或工作平台)上进行井壁注浆的注浆系统
1-手压泵;2-甲液桶;3-乙液桶;4-清水桶;5-球阀;6-胶管;7-压力表;8-活接头;9-短管;10-弯头;11-湿合器;12-三通;13-泄浆阀;14-进浆阀;15-注浆管;16-胶管;17-注浆平台;18-罐笼(或工作平台);19-井壁

后注浆可划分为壁内注浆和壁后注浆两种方式。前者是指通过固定在衬砌上的注浆管,把浆液注入衬砌裂缝内,并扩散一定距离凝胶而堵水,后者是将注浆孔穿过衬砌,进入含水层而进行的注浆,以达到堵水和加固衬砌结构的目的。下面以矿山立井为例说明注浆工艺过程。

1)施工顺序

当井壁漏水区段位于含水砂层,多为集中漏水且漏水量较大时,注浆作业应自上而下。这样淋水少,施工条件好。当漏水区段位于裂隙含水层时,围岩与井壁之间常有过水通道。如果采用自上而下的施工顺序,由于浆液易沿过水通道向下流失,因而达不到堵水目的。此时,应根据井壁漏水位置自下而上进行注浆。当井壁漏水范围与含水层的厚度基本一致时,应在含水层顶板的层界面先行注浆,造成上下隔水帷幕,然后在两个帷幕之间注浆。这样做可避免驱散水源。如果是因为壁后充填不好,造成井壁漏水时,宜可选用先两头后中间的注浆顺序。

2) 注浆材料的选择

当漏水井壁处于流砂层且采用壁内注浆时,一般采用化学注浆材料,例如 MG-646、铬木素浆液等。如果注浆孔出水量较大,可以选注入水泥—水玻璃浆液。但是这种浆液不易注入细小裂隙内,堵水效果有时不够理想,需再用化学浆液予以补充注浆。这样配合使用,注浆费用少,堵水效果好,且还有加固作用。

壁后注浆,由于耗浆量大,且兼有加固井壁的作用,因此通常选用水泥—水玻璃双液浆。对于集中出水点或需要加固时,也可以选用单液水泥浆液。

3) 注浆孔布置

注浆孔的布置与井壁裂缝及漏水点的分布、井壁结构及其强度、注浆压力及注浆材料等均有密切关系。布孔时除考虑上述因素外,亦应根据具体条件前遵循以下原则。

(1) 注浆孔的位置应与井壁漏水裂缝相交,选择在漏水量大的裂缝中顶水造孔,或在其附近造斜孔与之相连。经验表明,这样的孔导水性好,出水量大,几乎引出全部涌水,注浆堵水效果好。否则容易出现过多的废孔。

(2) 注浆孔的数目及间距应根据堵水加固面积、注浆目的和注浆有效扩散半径来确定。即通过注浆,在壁后漏水区形成有效的隔水帷幕。通常可按"三花眼"或"五花眼"布置注浆孔。

(3) 壁后为流砂层时,注浆孔的深度视井壁厚度而定。一般应小于井壁厚度,最少留有 100～200mm 的安全距离。对双层井壁以穿过外壁约 100mm 为宜。这样的深度,不仅制止了涌水跑砂事故,而且导水性较好,注浆堵水安全可靠。

4) 衬砌裂缝的处理

为防止注浆时的跑浆现象,注浆前应对裂缝进行适当的处理。对混凝土井壁裂缝一般采取挖槽糊缝和预留注浆管的措施防止跑浆。首先用风镐沿井壁裂缝挖成 V 形或矩形槽,见图 6-38。然后,在 V 形槽底铺上半圆形铁皮;矩形槽的出水裂缝处开成半圆形的集水沟,上面铺铁皮。在铁皮上开出一定数量的导水口,接上导水管以后,用水泥—水玻璃塑胶泥或混凝土封槽。

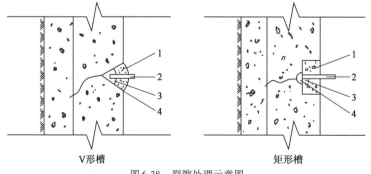

图 6-38 裂隙处理示意图
1-塑胶泥;2-导水管;3-铁皮;4-人工水沟

糊缝所使用的水泥—水玻璃塑胶泥,采用400号或500号普通硅酸盐新鲜水泥和模数为2.2~2.4、浓度为大于50°Be的水玻璃拌和而成。调制均匀呈泥状后,强度高、黏结力强,硬化时间5~9min。

5)注浆管的埋设

注浆管多40~50mm的无缝或有缝钢管,长度400~600mm,一头为外丝扣,另一头为马牙扣。壁内缠麻部分注浆管的下端打成花孔管,以利于浆液的均匀渗透。埋设注浆管前,在马牙扣上缠麻,外涂铅油,用大锤打入孔内,然后用水泥—水玻璃塑胶泥将注浆管和井壁之间的空隙糊堵严密,黏结牢固。该法虽然牢固可靠,但难于拔出复用。所以可采用双管式注浆器,即浅孔注浆止浆塞。

6)注浆作业程序

后注浆作业程序与地面预注浆作业程序基本相同。由于后注浆自身的特点,注浆时应注意以下几个问题。

(1)正式注浆前应首先压入颜色水,其目的是检查糊缝质量,确定浆液类型、注浆参数及浆液的凝胶时间。

(2)注浆过程中要按比例调节进浆量。采用水泥—水玻璃浆时,两种浆液按体积比一般控制在1:1~1:0.6。MG646是按等比灌注的。

(3)注浆过程中产生跑浆现象时,可采用缩短凝胶时间,或在跑浆的裂缝中用木楔、棉砂、石棉线等物嵌塞,以配合糊堵水泥—水玻璃胶泥。必要时,可采用间歇式注浆的方式来解决。

六、复杂地层注浆技术措施

这里所说的复杂地层是指裂隙不发育,透浆性差,或含有大溶洞、大裂隙的含水地层。前者表现为高压不进浆或进浆量甚少(非管路或混合器堵塞所致),后者则表现为高注入量不升压。

对第一种情况,可采取以下技术措施。

压裂法:注浆初期,以6~12MPa注浆压力,高压注入水灰比为2~4的稀浆。待正常进浆后,再根据压力、流量的大小调整配比。压裂法的实质是利用渗透性较强的稀浆,在高压作用下撑开细裂隙,增加连通性。其技术关键是保持注浆工作的连续性,即调换浆液浓度时不停泵,否则撑开的裂隙又恢复原状。此项措施在软岩、破碎带使用效果较明显。

预处理法:压水试验以后,正式注浆之前,预先注入一定量的处理液,如稀释的水玻璃、铬木素、苛性钠或15%~20%的稀盐酸溶液。常用水玻璃为处理液,将其浓度稀释至18~25°Be为宜。其作业程序是:压水①→注入处理液→压水②→注浆。这里①是指压水试验,②是指压入略多于已注入水玻璃量的清水,把过多的水玻璃推走,只留下很薄一层以润滑裂隙。否则,水玻璃遇水泥凝胶,堵塞通道。此法适应于稳定的裂隙岩层。

爆破注浆法:是指在注浆孔内,按一定的方向装入带有凹槽的炸药卷,引爆后使岩层形成具有一定方向的网状裂隙,并与原有裂隙沟通,以增大浆液的扩散半径、提高堵水效果,实现少孔注浆。该法的技术关键是炸药的类型与数量,以达到预期的振动爆破效果。在裂隙不发育,而又有足够强度(>20MPa)的脆性岩层中采用该方法,注浆效果较好。

对于第二种情况,说明浆液不在预定位置充塞,而是沿着某一大裂隙或溶洞流失,或者是

浆液压破某一地层后漏泄到远方。这样不仅造成浆液损失,影响注浆效果,而且污染周围环境。其预防或处理的技术措施如下:

注浆材料方面:增加浆液浓度,或由单液浆改为双液浆,以缩短浆液凝胶时间;通过填料器在浆液中添加惰性材料,如锯末、砂、炉渣、压缩木串等,采取分次复注办法处理。

注浆工艺方面:可采用间隔注浆的作业式,以延长浆液在裂隙内的停留时间,增加浆液的流动阻力。但间歇时间不能超过浆液的初凝时间,以防堵管。

注浆设备方面:选用大流量注浆泵,或若干台低流量注浆泵并联使用,以增大瞬间注入量。

在实际工程中,应结合具体条件,灵活选用某种合适的方法,或几种方法交叉混合使用,方能取得理想的注浆效果。

七、直接堵漏注浆

直接堵漏注浆是处理结构漏水的有效技术手段,设备布置简单,见效快,有进一步研究应用的价值。其主要工艺过程为:压颜色水,以确定水道,寻找最佳布孔位置、钻孔深度及钻孔角度;测定过水时间,以确定浆液的凝胶时间;向堵漏器添加堵漏材料,根据返浆情况及时停泵,结束注浆。设备布置见图6-39。

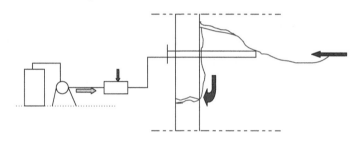

图6-39　直接堵漏注浆设备布置图

浆液遇水后,将沿压力降方向,向漏水点反向流动,当流至出水点时,按设定的时间,此时堵漏材料刚好凝胶,停泵结束注浆,完成堵漏过程。

八、高压喷射注浆技术

该法是日本通过试验发展起来的,是注浆技术新的发展方向。高压喷射法的实质是:利用工程钻机钻孔至设计处理的深度后,用高压泥浆泵,通过安装在钻杆(喷杆)杆端置于孔底的特殊喷嘴,向周围土体高压喷射浆液,同时钻杆(喷杆)以一定的速度边旋转边提升,高压射流致一定范围内的土体结构破坏,并强制与固化浆液混合,凝固后便在土体中形成具有一定性能和形状的固结体——桩或墙,用于挡水、建筑基础或加固地层。

1.高压喷射注浆基本种类

固结体的形状和喷射流的移动方向有关,一般分为旋喷、定喷和摆喷。该法适应于黏土或砂土层,旋喷桩主要用于加固地基,提高地基的抗剪强度,改善地基土的变形性能,使其在上部结构荷载作用下,不至破坏或产生过大的变形。

按喷射介质及其管路多少旋喷可分为单管法、二管法、三管法等。以二管法为例说明旋喷工艺过程,见图6-40。

（1）单管旋喷法。通过单根管路，利用高压浆液（20～30MPa），喷射冲切破坏土体，成桩直径为40～50cm。其加固质量好，施工速度快和成本低，但固结体直径较小。

（2）二管旋喷法。在单管法的基础上又加以压缩空气，并使用双通道的二重灌浆管。在管的底部侧面有一个同轴双重喷嘴，高压浆液以20MPa左右的压力从内喷嘴中高速喷出，在射流的外围加以0.7MPa左右的压缩空气喷出。在土体中形成直径明显增加的柱状固结体，达80～150cm。

（3）三管旋喷法。使用分别输送水、气、浆三种介质的三重灌浆管。高压水射流和外围环绕的气流同轴喷射冲切破坏土体，在高压水射流的喷嘴周围加上圆筒状的空气射流，进行水、气同轴喷射，可以减少水射流与周围介质的摩擦，避免水射流过早雾化，增强水射流的切割能力。喷嘴边旋转喷射、边提升，在地基中形成较大的负压区，携带同时压入的浆液充填空隙，就会在地基中形成直径较大、强度较高的固结体，起到加固地基的作用。

（4）定喷固结体呈壁状，摆喷形成厚度较大的扇状固结体，见图6-41。定喷和摆喷通常用于地基防渗，改善地基土的水力条件及边坡稳定等工程。

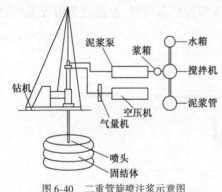

图6-40　二重管旋喷注浆示意图

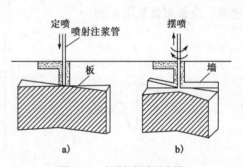

图6-41　定喷与摆喷示意图

a）定喷形成片状固结物；b）摆喷形成扇形固结物

2. 旋喷注浆加固机理

高喷的工作机理与旋喷法基本相同，见图6-42，所以仅以旋喷法说明其加固原理。

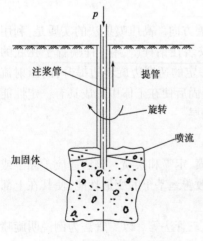

图6-42　旋转成桩机理示意图

（1）高压喷射流切割破坏土体作用。喷流动压以脉冲形式冲击土体，使土体结构破坏出现空洞。

（2）混合搅拌作用。钻杆在旋转和提升的过程中，在射流后面形成空隙，在喷射压力作用下，迫使土粒向与喷嘴移动相反的方向（即阻力小的方向）移动，与浆液搅拌混合后形成固结体。

（3）置换作用。三重管高喷法又称置换法，高速水射流切割土体的同时，由于通入压缩空气而把一部分切割下的土粒排出灌浆孔，土粒排出后所空下的体积由灌入的浆液补入。

（4）充填、渗透固结作用。高压浆液充填冲开的和原有的土体空隙，析水固结，还可渗入一定厚度的砂层而形成固结体。

(5)压密作用。高压喷射流在切割破碎土体的过程中,在破碎带边缘还有剩余压力,这种压力对土层可产生一定的压密作用,使高喷桩体边缘部分的抗压强度高于中心部分。

高压射流在一定范围内将土颗粒切割破坏,并与土颗粒混合。浆液凝固硬化后即在土层中形成具有一定强度的圆柱状固结体——旋喷桩。

同一性质的土层,其强度沿径向有不同的分布,不同性质的土层,成桩横断面的强度分布也有差异,见图6-43、图6-44。

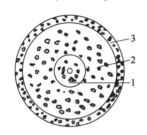

图 6-43　黏性土最终固结状态

1-浆液主题部分;2-搅拌混合部分;3-压实部分

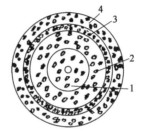

图 6-44　碱性土最终固结状态

1-浆液主体部分;2-搅拌混合部分;3-压实部分;4-渗透部分

对于黏性土,由于喷射压力的作用,在靠近核心周围,土颗粒向外扩散密度变小,形成以浆液固结体为主的区域。在此以外的一定范围,是土受射流扰动的区域,最外层是浆液与土颗粒混合部位。桩的外壳是土颗粒被挤压、密度增加的区域。对于砂性土,除了形成以上所述的横断面结构外,由于静压作用及砂性土的空隙性,桩的外壳还有一层渗透区域。

目前,单管法相对桩径较小,为 0.5~1.0m。国内通常施工设备二管法和三管法桩径为 1~1.5m,国外采用大流量高压泥浆泵桩径可达 5m 以上。

3.浆液材料

水泥是喷射灌浆的基本材料,水泥类浆液可分为以下几种类型。

(1)普通型浆液。一般采用普通硅酸盐水泥,不加任何外加剂,水灰比一般为 0.8:1~1.5:1,固结体的抗压强度(28d)最大可达 1.0~20MPa,适应于无特殊要求的工程。

(2)速凝—早强型。适于地下水位较高或要求早期承担荷载的工程,需在水泥浆中加入氯化钙、三乙醇胺等速凝早强剂。掺入 2% 氯化钙的水泥—土的固结体的抗压强度为1.6MPa,掺入 4% 氯化钙后为 2.4MPa。

(3)高强型。喷射固结体的平均抗压强度在 20MPa 以上。可以选择高强度等级的水泥,或选择高效能的扩散剂和无机盐组成的复合配方等。

在水泥浆中掺入 2%~4% 的水玻璃,其抗渗性有明显提高。如工程以抗渗为目的,最好使用"柔性材料"。可在水泥浆液中掺入 10%~50% 的膨润土(占水泥重量的百分比)。此时不宜使用矿渣水泥,如仅有抗渗要求而无抗冻要求,可使用火山灰水泥。

第四节　冻　结　法

冻结法是地下工程施工中的一种辅助手段。当遇到涌水、流砂淤泥等复杂不稳定地质条件的情况时,经技术经济分析比较,可以采用技术可靠的冻结法施工。冻结法是通过人工制冷

的方法,将土层(岩层)中的水冻结,形成有一定强度和厚度的冻结体——冻结帷幕或冻结墙,在其保护下进行岩土开挖的特殊施工方法。

该法与注浆法的主要区别是:一是临时改变围岩的力学特征;二是注浆主要适用于裂隙岩层,而冻结法适合除盐地和地下动水的任何地层;三是注浆工艺、设备简单而冻结工艺与设备相对复杂。冻结法作为一种特殊施工技术,防水和加固地层能力强,又不污染水质,特别适用于在松散含水表土地层的土木工程施工。冻土结构物形状设计灵活,并可以与其他方法联合使用。

人工制冷冻结技术起源于自然冻结法。在寒冷的西伯利亚,人们为了开采河床下的金矿采用了自然冻结法。自然冻结法受自然环境和施工周期的限制而无法推广应用。

德国采矿工程师 F. H. Poetsch 探索不稳定地层凿井技术,于 1880 年提出了冻结法凿井的原理,1883 年首次应用冻结法开凿了阿尔契巴得褐煤矿区的 Ⅸ 号井获得成功,同年 12 月获得发明专利。其基本方法是:在开凿的井筒周围布置冻结器(当时用铜管等材料制作),采用机械压缩方法制冷,通过低温盐水在冻结器内循环,吸收松散含水地层的热量,使得地层冰冻,逐渐形成一个封闭的能够抵挡水土压力的人工冻结帷幕。我国 1955 年开始采用冻结法施工井筒,至今最大冻结深度为 435m,穿过的最大表土深度为 374.5m。

随着土木工程的发展,冻结法技术应用也正在兴起。在日本及欧洲各国,城市地铁等市政工程中都有广泛应用。我国 20 世纪 70 年代北京地铁局部采用了冻结法施工,冻结长度 90m,深 28m,采用明槽开挖;1975 年沈阳地铁 2 号井净直径 7m,冻结深度 51m;80 年代,冻结法应用于东海拉尔水泥厂上料厂基坑及南通市钢厂沉淀池、凤台淮河大桥主桥墩基础施工中;90 年代,有上海市政建设地铁 1 号线中的 1 个泵站和 3 个旁通道施工,杨树浦水厂泵站基坑施工等。

除了常规盐水冻结外,国外于 20 世纪 60 年代开始采用液氮深冷冻结地层,我国于 70 年代和 90 年代分别进行了液氮冻结和干冰冻结试验,开辟了地层快速冻结的新途径。

一、地层冻结原理

制冷技术是用氟利昂作制冷剂的三大循环系统完成的。三大循环系统分别为氟利昂循环系统、盐水循环系统和冷却水循环系统。制冷三大循环系统构成热泵,将地热通过冻结孔由低温盐水传给氟利昂循环系统,再由氟利昂循环系统传给冷却水循环系统,最后由冷却水循环系统排入大气。随着低温盐水在地层中的不断流动,地层中的水逐渐结冰,形成以冻结管为中心的冻土圆柱,冻土圆柱不断扩展,最后相邻的冻结圆柱连为一体并形成具有一定厚度和强度的冻土墙或冻土帷幕。

1. 冻土的形成和组成

土体是一个多相和多成分混合体系,由水、各种矿物和化合物颗粒、气体等组成,而土中的水又可有自由水、结合水、结晶水三种形态。当降到负温时,土体中的自由水结冰并将土体颗粒胶结在一起形成整体。冻土的形成是一个物理力学过程,土中水结冰的过程可划分为五个过程,如图 6-45 所示。

(1)冷却段,向土体供冷初期,土体逐渐降温到冰点。

（2）过冷段，土体降温到0℃以下时，自由水尚不结冰，呈现过冷现象。

（3）突变段，水过冷后，一旦结晶就立即放出结冰潜热出现升温过程。

（4）冻结段，温度上升到接近0℃时稳定下来，土体中的水便产生结冰过程，矿物颗粒胶结在一体形成冻土。

（5）冻土继续冷却，冻土的强度逐渐增大。

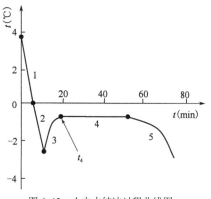

图6-45　土中水结冰过程曲线图

2. 地下水对冻结的影响

1）水质对冻结的影响

水中含有一定的盐分时，水溶液的冰点降低。当地层含盐或受到盐水侵害时都会降低结冰的冰点，其程度与溶解物质的数量成正比例关系。

盐水溶液在一定的浓度和温度下凝结成一种均匀的物质时，这种盐水溶液的浓度和温度称为低融冰盐共晶点。

常见的几种水溶液的低融冰盐共晶点和物理性，参见表6-7。

几种水溶液低融冰盐共晶点及物性指标　　　　表6-7

可溶物质		分子量	可溶物在水中的含量（g/m³）	低融冰盐共晶点（℃）	低融冰盐共晶的成分
名称	化学方程式				
氧化钙	CaO	56.07	2.7	−0.5	冰 + CaO·H₂O
硫酸钠	Na₂SO₄	142	40	−1.1	冰 + Na₂SO₄·10H₂O
硫酸铜	CuSO₄	159.6	135	−1.32	冰 + CuSO₄·5H₂O
碳酸钠	Na₂CO₃	106	63	−2.1	冰 + Na₂CO₃·10H₂O
硝酸钾	KNO₃	101.11	126	−2.9	冰 + KNO₃
硫酸镁	MgSO₄	120	197	−3.9	冰 + MgSO₄·12H₂O
硫酸锌	ZnSO₄	161.4	372	−6.5	冰 + ZnSO4·7H₂O
氯化钾	KCl	74.6	246	−10.6	冰 + KCl
氯化铵	NH₄Cl	53.5	245	−15.3	冰 + NH₄Cl
硝酸铵	NH₄NO₃	80	747	−16.7	冰 + NH₄NO₃
硫酸铵	(NH₄)₂SO₄	132	663	−18.3	冰 + (NH₄)₂SO₄
氯化钠	NaCl	58.5	290	−21.2	冰 + NaCl·2H₂O
氢氧化钠	NaOH	40	344	−27.5	冰 + NaOH·7H₂O

2）水的动态对冻结的影响

土中水的性态与土质结构有关，土体有原状和非原状土之分，原状土中砂层、砾卵石土层中水的渗透速度较大，非原状土如回填土要看回填土质和固结情况，较为复杂。

土中水流速度对土的冻结速度有较大影响，常规的土层冻结的水流速度一般应小于6m/昼夜。

水流速度与地层的渗透系数和压差成正比。

地下水流速要通过钻孔抽水试验测定,并按下式计算:

$$u = k \cdot \frac{h}{L} ki \tag{6-32}$$

$$u_{\max} = ki_{\max} \frac{\sqrt{K}}{15}$$

式中:u——地下水流动速度,m/d;

    $u_{\max}$——进入钻孔的地下水最大流速,m/d;

    L——产生最大水头的水平距离,m;

    h——水压头,m;

    k——岩层的渗透系数,$i = 1$ 时等于通过岩层的流速,m/d;

    i——水力坡度;

    $i_{\max}$——最大水力坡度。

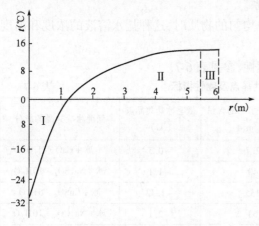

图6-46 冻结地层温度曲线图

3. 冻结地层温度场和冻结速度

1) 冻结地层温度场

冻结地层温度场是一个相变温度场,是一个复杂的热力学问题。地层冻结是通过一个个的冻结器向地层输送冷量的结果。这样在每个冻结器的周围形成以冻结管为中心的降温区,分为冻土区(Ⅰ)、融土降温区(Ⅱ)、常温土层区(Ⅲ)。地层温度曲线呈对数曲线分布,见图6-46,可用下列公式表示。

(1)冻土区。

$$t = \frac{t_y \ln \dfrac{r}{r_1}}{\ln \dfrac{r_2}{r_1}} \tag{6-33}$$

式中:t——土体中任一点温度;

    t_y——盐水温度;

    r——冻柱内任意一点距冻结孔中心的距离;

    r_2——冻结柱的半径;

    r_1——冻结孔管的外半径。

(2)降温区。

$$t = \frac{2t_0}{\sqrt{\pi}} \int_0^{\frac{\chi}{\sqrt{4\pi\tau}}} e^{-\frac{x^2}{4\alpha\tau}} d\left(\frac{\chi}{\sqrt{4\alpha\tau}}\right) \tag{6-34}$$

式中:t_0——土的初始温度;

    χ——距 0℃ 的面的距离;

    α——导温系数;

    τ——冻结时间。

2）土的冻结速度

（1）冻结器间距是影响冻土柱交圈和冻结壁扩展速度的主要因素,冻结器间距增大,交圈时间延长,冻结壁扩展速度减慢。

（2）冻土柱的相交初期:交圈界的厚度发展较快,很快能赶上其他部位厚度。

（3）冻结壁扩展速度随土层颗粒的变细而降低,例如砂层的冻结速度比黏土高。

（4）冻结器内的盐水温度和流动状态是影响冻土扩展速度的重要因素。盐水温度降低,冻结速度提高,盐水由层流转向紊流时,冻结速度提高20%～30%。

（5）冻结柱的交圈时间与冻结器间距、盐水温度、盐水流量和流动状态、土层性质、冻结管直径、地层原始地温等有关,影响因素较多,解析理论计算较复杂,一般按经验公式推算。表6-8是我国煤矿井筒冻结的经验数据表,仅供参考。

冻结壁交圈时间参考值 　　　　　　　　　　　　　　表6-8

冻结孔间距(m)	1.0	1.3	1.5	1.8	2.0	2.3	2.5	2.8	3.0	3.3	3.5	3.8	4.0
冻结壁交圈时间（d） 粉细砂	10	15	22	35	44	58	67	82	94	114	128	150	166
细中砂	9.5	14	21	33	42	55	64	78	89	108	121	142.5	158
粗砂	8.5	13	19	30	37	49	57	70	80	97	109	128	141
砾石	8	12	18	28	35	46	54	66	75	91	102	120	133
砂质黏土	10.5	16	23	37	46	61	70	86	99	120	134	158	174
黏土	11.5	17	25	40	51	67	77	94	108	131	147	173	191
钙质黏土	12	18	26	42	53	70	80	98	113	137	154	180	199

注:1.盐水温度为－25℃。

2.冻结管直径为159mm。

3.当冻结管直径为 d_i（mm）时,则冻结壁交圈时间 $T_i = 159/d_i$ 乘以表中的数值。

4.冻胀和融沉

土体冻结时有时会出现冻胀现象,土体融化时会出现融沉现象,其原因是水结冰时体积要增大9.0%,并有水分迁移现象。当土体变形受到约束时就要显现冻胀压力。目前,人们把土冻结膨胀的体积与冻结前体积之比称冻胀率,显然冻胀力和冻胀率与约束条件有关,把无约束情况下冻土的膨胀称"自由冻胀率",把不使冻土产生体积变形时的冻胀力成为"最大冻胀力"。

土的冻胀和土质、含水率及土质结构有密切的关系。不同土质的结合水含率不同,宏观上表现出来的起始冻胀含水率就不同,见表6-9。开始产生冻胀的最小含水率称为"临界冻胀含水量"。

几种典型土的临界冻胀含水率 　　　　　　　　　　表6-9

土　名	<0.1mm 的颗粒含量（%）	<0.05mm 的颗粒含量（%）	临界冻胀含水率（%）
亚黏土	86.17		22.0
亚砂土	40.16	81.47	9.50
卵砾石	9.49	31.12	7.5
中砂	8.35	7.98	10.0
粗砂	2.0		9.0

像砂土、砾石这样的动水地层,一般不会出现冻胀现象,冻胀现象主要出现在黏性土质的

冻结过程中。

胀缩性黏土的冻胀量随含水率增加而迅速增加,表现出极大的敏感性,见表6-10。

不同含水率的自由冻胀系数 表6-10

含水率 $W(\%)$	17.6	19.5	23.8	28.4	31.5
自由冻胀系数 $\eta(\%)$	0.5	4.0	10.8	19.2	27.0

注:膨胀黏性土、塑限含水率 $W_p = 22\%$。

二、压缩制冷原理

1.一级压缩制冷原理

一级压缩制冷由三大循环构成:氨循环、盐水循环和冷却水循环。其循环系统设备主要有:压缩机、冷凝器、蒸发器及节流阀,循环过程如右图6-47所示。

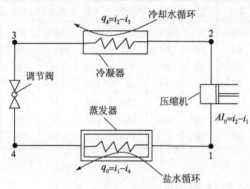

图6-47 一级压缩制冷设备布置示意

1)氨循环

在制冷过程中起主导作用。为了使地热传递给冷却水再释放给大气,必须将蒸发器中的饱和蒸气氨压缩成为高压高温的过热蒸气,使之与冷却水产生温差,在冷凝器中将热量传递给冷却水,同时过热蒸气氨冷凝成液态氨,实现气态到液态的转变。液态氨经节流阀流入蒸发器中蒸发,再吸收其周围盐水中的热量(地热)变为饱和蒸气氨。

2)盐水循环

在制冷过程中起着冷量传递作用。该循环系统由盐水箱、盐水泵、去路盐水干管、配液圈、冻结器、集液圈和回路盐水干管组成。冻结器是低温盐水与地层进行热交换的换热器,盐水流速越快,换热强度就越大。冻结器由冻结管、供液管和回液管组成。根据工程需要可采用正、反两种盐水循环系统,正常情况下用正循环供液。

3)冷却水循环

在制冷过程中,是将压缩机排出的过热蒸气冷却成液态氨,以便进入蒸发器中重新蒸发。冷却水把氨蒸气中的热量释放给大气。冷却水温度越低,制冷系数就越高,冷却水温一般较氨的冷凝温度低 $5\sim10℃$。冷却水由水泵驱动,通过冷凝器进行热交换,然后流入冷却塔再入冷却水池,冷却后的循环水应随时由地下水补充。

4)制冷过程

实际上,氨制冷过程是一个卡诺逆循环过程,可用热力学中的 $\lg p\text{-}h$ 图表示,见图6-48。制冷过程可表述为:

(1)压缩过程(1-2)为等熵过程:饱和蒸气氨被压缩或高温高压的过热蒸气。

(2)冷却过程(2-3)为等压过程:过热蒸气氨被冷凝器中的冷却水降温为饱和蒸气氨或过冷高压液态氨。

（3）降压过程（3-4）为等焓过程：液态氨经节流降压为低温低压的液态氨。

（4）蒸发过程（4-1）为等温等压过程：液态氨在蒸发器中汽化，成低温低压的饱和蒸气氨。

岩层吸收盐水热量而制冷，即制冷过程。

氨蒸发吸收盐水的热量而制冷，氨由湿态变为饱和态，蒸发器热荷载 $q_0 = h_1 - h_4 (\text{kJ/kg})$，制冷系数：

$$\varepsilon = \frac{q_0}{l} = \frac{h_1 - h_4}{h_2 - h_1} \qquad (6-35)$$

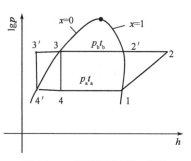

图 6-48 一级压缩制冷压—焓图

由图可知：若氨经冷凝器冷却到 3′点（$h_3{}' < h_3$），则单位制冷量为 $q_0{}' = h_3{}' - h_4{}' > q_0$，可见降低冷却水温度对增加单位制冷量有重要作用。

2. 二级压缩制冷原理

一级压缩制冷的问题一是压缩机进出口温差大，二是不能制得温度过低的盐水，进而提出了二级压缩制冷问题。

二级压缩制冷原理和空压机的二级压缩原理一样，它是在低压机和高压机之间增加了一个中间冷却器，用以保证压缩机有一个正常运行工况，保证压差和压缩比不超过允许值。中间冷却器的功能：一是冷却低压机排出的过热蒸气氨，使之变成具有中间压力（即中间温度）的饱和蒸气氨以利于高压机吸收，使本来采用一级压缩制冷大于 8 的压缩比，分为两个小于 8 的一级压缩；二是过冷液态氨的作用，提高制冷效率。设备组成及循环过程，见图 6-49。其中，图中 1 ~ 10 为氨的状态。

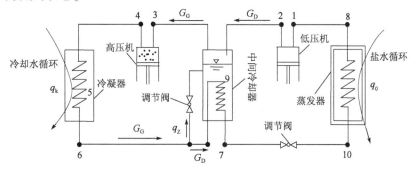

图 6-49 二级压缩制冷设备布置示意图

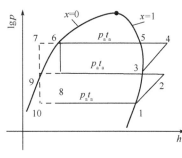

图 6-50 二级压缩制冷压—焓图

主要循环过程见图 6-50：饱和蒸气状态 1 经低压机压缩（等熵）变为过热蒸气状态 2，经中间冷却器冷却（等压）变为饱和蒸气状态 3，再经高压机压缩（等熵）变为过热蒸气状态 4，进入冷凝器（等压）冷却，使之经饱和蒸气状态 5 到饱和液体状态 6。此时，分为两路：一路经节流阀（等焓）减压变为湿蒸气状态 8 流入中间冷却器和低压机排出的过热蒸气氨（2 点）进行热交换（等压）变为状态 3；而另一路则进入中间冷却器底部的蛇形管过冷（等压）变为过冷液体状态 7 再经节流阀到蒸发器。处于湿蒸气状态 10 进入蒸发器后变为饱

和蒸气1,完成二级压缩制冷循环。

二级压缩制冷过程同时也是一个卡诺逆循环过程,其热力循环也可用 $\lg p - h$ 图表示。

三、液氮冻结

1. 原理与工艺

由于空间技术和炼钢等工业的发展,大量的制氧副产品氮气经过液化得到的液氮作为一种深冷冷源已经广泛应用于医药、激光、超导、食品、生物等各工业生产和科研领域。20世纪60年代,液氮制冷剂直接汽化制冷已成为一种新的土层冻结方法,为提高地层冻结速度开辟了新的途径。根据上述人工压缩制冷原理不难理解,液氮或干冰(固体 CO_2)直接冻结,即将高压状态下的液氮或干冰,通过管路与受冻岩体连接,释压同时液氮或干冰直接气化,与受冻岩体进行激烈的热交换,以达到制冷的目的。

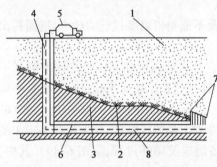

图6-51 地下水道工作面冻结土壤

1-含水沙;2-不透水岩层;3-泥灰岩;4-井管;5-液氮罐槽车;6-液氮管路;7-冻结管;8-液氮汽化管路

液氮冻结的优点是设备简单,施工速度快,适用于局部特殊处理、快速抢险和快速施工。例如,巴黎北郊区供水隧道,建于地下3m深,当前进至70m时,遇到流砂无法通过,遂采用液氮冻结。其工艺系统是液氮自地面槽车经管路输送到工作面,液氮在冻结器内汽化吸热后,气氮经管路排出地面释入大气,冻结时间仅用了33h,冻结速度达到254mm/昼夜,比常规盐水冻结快10倍,见图6-51。液氮是一种比较理想的制冷剂,无色透明,稍轻于水,惰性强,无腐蚀,对振动、电火花是稳定的,一个大气压下,液氮的汽化温度为 $-195.81℃$,蒸发潜热为 $47.9kcal/kg$ [1]。

2. 温度分布和冻结速度

冻结温度场属于非稳定温度场,其规律和特征如下。

(1)液氮冻结属深冷冻结,冻土温度较常规冻结低,梯度大,冻结器管壁温度达到 $-180℃$,而盐水冻结的温度为 $-20 \sim -30℃$,温度曲线呈对数曲线分布。

(2)冻土温度变化与液氮灌注状况关系很大,温度变化灵敏,液氮灌注量的微小变化会引起冻结管附近土温的急剧变化(或上升或下降),停冻后温度上升很快,维护冻结很必要。

(3)液氮冻结地层初期冻结速度极快,但随时间和冻土扩展半径的发展而逐渐下降,与常规冻结相比,在0.5m的冻土半径情况下,液氮冻结的速度能达到10倍以上。

冻土扩展半径公式可按下式计算:

$$R = a\sqrt{t} \qquad (6-36)$$

式中:R——冻土壁一侧厚度 m;

t——冻结时间 h;

a——冻结系数,与土的自然温度、土热参数、冻结管间距等有关,见表6-11。

---

[1] $1kcal/kg = 4186.8J/kg$。

液氮冻结冻土扩展系数实验数据 表 6-11

国　　家	土　　性	含　水　率	系　数　α
中国	砂质黏土	25.1%	6.92
苏联	黏土	31%	7.1

3. 工艺设计和技术经济

(1) 液氮冻结器的间距不宜过大, 因为随冻土半径的增加, 冻结速度下降较快, 一般取 0.5~0.8m。

(2) 冻结系数与冻结器管壁、土的热物理参数、土的原始温度有关, 在实际施工中与液氮灌注状况关系很大, 一般可通过理论计算和经验两个方面取值。

(3) 灌注状况主要指液氮流量和汽化压力, 但它们最终通过冻结器管壁温度变化显现出来, 对冻结系数有很大影响。

(4) 冻结器的设计注重供液管和冻结管的匹配及再冷问题, 在进行水平道路的顶部冻结时应防止液氮的回流。

(5) 冻土的液氮消耗量是变化的, 初期冻结单位冻土的消耗量较小, 后期增大。我国液氮试验的初次冻结试验结果为每方冻土 520kg。国外介绍一般为每方冻土 500~900kg。

四、冻结法施工工艺

冻结施工主要包括: 冻结孔施工、冻结管试漏与安装、冻结系统安装与调试、积极冻结阶段、维护冻结阶段、工程监测六大内容, 冻结法施工工艺流程见图 6-52。

冻结法施工主要包括: 冻结站安装; 冻结孔、测温孔及水文观测孔钻进; 开挖施工等。各施工环节应注意以下几个问题。

1. 冷冻站位置的确定

基本原则是: 满足供水供电及排水方便原则; 广场内几个冻结点共用便利原则; 尽可能靠近冻结点, 以减少冷量损失。

2. 冷却水源井位置的确定

水源井应设置于地下水的上游, 水源井形成的降水漏斗应位于冻结范围以外。

3. "三孔"的位置与作用

在冻结法井筒施工中需要钻凿"三孔", 即冻结孔、测温孔和水文观测孔。

(1) 冻结孔: 冻结孔的作用是输送冷量, 各冻土桩交合形成冻土帷幕。冻结孔的布置以冻结壁交圈后的厚度满足强度要求为原则。冻结孔的深度应满足冻结封底的要求, 即冻结孔的深度应穿过所有含水岩层, 进入不透水岩层 5~15m。

(2) 测温孔的布置: 测温孔的作用是测量冻土的温度和零度面的位置。测温孔应设置到冻结帷幕的外缘界面上 (2~3 个), 两冻结孔之间 1~2 个。外缘是判断冻结帷幕的发展, 之间是判断冻结帷幕的强度。

(3) 水文观测孔: 水文观测孔是冻结帷幕交圈的重要标志。一般设置 1~2 个水文观测孔。其深度应穿过所有含水层, 但不能大于冻结深度或偏出井筒, 偏离井筒中心 1m 左右。

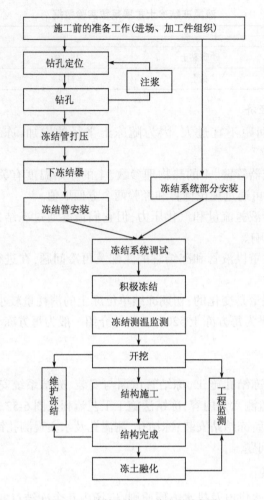

图 6-52　冻结法施工工艺流程示意图

4.冻结管试漏与安装

(1)选择 φ63 ×4mm 无缝钢管,在断管中下套管,恢复盐水循环。

(2)冻结管(含测温管)采用丝扣连接加焊接。管端部采用底盖板和底锥密封。冻结管安装完,进行水压试漏,初压力 0.8MPa,经 30min 观察压力值变化情况,降压 ≤0.05MPa,再延长 15min 压力不降为合格,否则就近重新钻孔下管。

(3)冷冻站安装完成后要按行业规范要求进行试漏和抽真空,确保安装质量符合设计标准。

5.冻结系统安装与调试

(1)按 1.5 倍制冷系数选配制冷设备。

(2)为确保冻结施工顺利进行,冷冻站安装足够的备用制冷机组。冷冻站运转期间,要有两套的配件,备用设备完好,确保冷冻机运转正常,提高制冷效率。

(3)管路用法兰连接,在盐水管路和冷却水循环管路上要设置伸缩接头、阀门和测温仪、压力表、流量计等测试元件。盐水管路经试漏、清洗后用聚苯乙烯泡沫塑料保温,保温厚度为

50mm,保温层的外面用塑料薄膜包扎。集配液圈与冻结管的连接用高压胶管,每根冻结管的进出口各装阀门一个,以便控制流量。

(4)冷冻机组的蒸发器及低温管路用棉絮保温,盐水箱和盐水干管用 50mm 厚的聚苯乙烯泡沫塑料板保温。

(5)机组充氟和冷冻机加油按照设备使用说明书的要求进行。首先进行制冷系统的检漏和氮气冲洗,在确保系统无渗漏后,再充氟加油。

(6)设备安装完毕后进行调试和试运转。在试运转时,要随时调节压力、温度等各状态参数,使机组在有关工艺规程和设备要求的技术参数条件下运行。

6. 积极冻结阶段

在冻结试运转过程中,定时检测盐水温度、盐水流量和冻土帷幕扩展情况,必要时调整冻结系统运行参数。冻结系统运转正常后进入积极冻结。

积极冻结,就是充分利用设备的全部能力,尽快加速冻土发展,在设计时间内把盐水温度降到设计温度。旁通道积极冻结盐水温度一般控制在 $-25 \sim -28$℃。

积极冻结的时间主要由设备能力、土质、环境等决定的,上海地区旁通道施工积极冻结时间在 35 天左右。

7. 维护冻结阶段

在积极冻结过程中,要根据实测温度数据判断冻土帷幕是否交圈和达到设计厚度,判断冻土帷幕交圈并达到设计厚度后再进行探孔试挖,确认冻土帷幕内土层无流动水后(饱和水除外)再进行正式开挖。正式开挖后,根据冻土帷幕的稳定性,提高盐水温度,从而进入维护冻结阶段。

维护冻结,就是通过对冻结系统运行参数的调整,提高或保持盐水温度,降低或停止冻土的继续发展,维持结构施工的要求。旁通道维持冻结盐水温度一般控制在 $-22 \sim -25$℃。维护冻结时间由结构施工的时间决定。

8. 开挖阶段

正式开挖施工中应注意以下问题。

(1)低温下工作,通风的地面除湿问题及混凝土的早强措施。

(2)严格控制开挖段高,应保证冻结帷幕的变形不至于造成冻结管断裂。

(3)如采取爆破施工,应注意浅眼少装药、间隔装药放小炮、力争对冻土的振动最小。

9. 工程监测

1)工程监测的目的

工程量测作为该工法的一项重要施工内容。其目的是根据量测结果,掌握地层的变形量及变形规律,以指导施工,防止施工时对地面周边建筑、地下管线、民用及公共设施带来不良影响,甚至造成严重破坏。

2)工程监测的内容

工程监测贯穿整个施工过程,其主要监测内容为:地表沉降监测、地下构筑物变形监测、通道收敛变形监测及冻土压力监测。

（1）冻结孔施工监测内容为：冻结管钻进深度；冻结管偏斜率；冻结耐压度；供液管铺设长度。

（2）冻结系统监测内容为：冻结孔去回路温度；冷却循环水进出水温度；盐水泵工作压力；冷冻机吸排气温度；制冷系统冷凝压力；冷冻机吸排气压力；制冷系统汽化压力。

（3）冻结帷幕监测内容为：冻结壁温度场；冻结壁与隧道胶结；开挖后冻结壁暴露时间内冻结壁表面位移；开挖后冻结壁表面温度。

（4）周围环境和隧道土体进行变行监测内容为：地表沉降监测；隧道的沉降位移监测；隧道的水平及垂直方向的收敛变形监测；地面建筑物沉降监测。

另外，冻结法施工还有一些技术难题未能得到很好解决，主要包括：低温下混凝土强度降低问题；混凝土温度裂缝问题；冻结管断裂问题；温度场及冻胀力问题、支护材料及结构问题等。

第五节　地下工程主体结构防排水措施

一、地下工程防水措施

根据地下工程的规格、性质及行业要求，对某些地下岩层渗漏水无须进行特殊施工，而是采取主体结构防排水技术措施，保证地下工程施工质量，达到运营的功能要求。

1.衬砌自防水

衬砌自防水又可称为衬砌结构防水，是通过衬砌结构本身的密实性实现防水功能。施工方便、工序简单、造价低是衬砌自防水的主要特点。提高地下工程衬砌混凝土的自身防水是增强地下工程防水效果的有效措施。

2.衬砌夹层防水

对于复合式衬砌，在支护初期与二次衬砌之间设置夹层防水层，防水材料主要有合成橡胶与合成树脂、防水板和防水薄膜。防水涂料常见的有合成高分子材料和改性沥青，防水卷材包括合成树脂类和合成橡胶类等，其防水层布置见图6-53。

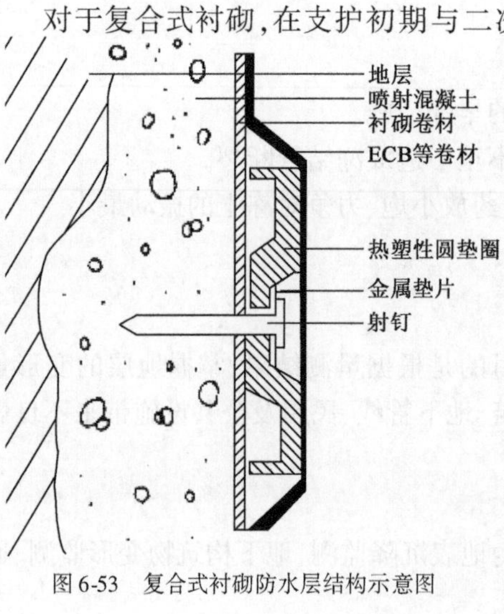

图6-53　复合式衬砌防水层结构示意图

3.衬砌内面防水

衬砌内贴防水层施工方法主要有4种：

（1）喷射混凝土防水层。

（2）喷涂乳化沥青乳胶防水层。

（3）砂浆抹面防水层，目前多采用特种水泥对衬砌内表面进行水泥浆抹面而达到防水目的。

（4）喷浆防水层，通过设备把水泥砂浆直接喷射到衬砌内表面而形成的防水层。

4.喷膜防水层

喷膜防水技术是近年来研究开发的全新地下工程及地下工程防水技术,它是以丙烯酸盐为主要原料,掺入还原剂 A 和氧化剂 B,两种液体在喷嘴内混合后喷射到混凝土面上,进而形成具有隔离和防水功能的薄膜。

5.防水板防水

防水板在地下工程防水施工中发挥着巨大的作用,设置防水板是地下工程防水性能的重要保证。如防水板在施工中出现破损,就不能很好地发挥其作用。因此在布设防水板前,要将围岩表面通过喷射混凝土填平。

二、地下工程排水措施

地下工程排水,一般分为纵向和横向排水。纵向一般采用弹簧软管将水引到旁边的边沟,横向主要采用防水卷材或防水板,接头处采用遇水膨胀的止水条或橡胶止水带处理。

由于地下水排水设备埋置地面以下,不易维修,在路基建成后又难以查明失效情况,因此要求地下排水设备牢固有效。下面分别介绍几种常用的地下排水构造物的设计。

1.盲沟

从盲沟的构造特点出发,由于沟内分层填以大小不同的颗粒材料,利用渗水材料透水性将地下水汇集于沟内,并沿沟排泄至指定地点,此种构造相对于管道流水而言,习惯上称之为盲沟,在水力特性上属于紊流。盲沟排水构造见图 6-54。

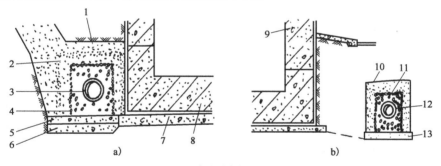

图 6-54　盲沟排水构造示意图
a)贴墙盲沟;b)离墙盲沟

1-素土夯实;2-中砂反滤层;3-集水管;4-卵石反滤层;5-水泥/砂/碎砖层;6-碎砖夯实层;7-混凝土垫层;8、9-主体结构;10-中砂反滤层;11-卵石反滤层;12-集水管;13-水泥/砂/碎砖层

2.渗沟

采用渗透方式将地下水汇集于沟内,并通过沟底通道将水排至指定地点,此种地下排水设备统称为渗沟,它的作用是降低地下水位或拦截地下水,其水力特性是紊流,但在构造上与上述简易盲沟有所不同。渗沟有三种结构形式,即盲沟式、洞式和管式。盲沟式渗沟与上述简易盲沟相似,但构造更为完善。当地下水流量较大、要求埋置更深时,可以在沟底设洞或管,前者称为洞式渗沟,后者称为管式渗沟。渗沟的位置与作用,视地下排水的需要而定,大致与简易盲沟相似,但沟的尺寸更大,埋置更深,而且需要进行水力计算确定尺寸。渗沟结构见图 6-55。

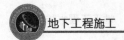

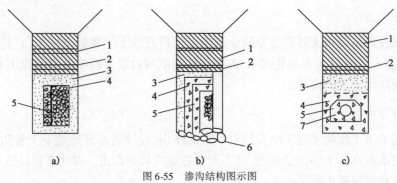

图 6-55　渗沟结构图示图

1-黏土夯实;2-双层反铺草皮;3-粗砂;4-石屑;5-碎石;6-浆砌片石沟洞;7-预制混凝土管

3. 渗井

当地下存在多层含水层,排水量不大,且平式渗沟难以布置时,采用立式(竖向)排水,设置渗井。渗井穿过不透水层,将上层地下水引入更深的含水层,以降低上层的地下水位或全部予以排除。

第六节　工　程　案　例

辽阳铧子石膏矿采取立井开拓方式,设计井筒净直径 5m、井深 450m。掘至 217m 处发生特大突水事故,最大突水量 670m³/h,10h 水面升至井口 8m 处。在强力排水未能奏效的情况下,经过综合分析,决定采取超深水下浇筑止浆垫、工作面预注浆方案,并取得成功,下面就主要关键技术进行分析。

一、工程地质与水文地质分析

本地区地质条件比较复杂,主要包括奥陶系白云质灰岩、寒武系灰岩等。由于水文条件不清,确定水源是此次成功治水的关键技术之一。技术及理论分析结论为:淹井原因是 $-217 \sim 232m$ 段石灰岩层溶洞透水,属承压水,水力补给丰富。

二、施工方案比选

该透水事故的特点是:没有预警的突发事故;一次突水量极大,达 670m³/h;水力补给丰富;水面与工作面落差大,达 209m;待掘岩层地质与水文地质情况不清。可选方案:强力排水、地面预注浆及工作面预注浆,最后决定采取工作面预注浆治水方案。该方案的关键技术是在水下构筑工作面止浆垫,即超深水下构筑止浆垫。超深水下构筑止浆垫施工是保证此次治水成功的核心技术问题。

超深水下构筑止浆垫施工首先进行止浆垫结构设计和参数计算(略),止浆垫的结构和参数见图 6-56。主要施工工艺过程见图 6-57。

首先,在井内布置两条 $\phi50mm$ 的钢管作为注浆管,注浆管套接至地面。在注浆管的末端设置长 1000m 的五花眼,两条注浆管应对称布置于井内,以利于浆液的均匀扩散。

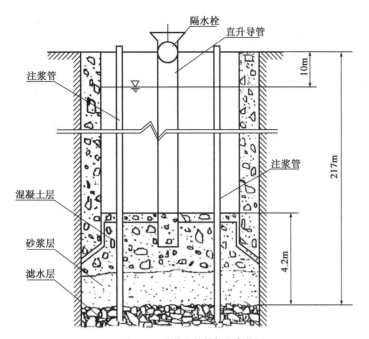

图 6-56　止浆垫的结构和参数图

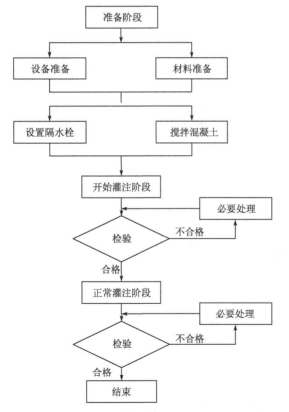

图 6-57　超深水下构筑止浆垫施工工艺图

注浆管固定后,按设计要求向井内投入碎石,构筑滤水层。滤水层分上下两层共3.0m,下层采用粒径小于100mm的碎石,厚度取1.0m,上层采用100~300mm的毛石,厚度取2.0m。

按照水下浇筑混凝土的技术要求,滤水层形成后在井筒中心位置布设一条ϕ219mm的混凝土输料管。布设时,应保证输料管的垂直度,输料管下口应距离滤水层顶面300mm,以利于隔水栓顺利脱浮。

止浆垫由两部分组成,下层为厚500mm的水泥砂浆,上层为厚3700mm的混凝土。混凝土的设计强度为C30,养护时间为7d,目标强度为C20。在混凝土浇筑前,应向输料管内投入ϕ190mm的木球作隔水栓,以防止浇筑过程中水泥砂浆与地下水混合。第一批连续下料量应不小于29m³,以保证输料管底部的埋置深度。

止浆垫养护7天后,井内试排水和压水试验均没有发现水位上升现象,初步认定止浆垫工作面封水成功。

三、工作面预注浆

工作面预注浆是该综合治水的另一个关键技术。超深水下构筑止浆垫的成功封水为工作面预注浆提供了技术上的保证。结合施工现场实际,决定将注浆站设置于井筒附近,采取水下注浆作业方式。经过18h的连续注浆作业,共注入水泥50余吨,水玻璃10余吨。注浆过程的关键技术分述如下。

1. 注浆孔数量及布置

岩层大流量突水说明遇到较大的溶洞或连通性很强的大开度裂隙或破碎带,此时无须密集部孔,故采用两根ϕ50mm的钢管作为注浆管,预置于止浆垫中即可。

2. 注浆工艺流程

由于吸浆量大,所以选用两台大流量注浆泵双液注浆,注浆工艺流程见图6-58。止浆垫达到目标强度后即可实施注浆,注浆初期采取单液注浆,当注浆压力达到3MPa时转换为双液注浆,注浆终压控制在6MPa左右。

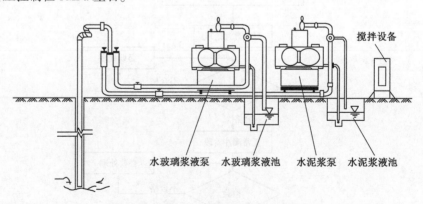

图6-58　水泥—水玻璃双液浆注浆工艺流程

3. 注浆过程监控

注浆过程中压力和流量随时间的变化能够客观地反映浆液扩散、充塞的效果,间接地证明堵水效果。本次注浆作业持续时间为18h,得到的$P(Q)-t$曲线见图6-59。从$P(Q)-T$曲线变化规律、注浆时间及总注入量综合分析,注浆过程正常,达到了预期注浆效果。

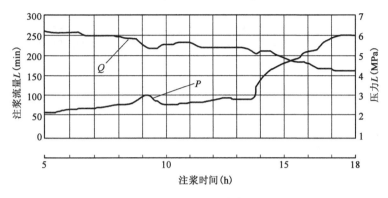

图 6-59　$P(Q)$-t 曲线

4. 注浆效果检验

本次注浆效果检验采取两步检验法,即阶段排水法与钻孔探水法。第一步检验,分 5 ~ 10m 一个段高排水,观察水面变化,无变化时再进行下一段高的排水,直到排尽井内积水,期间如出现水位不降甚至上涨的情况,即刻停止排水,分析原因。积水排尽后,进行第二步检验,在突水一侧止浆垫上钻凿 4 个探水孔,两个垂直孔和两个倾斜孔,孔深 6 ~ 8m。任何探水孔出水必须停止探水,立即封孔、分析原因后压水注浆,直到探水孔无水涌出为止。第一步检验主要是验证止浆垫的封水效果,第二步检验主要是验证岩层注浆堵水效果。

注浆效果检验合格后,进入下一阶段的井内排水和掘进施工环节。由于继续掘进段是透水区域,施工时必须严格遵守以下准则:慢排水细观察;勤探水小段高;小炮眼少装药。由于技术方案科学合理、施工操作适时规范,最终安全通过该透水段,保证了工程项目如期完成。

思考题

1. 简述两种不良地层的含水特征及处理此类水患的有效技术措施。
2. 简述各类人工降低水位法的特点及其本质区别。
3. 简述注浆法与冻结法的本质区别。
4. 简述非正常注浆的 $P(Q)$-t 曲线特征,应分别采取什么相应的技术措施?
5. 简述注浆材料的选择及其发展方向。
6. 简述一级压缩制冷系统中三大循环的作用、二级压缩制冷系统中中间冷却器的作用。
7. 试分析冻结法存在的主要技术问题及研究方向。
8. 试分析治理地下水患的技术途径及存在的主要理论和技术难题。
9. 简述地下工程结构的防排水方法及其技术要点。

第七章　地下工程施工组织与管理

施工组织与管理是指施工单位确定施工任务之后,如何组织力量,实现工程项目建设目标等业务活动的管理,贯穿于施工全过程,是工程施工业务活动的有机组成部分。施工组织管理水平对于缩短建设工期、降低工程造价、提高施工质量和保证施工安全至关重要。施工组织管理工作涉及施工、技术、经济活动等各个方面。其管理活动是从制订计划开始,通过计划的制订,进行协调与优化,确定管理目标;然后在实施过程中按计划目标进行指挥、协调与控制;根据实施过程中反馈的信息调整原来的控制目标;通过对施工项目的计划、组织、协调与控制,实现施工管理的目标。

施工组织与管理的基本内容包括:正确选择施工方案与方法,合理安排施工工序,有效地利用机械设备,细致地布置施工现场,均衡地组织地下和地面而的各项施工任务,严格地进行技术、质量和安全的管理,把人力、物力和资金科学地组织起来,以有序的施工组织和科学的管理手段,取得最大的经济效益。

第一节　地下工程施工组织设计

施工组织设计是施工准备工作最重要的环节,是用来指导现场施工全过程中各项活动的综合性技术文件。它的重要性主要表现在:由于不同的地下建筑物有不同的施工方法,就是相同的地下建筑物其施工方法也不尽相同;即使同一个标准设计的地下建筑物,因为建造的地点不同,其施工方法也不可能完全相同。所以没有固定不变的施工方法可供选择,应该根据不同的工程特点,详细研究工程地区环境和施工条件,从施工的全局和技术经济的角度出发,遵循施工工艺的要求,合理地安排施工过程的空间布置和时间排列,科学地组织物资资源供应和消耗,把施工中的各单位、各部门和各施工阶段之间的关系协调起来,进行统一部署,并通过施工组织设计科学地表达出来。

基本建设的程序分为规划、设计和施工3个阶段。规划阶段是确定拟建工程的性质、规模和建设期限;设计阶段是编制实施建设项目的技术经济文件,把建设项目的内容、建设方法和投产后的建设效果具体化;施工阶段是制定实施方案,施工阶段中的投资一般占基本建设总投资的60%以上,远高于规划和设计阶段投资的总和,因此是基本建设中最重要的阶段。可见,编制好施工组织设计是保证施工的顺利进行、实现预期的效果的重要一环。

地下工程和地面工程的施工有很多不同之处,有其显著的特点,因此,施工组织设计必须遵循其特点来编制。地下工程的特点主要表现在:地下作业环境差,地质条件多变,不确定因素多(如溶洞、塌方、断层、变形、岩爆等),工程施工影响大;工作面狭小,各施工工序相互影响大,大型地下工程(如隧道),是一条形工程,工序循环周期性强,利于专业化流水作业;地下工程施不受气候影响,施工安排相对稳定等。因此,在编制地下工程的施工组织设计时,要针对其特点来进行。

一、施工组织设计原则及依据

1. 施工组织设计的原则

制施工组织设计时应贯彻以下几项原则：

(1)严格遵守签订的工程施工承包合同或上级下达的施工期限,保证按期或提前完成施工任务,交付使用。

(2)遵守施工技术规范、操作规程和安全规程,确保工程质量及施工安全。

(3)采用新技术、新工艺、新方法,不断提高施工机械化施工程度,降低成本和提高劳动生产率,减轻劳动强度,统筹安排施工及尽量做到均衡生产。

(4)充分利用现有设施,采用活动房屋和移动设备,尽量减少临时工程,降低工程造价,提高投资效益。

(5)认真贯彻就地取材的原则,尽量利用当地资源。

(6)合理组织冬季、雨季施工和建筑材料运输储备工作。

(7)节约施工用地,少占或不占农田,注意水土保持和重视环境保护。

(8)统筹布置施工场地,要确保施工安全. 要方便职工的生产和生活。

2. 施工组织设计的依据

地下工程施工组织设计的编制依据主要有:工程设计文件及变更设计文件,施工承包合同书,建设单位有关指标、条约等,有关会议纪要或工程建设单位指导性施工组织设计方案及要求。

二、施工组织设计的主要内容

施工组织设计的编制内容主要有:

(1)编制的依据和原则。

(2)建设项目工程概况。说明本工程的工作性质、目的任务、经费来源、类型特征与工作量、工程质量、工期与其他特殊要求等。

(3)自然地理经济状况、施工条件和工程地质、水文地质条件。工程所在地区的交通位置、地形地貌、气象、水文情况,可能利用的运输道路、电力、水源及建筑材料等情况,施工场地、弃渣条件,以及当地居民点社会状况、生活条件等。

(4)施工准备工作计划。施工准备是整个工程建设的序幕和整个工程按期开工和顺利开展的重要保证。地下工程项目施工准备工作通常包括技术准备、物资准备、劳动组织准备、施工现场准备和施工场地准备。施工准备工作计划应详细阐明各项施工准备工作的要求。

(5)施工方案和施工方法。它既包括整个单位工程施工方案和施工方法的选择,也包括各项作业方法的选择。

(6)施工进度计划。它包括施工总进度计划和阶段计划。

(7)施工场地布置。它包括施工运输、辅助企业(附属工厂、仓库及风、水、电的供应)、临时生活设施及施工临时建筑等的布置。

(8)主要施工技术措施。

(9)施工安全、质量和节约等组织技术措施。

（10）资源需要量计划。它包括建筑材料、设备、各类人员、水、电、气等。

（11）各项技术经济指标。

（12）各类图表。

①交通位置图和工程布置图。

②工程穿过岩层的地质预计剖面图。

③各类洞室、竖井、斜井的平面图、断面图及断面布置图。

④施工工序图、施工网络图、施工组织进度图。

⑤爆破图表。

⑥施工场地布置图，包括永久和临时建筑物，工棚仓库，材料堆放场地，设备布置位置，炸药库，弃渣场，调车场，料场，混凝土搅拌站，轧石系统，交通道路，风、水、电设施及管线，排水系统等。另外，对于竖井和斜井，还应包括地表卸渣系统图和卷扬或提升系统图。

⑦人员组织机构图，工班劳动力的组织循环图及劳动力需求表。

⑧不同类型工程工作量合计表。

⑨施工设备、工具、仪表需用量计划表、主要材料需用量计划表。

⑩主要技术经济指标汇总表。

三、施工组织设计的编制方法

施工组织设计由中标的施工企业编制，编制的依据是合同书要求条款、设计文件、业主和施工会议确定的有关文件要求，对结构复杂、条件差、施工难度大或采用新工艺、新技术的项目，要进行专业性研究，通过专家审定，报业主审批后采用。

在编制过程中，要充分发挥各职能部门的作用，共同来编制施工组织设计。特别注意的是遵守合同条款要求，保证工程质量和施工的安全；做到统筹计划、科学合理、经济实用。

1. 施工组织设计的编制

（1）当拟建工程中标后，施工单位必须编制建设工程施工组织设计。建设工程实行总包和分包的，由总包单位负责编制施工组织设计或分阶段施工组织设计。分包单位在总包单位的总体部署下，负责编制分包工程的施工组织设计。施工组织设计应合同工期及有关的规定进行编制，并且要广泛征求各协作施工单位的意见。

（2）对结构复杂、施工难度大以及采用新工艺和新技术的工程项目，要进行专业性的研究，必要时组织专门会议，邀请有经验的专业工程技术人员参加，集中群众智慧，为施工组织设计的编制和实施打下坚定的群众基础。

（3）在施工组织设计编制过程中，要充分发挥各职能部门的作用，吸收他们参加编制和审定；充分利用施工企业的技术素质和管理素质，统筹安排、扬长避短，发挥施工企业的优势，合理地进行工序交叉配合的程序设计。

（4）当比较完整的施工组织设计方案提出之后，要组织参加编制的人员及单位进行讨论，逐项逐条地研究，修改后确定、最终形成正式文件，送技术主管部门审批。

2. 施工组织设计的编制步骤

（1）调查分析工程地质、水文地质及工程施工设计等基本资料，掌握工程特性和施工条件。

(2)根据建设方规定的工程总工期或合理工期,按照经验或本单位实际情况与施工方案初定实际工期。

(3)根据工程总布置要求,选择确定工作面数量。

(4)确定洞口及施工支洞的数量及布置,辅助工程,对外交通、风、水、电及混凝土系统的布置及工程量。

(5)在此基础上合算各工作面的开挖、衬砌、锚喷、清理等主要工程工期,合计总工期,分析是否满足计划工期要求;若不满足,必须重新确定施工方案或工作面数量,直到满足要求为止。

(6)计算材料、施工设备、劳动力和工程费用及工期等。

(7)选择各工作面的开挖与衬砌支护的施工方法及临时支护结构。

(8)编制开挖作业循环图和衬砌作业流程图。

(9)编制工程施工进度计划和工程量、材料、设备、劳动力计划。

(10)编制施工平面图。

(11)编制设计报告。

第二节　地下工程施工质量与安全控制

一、地下工程施工质量控制

施工质量管理与控制是施工管理的中心内容之一。施工技术组织措施的实施与改进、施工规程的制定与贯彻、施工过程的安排与控制,都是以保证工程质量为主要前提,也是最终形成工程产品质量和工程项目使用价值的保证。

作为建设工程产品的工程项目,质量的优劣,不仅关系到工程的适用性,而且还关系到人民生命财产的安全和社会安定。因为施工质量低劣,造成工程质量事故或潜伏隐患,其后果是不堪设想的。所以在工程建设过程中,加强质量管理,确保国家和人民生命财产安全是施工项目管理的头等大事。

工程质量的优劣,直接影响国家经济建设的速度。工程质量差本身就是最大的浪费,低劣的质量一方面需要大幅度增加返修、加固、补强等人工、器材、能源的消耗,另一方面还将给用户增加使用过程中的维修、改造费用。同时,低劣的质量必然缩短工程的使用寿命,使用户遭受经济损失。此外,质量低劣还会带来其他的间接损失(如停工、降低使用功能、减产等),给国家和使用者造成浪费、损失将会更大。因此,质量问题直接影响着我国经济建设的速度。对建筑施工项目经理来说,把质量管理放在头等重要的位置是刻不容缓的当务之急。

1. 施工质量控制的任务

施工质量控制的中心任务是要通过建立健全有效的质量监督工作体系来确保工程质量达到合同规定的标准和等级要求。根据工程质量形成的时间阶段,施工质量控制又可分为质量的事前控制、事中控制和事后控制。其中,工作的重点应是质量的事前控制,包括确定质量标

准,明确质量要求;建立本项目的质量监理控制体系;施工场地质检验收;建立完善质量保证体系;检查工程使用的原材料、半成品;施工机械的量控制;审查施工组织设计或施工方案。

2.建筑施工企业质量体系

体系是在管理科学中对"系统"的习惯称呼。体系是一个有机整体,它是由多个按照一定规律运动的事物组成的统一体,如企业是由人、财、物、产、供、销、信息等经营要素按一定的活动要求(各种工作标准、管理标准、技术标准等)组成的统一体。施工企业从投标、签订合同、材料和设备供应、现场施工到交工验收等一系列生产经营活动,就是企业整个体系的运行。所以体系就是由若干个可以互相区别的要素,以一定的结构和层次,互相联系、互相作用,而构成的具有特定功能的整体。要素是构成事物的必要因素,要素本身有其固有的功能。当若干个要素有机地结合在一起时,就成为一个体系,就会产生一种与要素功能不同的新的综合功能,以完成既定的使命,达到预期的目标。

根据前面所述,"质量体系"的定义是:为实施质量管理的组织结构、职责、程序、过程和资源。

根据上述定义,对建筑施工企业质量体系可以从以下几点加以理解。

(1)企业为了实施质量管理,实现企业的质量目标,必须建立健全质量体系。

(2)质量体系包含一套专门的组织机构,具有保证质量、工期、服务的人力与物力,明确有关部门的职责和权利,以及完成任务的程序和活动。质量体系是一个组织落实、职责明确、有物资保障、有具体工作内容的有机整体。

(3)一个企业在一般情况下,质量体系只有一个。但对于大型建筑施工企业,由于建设工程施工的需要,下属多个独立的专业施工单位(形成了多个小的施工企业),那么除了大型施工企业实施总的质量控制和管理,建立和形成质量体系外,其下属的多个专业施工单位,也可建立各自的质量体系,实施有效的质量管理,实现各自的质量目标。

3.建筑施工企业建立质量体系的目的

建立质量体系的目的就是为了实现企业的基本任务,为了企业的生存和发展,从而提高企业的信誉,增强企业的活力,提高企业的竞争力。

为了实现这个目的,企业施工生产出来的工程产品应达到下述 6 个方面的目标。

(1)满足规定的需要和用途。按需方的要求设计并按设计施工,同时要满足规定的使用要求。

(2)满足用户对工程产品的质量要求和期望。

(3)符合有关标准的规定和技术规范的要求。

(4)符合社会有关安全、环境保护方面的法令或条例的规定。

(5)工程产品取费低、质量优、具有竞争力。

(6)能使企业获得良好的经济效益。

4.建筑施工企业建立质量体系的基本原则

建筑施工企业贯彻实施质量管理和质量体系标准,建立质量体系,一般应注意以下原则。

1)适应环境的原则

企业面对各种不同的合同环境,需要有不同范围、不同程度的外部质量保证,这些环境的区别在于对质量体系保证程度及质量体系要素的确定与实施存在一定程度的变化。就是说,企业建立质量体系,选择体系要素,首先要了解外部合同环境所需要的质量保证范围和质量保证程度,以确定质量体系要素的数量和应开展的质量保证活动的程度,这就是建立质量体系适应环境的原则。

2)实现企业目标的原则

企业质量管理工作是制定和实施企业质量方针目标的全部管理职能,这些管理职能的分解与落实,则要反映在质量体系的组织机构、责任与权限的落实上。因此,企业质量体系的建立,必须保证企业目标的实现,从这个目的出发,选择合适的质量体系要素,建立完善质量体系,并进行合理的质量职能分解,落实质量责任制;按照有关质量体系文件规定,使质量体系正常运转;通过质量审核和评定,提高该质量体系运转(实施)的有效性,提高满足用户明确或隐含需要的能力,使供、需双方在风险、成本、利益三方面达到最佳组合。这就是要实现企业目标的原则。

3)适应建筑工程特点的原则

不同的工程项目,其主体结构形式、外部装配水平和建筑最后要达到的使用功能要求都可能完全一致,常常存在着或多或少,甚至差别很大的要求,加之建筑施工的特殊性和返修返工的艰巨性,这就要求我们在建立质量体系时,要充分考虑其建筑工程的特点,明确了解其施工各工序应满足的质量要求,对各环节影响质量的因素控制的范围和程度要求,从而确定质量要素的项目、数量和要素采用程度,以保证稳定地实现工程质量特性与特征要求,这就是说工程项目一次性特点,决定了建立质量体系适应建筑工程特点的原则。

4)最低风险、最佳成本、最大利益原则

质量目标是以市场需求、社会制约、建筑设计及结构情况等使用条件确定的满足社会与用户需求的高度统一。即在保证实现企业目标的前提下,质量体系要使企业经营机制处于质量与成本的最佳组合,实现社会效益与企业效益的统一。质量体系标准要求企业建立质量体系时应设计出有效的质量体系,以满足顾客的需要和期望,并保护公司的利益。完善的质量体系是在考虑风险、成本和利益的基础上使质量最佳化及对质量加以控制的重要管理手段。

要达此目的,只有切实按照适应环境的原则、实现企业目标的原则、适应建筑工程特点的原则,选择和确定质量体系要素,建立和完善质量体系,才能使之能适应各种不同的环境,将施工企业风险降到最低限度,适应各种工程类型和施工特点,获得最佳成本,全面实现企业目标、使企业在市场竞争中立于不败之地,获得最大的企业效益和社会效益。

5.建筑施工企业质量体系的特性

企业建立质量体系应符合以下4个特性。

1)具有系统性

企业建立质量体系,应根据工程产品质量的产生、形成和实现的运行规律,包括质量环的所有环节,把影响这些环节的技术、管理和人员等因素全部控制起来,即对工程产品形成的全过程以及各个过程中所有的质量活动都要进行分析,全面控制,以实现企业的质量方针和质量目标。

2)突出预防性

建立质量体系要突出以预防为主的要求,开展每项质量活动之前,都要定好计划,规定好

程序,使质量活动处于受控状态,以求把质量缺陷降低到最少状态,消灭在形成过程中,不能完全依靠事后的检查验证。

3)符合经济性

质量体系的建立与运行,既要满足用户的需要,也要考虑企业的利益,要圆满解决企业与用户双方的风险、费用和利益,使质量体系的效果最优化。即质量最佳化和质量经济性的高度统一。

4)保持适用性

建立质量体系必须结合建筑施工企业、工程对象、施工工艺特点等情况,选择适当的体系要素,决定工程量保证的程度和范围,使质量体系有可操作性,保持适用性,确保有效性。国际标准 ISO 9004《质量管理和质量保证标准选用指南》所列的 18 个要素,并不要求每个企业在建立健全质量体系时都要全部选用,允许企业根据具体情况对标准所列的要素进行适当的裁剪和增删,也允许不同企业因不同的工程和产品要求对同一要素的控制程度也可有所不同。企业也应根据科技和生产的发展、环境条件的变化、及时调整和完善质量体系要素,使它适应企业经营的需要和满足用户的要求。

6. 质量体系的建立和运行

无论合同环境还是非合同环境,从企业生存和发展的角度出发,为了提高竞争能力和市场占有率,企业都要建立质量体系,开展内部与外部质量保证活动。

1)建立质量体系的原则性工作

GB/T 19004 标准对企业建立质量体系明确了几项基本的原则性工作,主要为:确定质量环;明确和完善体系结构;质量体系要文件化;要定期进行质量体系审核与质量体系复审。

(1)确定质量环。质量环是从产品立项到产品使用全过程各个阶段中影响质量的相互作用的活动的概念模式,这些阶段如市场调研、设计、采购……售后服务等构成了产品形成与使用的全过程。每个阶段中包括若干直接质量职能与间接质量职能活动。满足要求的产品质量是质量环各个阶段质量职能活动的综合效果。

建筑施工企业的特定产品对象是工程,无论其工程复杂程度、结构形式怎样变化,无论是高楼大厦还是一般建筑物,其建造和使用的过程、程序和环节基本是一致的。在参照 GB/T 19004 质量环的基础上,对照施工程序,对建筑施工企业质量环的建议由如下 7 个阶段组成。

①施工准备。

②材料采购。

③施工生产。

④试验与检验。

⑤建筑物功能试验。

⑥竣工交验。

⑦回访与保修。

(2)完善质量体系结构,并使之有效运行。质量体系的有效运行要依靠相应的组织机构网络。这个机构要严密完整,充分体现各项质量职能的有效控制。对建筑施工企业来讲,一般有集团(总公司)、公司、分公司、工程项目经理部等各级管理组织,但由于其管理职责不同,所建质量体系的侧重点可能有所不同,但其组织机构应上下贯通,形成一体。特别是直接承担生产与经营任务的实体公司的质量体系更要形成覆盖全公司的组织网络,该网络系统要形成一个纵向统一指挥、分级管理,横向分工合作、协调一致、职责分明的统一整体。一般来讲,一个企业只有一个质量体系,其下属基层单位的质量管理和质量保证活动以及质量机构和质量职能只是企业质量体系的组成部分,是企业质量体系在该特定范围的体现。对不同产品对象的基层单位,如混凝土构件厂、实验室、搅拌站等,则应根据其生产对象和生产环境特点补充或调整体系要素,使其在该范围内能达到保证产品质量的最佳效果。

(3)质量体系要文件化。质量体系文件化是很重要的工作特征。质量体系结构,采用的各项质量要素、要求和规定等各项工作必须有系统有条理地制定为质量体系文件,要保证这些文件在该体系范围内使有关人员、有关部门理解一致,得到有效的贯彻与实施。

质量体系文件主要分为质量手册、质量计划、工作程序文件与质量记录等几项分类文件。

上述质量体系文件的内容在 GB/T 19004 标准中作了清楚的规定。

(4)定期质量审核。质量体系能够发挥作用,并不断改进和提高工作质量,主要是在建立体系后坚持质量体系审核和评审(评价)活动。

为了查明质量体系的实施效果是否达到了规定的目标要求,企业管理者应制订内部审核计划,定期进行质量体系审核。

质量体系审核由企业的管理人员对体系各项活动进行客观评价,这些人员独立于被审核的部门和活动范围。质量体系审核范围如下:

①组织机构。

②管理与工作程序。

③人员、装备和器材。

④工作区域、作业和过程。

⑤在制品(确定其符合规范和标准的程度)。

⑥文件、报告和记录。

质量体系审核一般以质量体系运行中各项工作文件的实施程度及产品质量水平为主要工作对象,一般为符合性评价。

(5)质量体系评审和评价。质量体系的评审和评价,一般称为管理者评审,它是由上层领导亲自组织的,对质量体系、质量方针、质量目标等项工作所开展的适合性评价。就是说,质量体系审核时主要精力放在是否将计划工作落实,效果如何;而质量体系评审和评价重点为该体系的计划、结构是否合理有效,尤其是结合市场及社会环境,企业情况进行全面的分析与评价,一旦发现这些方面的不足,就应对其体系结构、质量目标、质量政策提出改进意见,以使企业管理者采取必要的措施。

2)质量体系的建立和运行

(1)建立和完善质量体系的程序。按照国际标准 ISO 9000 和国家标准 GB/T 19004 建立一个新的质量体系或更新、完善现行的质量体系,一般都经历以下步骤。

①企业领导决策。

②编制工作计划。

③分层次教育培训。

④分析企业特点。

⑤落实各项要素。

⑥编制质量体系文件。

(2)质量体系的运行。保持质量体系的正常运行,是企业质量管理的一项重要任务,是质量体系发挥实际效能、实现质量目标的主要阶段。

质量体系运行是执行质量体系文件、实现质量目标、保持质量体系持续有效和不断优化的过程。

质量体系的有效运行是依靠体系的组织机构进行组织协调、实施质量监督、开展信息反馈,进行质量体系审核和复审实现的。

7. 建筑工程项目质量体系要素

工程项目是建筑施工企业的施工对象。企业要实施 GB/T 19004 系列标准,就要把质量管理和质量保证落实到工程项目上。一方面要按企业质量体系要素的要求形成本工程项目的质量体系,并使之有效运行,达到提高优质工程质量和服务质量的目的;另一方面,工程项目要实现质量保证,特别是建设单位或第三方提出的外部质量保证要求,以获得社会信誉。

施工管理过程由 17 个要素构成。

(1)工程项目领导职责。

(2)工程项目质量体系原理和原则。

(3)工程项目质量成本管理。

(4)工程招投(议)标。

(5)施工准备质量。

(6)采购质量。

(7)施工过程控制。

(8)工序管理点控制。

(9)落实与经济责任制结合的检查考核制度。

(10)不合格的控制与纠正。

(11)半成品与成品保护。

(12)工程质量的检验与验证。

(13)工程回访与保修。

(14)工程项目质量文件与记录。

(15)人员培训。

(16)测量和试验设备的控制。

(17)工程(产品)安全与责任。

二、地下工程施工安全控制

地下工程施工安全管理必须贯彻"安全第一"和"预防为主"的方针,强调"领导是关键、教育是前提、设施是基础、管理是保证",提高企业的"施工技术安全、劳动卫生、生产附属辅助设施、宣传教育"综合水平达到改善劳动条件、保护劳动者在生产中的安全和健康,从而提高劳动生产率和企业的经济效益。因此,必须做到以下几点。

(1)开工前应做好施工准备工作,认真组织进行设计文件的校核和现场施工调查;编制好施工组织设计;对施工场地统一规划,做到文明施工和安全生产。

(2)地下工程施工必须遵守有关施工规范、安全规程,以及国家、行业部门现行有关技术标准和规则、规程等规定和指示。同时,要认识到地下工程施工安全既是安全问题也是质量问题,例如开挖中喷锚支护质量就直接威胁着施工安全,故要把质量与安全同等重视起来。

(3)参加施工的干部、工人都必须遵守干部"责任制"与工人"岗位责任制",熟悉安全生产的管理和操作规定。建立"安全网"及开展事故预想活动。

(4)加强施工技术管理。合理安排工序进度和关键工序的作业循环,组织均衡生产及时解决生产中的进度与安全的矛盾,统一指挥,避免忙乱中出差错,抢工中忽视安全而发生事故。

(5)加强通风、照明、防尘、降温和治理有害气体工作,注意环境卫生。

(6)各种机械电力设施、安全防护装置与用品,应按规定进行定期检验,试验和日常检查,不符合要求的严禁使用。

(7)所有进入工地人员,必须按规定佩戴防护用品,遵章守纪听从指挥;同时加强安全保卫,禁止闲杂人员进入。

(8)必须执行日常和定期安全检查制度,填报各种安全统计报表,分析安全动态,提高安全管理水平。

(9)电工、起重、爆破、瓦斯检查员等特殊工种必须经专业培训,考试合格后方可独立操作,并持证上岗。

(10)施工中若发现有险情,必须立即在危险地段设立明显标志或派专人看守,并迅速报告施工领导人员,及时采取处理措施。若情况严重,应立即将工作人员全部撤离危险地段。

(11)单位领导与有关部门应经常对施工安全进行监督检查,对严重违反施工安全规则、危及安全的工点,应要求工地立即纠正,必要时停工整顿,直至复查合格后方可复工。

(12)对各类事故均应严格按照"两不放过"的原则处理,即事故原因查不清不放过,责任者和群众未受到教育不放过,没有制订出今后防范措施不放过。

(13)工程施工前,项目经理要组织有关人员以安全法规和技术操作规程为依据,针对不同的工种和作业要求以及具体的施工条件,编制出安全施工计划,确定安全目标(即实现安全生产、控制事故发生要求达到的指标)。

(14)制定安全控制措施。机械设备严格按操作规程进行,大型复杂的新设备对驾驶员要先培训后上岗;高压电要按规定的架空高度架设;每班要有安全员。

(15)对新工人进行公司、工地和班组的二级安全教育。对采用新工艺、新技术、新设备施工和调换工作岗位人员进行新技术、新岗位安全教育。

(16)有了安全施工计划,必须进行经常性的检查才能推动和保证安全施工的落实。安全检查的主要内容有:查思想认识。首先检查项目经理、施工队长等领导对安全的认识是否正确;能否正确处理好施工与安全的关系;是否认真贯彻安全施工的方针政策和法令法规;能否经常把安全工作放在重要的日程上进行研究。查职工的安全意识是否强,施工中是否按制定的安全措施执行,检查是否按安全操作规程操作。查隐患。如隧道未衬砌部分顶拱的裂隙发育,火、尘、毒发生的可能性以及其他事故苗子。

三、人机料法环全质管理简介

4M1E 法指 Man(人)、Machine(机器)、Material(物料)、Method(方法),简称人、机、料、法,告诉我们工作中充分考虑人、机、事、物四个方面因素,通常还要包含 1E:Environments(环境),故合称 4M1E 法。也就是人们常说的:人、机、料、法、环现场管理五大要素。

1. 人、机、料、法、环现场管理五大要素简介

1)人

人,是指在现场的所有人员,是生产管理中最大的难点,也是目前所有管理理论中讨论的重点,围绕这"人"的因素,各种不同的企业有不同的管理方法。

人的性格特点不一样,那么生产的进度、对待工作的态度、对产品质量的理解就不一样。有的人温和,做事慢,仔细,对待事情认真;有的人性格急躁,做事只讲效率,缺乏质量,但工作效率高;有的人内向,有了困难不讲给组长听,对新知识、新事物不易接受;有的人性格外向,做事积极主动,但是好动,喜欢在工作场所讲闲话。

那么,作为他们的领导者,就不能用同样的态度或方法去领导所有人。应当区别对待(公平的前提下),对不同性格的人用不同的方法,使他们能"人尽其才"。发掘性格特点的优势,削弱性格特点的劣势,就是要能善于用人。

如何提高生产效率,就首先从现有的人员中去发掘,尽可能地发挥他们的特点,激发员工的工作热情,提高工作的积极性。人力资源课程就是专门研究如何提高员工在单位时间内的工效,如何激发员工热情的一门科学。简单来说,人员管理就是生产管理中最为复杂、最难理解和运用的一种形式。

2)机

机,就是指生产中所使用的设备、工具等辅助生产用具。生产中,设备的是否正常运作、工具的好坏都是影响生产进度、产品质量的又一要素。一个企业在发展,除了人的素质有所提高,企业外部形象在提升,公司内部的设备也在更新,究其原因,好的设备能提高生产效率,提高产品质量。如企料,改变过去的手锯为现在的机器锯,效率提升了几十倍。原来速度慢、人的体力还接受较大考验;现在,人也轻松、效率也提高了。所以说,工业化生产,设备是提升生产效率的另一有力途径。

3)物

物,指物料,半成品、配件、原料等产品用料。现在的工业产品的生产,分工细化,一般都有几种、几十种配件或部件是几个部门同时运作。当某一部件未完成时,整个产品都不能组装,造成装配工序停工待料。不论哪一个部门,工作的结果都会影响到其他部门的生产运作。当然,不能只顾自己部门的生产而忽略其后工序或其他相关工序的运作,因为企业运作是否良好是整体能否平衡运作的结果。

所以在生产管理的工作里面,必须密切注意前工序送来的半成品、仓库的配件、自己工序的生产半成品或成品的进度情况。一个好的管理者,是一个能纵观全局的人,能够为大家着想的人。

4)法

法,方法、技术。指生产过程中所需遵循的规章制度。它包括:工艺指导书、标准工序指

引、生产图纸、生产计划表、产品作业标准、检验标准、各种操作规程等。它们在这里的作用是能及时准确地反映产品的生产和产品质量的要求。严格按照规程作业,是保证产品质量和生产进度的一个条件。

5)环

环,指环境。某些产品(电脑、高科技产品)对环境的要求很高,环境也会影响产品的质量。比如:音响调试时,周围环境应当很安静。食品行业对环境也有专门的规定,否则,产品的卫生不能达到国家规定的标准。现在工业制造企业也引进了 ISO 14000 环境管理体系。5S活动也是企业对环境提高要求的具体表现。

生产现场的环境,有可能对员工的安全造成威胁,如果员工在有危险的环境中,又怎么能安心工作呢? 所以,环境是生产现场管理中不可忽略的一环。

2. 人机料法环对工程建设的影响

1)人的因素

由于人具有主观能动性,是整个工程计划和措施的制定者和实施者,因此,在安全管理系统中,是重点考虑的因素,具体包含如下内容。

(1)整个工程安全施工保证体系、安全管理网络是否健全。工地应当建立由项目经理为安全责任人的安全管理网络,层层分解安全责任,从现场施工、机电管理、材料设备、后勤、保卫等方面分工,责任到人。

(2)施工单位的安全管理制度是否完备,工地安全生产台账是否建立。施工单位或项目经理部应当建立完善的安全管理制度,对各工种都应有明细的安全管理制度,建立安全生产奖惩制度,工地还应建立起安全管理台账。

(3)参加施工的人员是否全部接受过安全生产知识的讲座,安全例会是否及时召开。应当经常召开安全生产知识的讲座,使施工人员了解中央及各级政府对安全生产工作的具体要求,并且定期召开工地安全例会,及时总结安全生产态势,纠正施工中的不规范、违章作业行为,防微杜渐,把隐患消灭在萌芽状态。

(4)一线操作人员是否接受过安全生产技能的培训,特殊工种的操作人员是否持证上岗。工地电工、焊工、起重工、挖掘机操作人员都应接受专业培训,持证上岗。由于他们是一线的操作人员,安全往往就掌握在他们的手中,因此对操作人员的生产技能的再培训非常重要。

(5)工地是否设有安全生产巡视员以及监督机制是否完善。驳岸施工点多线广,投入劳力多,影响安全生产的因素也较多,施工现场需配备安全巡视员,经常进行巡查,以便及时发现问题,排出隐患。

(6)安全生产的宣传是否到位,各种横幅、戗牌、标牌是否设置。施工现场安全氛围的营造也不可忽视,良好的宣传氛围有利于安全工作的开展,使施工人员永远绷紧安全生产这根弦。

2)机械的因素

目前,驳岸工程施工的机械化作业程度在不断提高,机械的投入使得工程进度有了明显变化,而对机械的安全管理,也变得尤为重要。具体包含如下方面。

(1)各种机械的性能是否完好,施工准备过程中是否进行了保养。施工进场前应对施工

机械进行保养,如柴油机、发电机、空压机、混凝土搅拌机、振动棒、水泵、轻型井点设备等,做好清洗、除锈、润滑、更换工作,保证其良好的运转性能。

(2)机械设备的易磨损件是否配备。因混凝土浇筑与井点降水过程都是连续的,所以搅拌机与泵类机械的正常运转很重要。工地应配好相应的易磨损件,如搅拌机的调节螺钉、内外制动片、钢丝缆、泵类机械的轴承、油封等。

(3)柴油发电机、泵类机械等设备是否备用。一旦发生机械故障,需要有备用的设备来替换,以避免工程停工。

(4)船舶设备在航道中的停靠是否安全。驳岸工程施工中工程船舶的停靠要符合相关法规,要避免与其他航行船舶的碰撞,最好与当地海事部门联系,发布施工期间的"航行通告"。

3)材料的因素

材料是工程投资管理中最重要的因素,材料的用量直接关系到工程最后的总造价,对材料的存放、保管及使用中的损耗管理至关重要,对材料的安全管理需要考虑以下几个方面。

(1)要做好水泥、砂石料、钢材、木材等大宗材料的安全保卫工作。工地夜间要有值班保卫人员,防止施工材料被盗等现象的发生。

(2)防爆。易燃易爆油类的存放要符合安全规范要求,做好防爆工作。

(3)石料抬运中注意人身安全。主材料中的石料因体积大、重量重,在场地内的卸运过程中要注意安全,目前,驳岸工程施工中石料的场内运输、卸运过程还是由人工来完成的,对于抬运的线路、抬运的工具都要经常检查,避免人身伤亡。

(4)钢管、卡扣件等零星材料的存放要统一整齐码放,避免散失。

4)方法的因素

施工方法及工艺流程直接决定着工程的费用、工期、质量和安全。具体包括以下方面。

(1)围堰构筑的施工方案是否合理安全,是否考虑到受水位变落的影响。围堰的施工方案一定要慎重周密,构筑围堰前,要查看历年的水文资料,了解施工期间可能发生的最高水位,结合施工经验与历年水文资料确定围堰顶高程。有些施工单位,还将围堰的安全进行风险转移,即通过保险公司投保的方式对围堰安全进行保险,这种方法可以借鉴。如在施工中途遇雷暴雨而导致水位暴涨,危及围堰的稳定,可采取暂时放弃的方案,即向围堰内放水,让内外水位平衡来保证围堰的稳定。

(2)基坑开挖的方案是否安全可行。基坑两侧放坡要有足够的安全系数,基坑的边坡坡度可根据土质而定,砂土可定为1:0.8,黏土可定为1:0.5,城区段可能遇到松散的杂填土,边坡还要加大到1:1,甚至更大。

(3)工地电路的铺设是否存在安全隐患。工地用电需按照三级安全保护措施来装备,如主电缆的接头处需悬空挑起,用塑料薄膜包扎好,防止受潮短路;水泵、混凝土搅拌机、井点降水设备都应分路设置,各级控制开关、闸刀、漏电保安器的漏电动作时间都应逐级递减,确保不因分路跳闸而影响总电路跳闸;闸刀箱应上锁,由专人负责,阴雨天需将各闸刀箱用塑料薄膜包扎好,防止受潮。

(4)需搭设脚手架进行墙体砌筑时,要考虑脚手架的安全。

5)环境的因素

环境因素是客观的因素,同样不容忽视。

（1）基坑开挖线附近是否有建筑物,是否制定支护措施。在城区附近施工时,开挖线附近可能遇有楼房、油库油罐、供电部门高压线铁架基础等建筑物,施工前需充分考虑,会同甲方、监理、设计等部门召开专题会议,制定切实可行的加固措施。

可采用打入钢板桩支护的方案。对建筑物加固的施工方案需报监理、甲方认可,如有必要亦可请当地安监局到现场会诊、备案。在实施的过程中要加强对建筑物的观测(沉降观测、位移观测),如有井点降水的,还要进行地下水位的观测,避免地下水位降得过低而引起地基沉陷,如在观测过程中发现建筑物有大的位移或沉降情况,应及时向设计部门申请,要求进行设计变更,如线型的变更、基础断面的变更等。

（2）基坑开挖前须咨询甲方有无地下管线、光缆、军用电缆或其他不明障碍物。如遇有地下管线、光缆等,要请这些管线的主管部门负责人到场,开挖过程中采用人工开挖。

（3）在有防火要求的单位附近施工时,要制定相应的消防方案。

（4）定期收听天气预报,对恶劣天气诸如台风、暴雨的到来,工地要做好相应防范措施。

第三节　地下工程施工进度计划设计

施工进度计划是控制工程施工进度和工程竣工期限等各项施工活动的主要依据。施工进度计划的总体思路应根据工程量、各工区的地质条件、工期要求、选用的施工机械设备、施工方法、施工作业方式等因素,参照有关月、旬平均进度指标等,按工期要求编制施工组织计划。

隧道施工进度组织计划反映工程从施工准备工作开始直到工程竣工为止的全部施工过程,并反映隧道工程各方面之间的配合关系,反映工程各分部及工序之间的衔接关系。施工进度计划制订后,要绘制成图表,以便在施工中对照执行。

施工进度计划一般采用"进度图",即用施工进度图的形式表示。施工进度图有水平图表法(横道图法),竖向图表法(垂直图法)和网络图法等表现形式,各种表现形式有不同的用途。

一、水平图表形式的单位工程施工进度计划设计

水平图表是工程施工中广泛采用的流水作业图表,它简明、直观、易于了解。其编制过程为:

1. 确定施工过程项目

单位工程是由许多工种或单项作业组成的,在编制工程进度计划时,首先应根据施工图和采用的定额手册的项目划分,按施工顺序,将各单项作业详细列出。在列施工项目时,通常应按顺序列成表格,编排序号,查对是否遗漏或重复。凡是与工程对象施工直接有关的内容均应列入。项目划分的粗细要和定额手册的项目划分相一致,以便直接套用定额手册。

2. 计算工程量

按所列施工项目,列表逐项计算工程量。工程量计算可按设计图纸中注明的尺寸照实计算。计量单位应与定额手册中的计量单位一致。

3. 确定劳动量和施工机械台班数量

工程量计算完以后,必须根据相关劳动定额计算每一单项作业需要的劳动量。当采用机械施工时,还要根据机械台班定额计算需要的机械台班数量。

套用定额时要考虑到作业人员的实际技术水平和具体的施工条件,必要时应对定额做适当的调整,这样可以使得所制订的进度计划更加切合实际。

4. 确定各施工过程的持续时间

劳动量和机械台班量确定之后,便可计算各单项作业的持续时间,一般以天为单位表示。

持续时间的长短与参加作业的人数、机械台数以及每天的施工班数有关。计算施工过程持续时间,首先根据工期要求、工程性质和特点,以及施工条件来确定每天工作班数。施工人数和机械台数,一般根据本单位现有职工人数和可使用的机械台数为依据进行计算。

$$T = L/(M \times N) \tag{7-1}$$

式中:T——施工过程持续时间;

L——完成该施工过程总劳动量(或机械台班数);

M——每天工作班数;

N——参加施工人数(或机械台数)。

如果计算出来的持续时间过长,而工期要求较紧时,就要考虑设法增加作业人数,或增加工作班数(当原来只工作 $1 \sim 2$ 班时),或者增加机械台数和机械的工作班数。

5. 画出施工进度表,确定施工工期

各施工过程的持续时间确定之后,便可安排进度,绘制施工进度表。首先,按施工顺序排列施工过程,然后考虑各施工过程尽可能平行作业,即进度线要搭接起来,这样可大大缩短工期。此外,还应找出采用较大型机械和耗费劳动量最多的施工过程,也叫作主导施工过程,注意使其他施工过程和主导施工过程很好地协调和搭接。各施工过程的持续时间用水平进度线的长短表示。所以,这种计划图表叫水平图表(图7-1)。

序号	项目名称	工程量(m)	工期(d)	起止时间	××年									××年					
					1	2	3	4	5	6	7	8	9	10~12	1	2	3	4	5	6
1	出口明洞	23	75		————															
2	V级浅埋段	37	120				—————													
3	V级深埋段	70	210								———————									
4	V级浅埋段	35	120												———					
5	进口明洞	5	15																	—
6	排水沟、电缆沟	170	45																	
7	洞门装饰及喷涂	170	30																—	
8	洞内路面工程	170	30																—	
9	其他工程	170	25																—	

图 7-1　某隧道施工计划横道图

二、竖向图表形式的单位工程施工进度计划设计

垂直图是用坐标形式绘制的,见图7-2;以横坐标表示隧道长度和里程(以百米标表示)。以纵坐标表示施工日期(以年月日表示)。用各种不同的线型代表各项不同的工序。每一条斜线都反映某一工序的计划进度情况,开工计划日期和完工计划日期,某一具体日期进行到哪一里程位置上以及计划的施工速度(月进度)。各斜线的水平方向间隔表示各工序的拉开距离(m),其竖直方向间隔表示各工序的拉开时间(d)。各工序的均衡推进表示在进度图上为各斜线的相互平行。

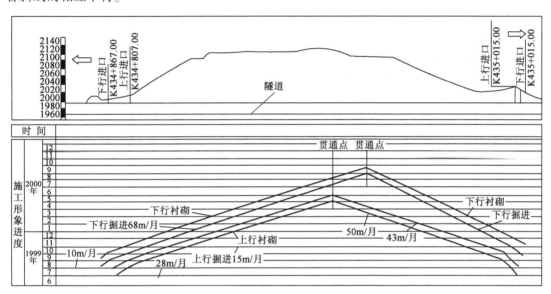

图 7-2　某隧道工程施工进度垂直图

垂直图消除了横道图的不足,工程项目的相互关系、施工的紧凑程度和施工速度都十分清楚,工程的分布情况和施工日期一目了然。不足之处在于:反映不出某项工作提前(或推迟)完成对整个计划的影响程度;反映不出哪些工程是主要的,不能明确表达出哪些是关键工作,计划安排的优劣程度很难评价,不能使用计算机管理,因而绘制和修改进度的工作量大。

三、网络图形式的单位工程施工进度计划设计

网络图又叫流线图,是一种用统筹方法编制的施工进度计划形式。统筹法的核心是将工序复杂的工程经过周密分析和统筹安排建立成网络模型——网络图,再通过系统的数学计算,从中找出对完成整个工程起关键性作用的线路来。这条线路又叫主要矛盾线,构成这条线路的工序就叫主导工序(或关键工序)。这样,就为完成整个工程指出了工作的重点,有利于对计划进行有效的检查、调整和控制。

工程网络计划的编制要点是:弄清逻辑关系,讲究排列方法,计算准确,关键线路突出,仔细研究进行调整。

网络计划的表达形式是网络图。网络图是由若干个代表工程计划中各项工作的箭线和连

接箭线的节点所构成的网状图形。它用一个箭线表示一个施工过程,施工过程的名称写在箭线上面,施工持续时间写在箭线下面,箭尾表示施工过程开始,箭头表示施工过程结束。

用统筹法编制进度计划的步骤可归纳如下:

(1)对所计划的工程进行深入的分析和研究,根据制定的施工方案,拟出为完成该项工程所必需的施工过程,并确定其最合理的施工顺序。

(2)根据所确定的施工顺序,绘制出网络草图。

(3)根据工程量、劳动力、施工机具情况,计算各施工过程的作业时间(即各施工活动消耗时间)。

(4)计算有关时间参数。

(5)确定关键线路和总工期。

(6)检查调整计划。检验所确定的工程总工期是否符合合同规定的建设期限。若不符合,应首先从关键线路进行调整。调整的方法,一是通过技术革新,缩短关键工序的作业时间。另一方面,就是通过改变施工活动的划分,使顺序展开的活动改变为平行或搭接进行。

(7)绘制正式的网络图,关键线路用粗线条表示。为便于指导施工,可在每一节点上注明日期;在箭头线上还可以标注工效要求或进度等说明。

如图 7-3 所示,为某单位洞室工程的网络图。该工程导洞开挖与洞室扩大相互搭接施工。全洞开挖完后再进行洞室衬砌。在衬砌(包括仰拱)施工时,仰拱和洞室衬砌的模板、钢筋、混凝土等项施工过程也采用相互搭接施工的方式。

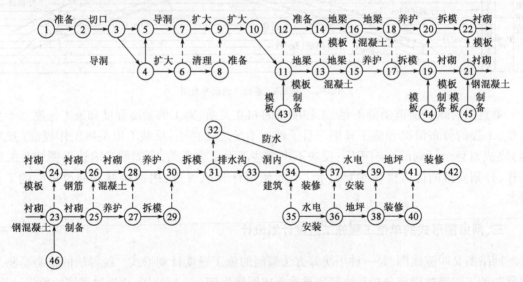

图 7-3　单位工程施工网络图

与水平图表、竖向图表形式的施工进度计划相比,网络图形式的施工进度计划有以下优点:

(1)施工过程间的关系明确,展开顺序表达清楚,一目了然。

(2)指出了完成整个工程的主要矛盾或关键环节,从而有利于对计划的有效控制。

由于网络图中每项活动都需要消耗一定的资源,所以,可根据编好的网络图编制该工程的劳动力、材料、机具的需用量计划。

第四节 地下工程施工平面图设计

工程施工平面图是一项拟建工程的施工现场的平面规划和空间布置图。一般根据工程规模、特点和施工现场的条件,按照一定的设计规则,来解决施工期间所需的各种临时工程和服务设施等。

工程施工平面图的绘制比例一般为1:200~1:500

一、地下工程施工平面图的作用和内容

1. 地下工程施工平面图的作用

地下工程施工平面图的作用是根据工程规模、特点和施工现场的条件,按照一定的设计规则,来正确地解决施工期间所需的各种暂设工程和其他业务设施等同永久性建筑物和拟建工程之间的合理位置关系。

2. 地下工程施工平面图的内容

(1)建筑平面上已建和拟建的一切房屋、构筑物及其他设施的位置和尺寸。

(2)拟建工程施工所需的起重与运输机械、搅拌机等布置位置及其主要尺寸,起重机械的开行路线和方向等。

(3)地形等高线,测量放线标桩的位置和取舍土的地点。

(4)为施工服务的一切临时设施的布置和面积。

(5)各种材料(包括水暖电卫材料)、半成品、构件及工业设备等的仓库和堆场。

(6)施工运输道路的布置及宽度尺寸,现场出入口等。

(7)临时给水排水管线、供电线路、热源气源等管道布置和通信线路等。

(8)一切安全及防火设施的位置。

二、地下工程施工平面图的设计原则

(1)平面布置要力求紧凑,尽可能地减少施工用地,不占或少占农田。

(2)合理布置施工现场的运输道路,以及各种材料堆场、加工场、仓库位置、各种机具的位置;尽量使各种材料的运输距离最短,避免场内二次搬运。

(3)尽量减少临时设施的工程量可降低临时设施费用。利用原有建筑物,提前修建可供施工使用的永久性建筑物;采用活动式拆卸房屋和就地取材的廉价材料;临时道路尽可能沿自然高程修筑以减少土方量,加工场的位置可选择在开拓费用最少之处等。

(4)方便工人的生产和生活,合理地规划行政管理和文化生活福利和福利用房的相对位置。

(5)符合劳动保护、环境保护、技术安全和防火的要求。

三、地下工程施工平面图设计方法

1. 施工平面图设计的依据

在绘制施工平面图之前,首先应认真研究施工方案、施工方法,并对施工现场及周围环境和条件做深入细致的调查研究;而后应对布置施工平面图所依据的原始资料进行周密的分析,使设计和施工现场的实际情况相符。只有这样,才能使施工平面图起到指导施工现场组织的作用。施工平面图的设计的主要依据有以下三个方面资料。

1)建设地区的原始资料

(1)自然条件调查资料,如地形、水文、工程地质及气象资料等,主要用于布置地面水和地下水的排水沟,确定易燃、易爆、沥青灶、化灰池等有碍身体健康的设施布置位置,安排冬雨季施工期间所需设施的布置位置。

(2)技术经济条件调查资料,如交通运输、水源、电源、物资资源,生产和生活基地状况等,主要用于布置水、电管线和道路等。

(3)建设单位及工地附近可供租用的房屋、场地、加工设备及生活设施,主要用于决定临时设施需用量及其空间位置。

2)设计资料

(1)建筑总平面图,用于决定临时房屋和其他设施的位置,以及修建工地运输的道路和解决给排水等。

(2)一切已有和拟建的地上、地下的管道位置和技术参数,用以决定原有管道的利用和拆除,以及新管线的铺设与其他工程的关系口。

(3)建筑工程区域的竖向设计资料和土方平衡图,用以布置水、电管线,安排土方的挖填及确定取土、弃土地点。

(4)拟建房屋或构筑物的平面图、剖面图等施工图设计资料。

3)施工组织设计资料

(1)主要施工方案和施工进度计划,用以决定各种施工机械的位置。

(2)各类物资资源需用量计划及运输方式。

(3)各类临时设施的性质、形式、面积和尺寸。

2. 施工平面图设计的要求

(1)在保证施工顺利进行的前提下,平面布置要力求紧凑,尽可能地减少施工用地,不占或少占农田。

(2)合理布置施工现场的运输道路,以及各种材料堆场、加工场、仓库位置、各种机具的位置,要尽量使各种材料的运输距离最短,避免场内二次搬运。为此,各种材料必须按计划分期分批进场,按使用的先后顺序布置在使用地点的附近,或随运随吊。这样,既节约了劳动力,又减少了材料在多次搬运中的损耗。

(3)力争减少临时设施的工程量,降低临时设施费用。为此,可采取下列措施。

①尽可能利用原有建筑物,力争提前修建可供施工使用的永久性建筑物。

②采用活动式拆卸房屋和就地取材的廉价材料。

③临时道路尽可能沿自然高程修筑以减少土方量,并根据运输量采用不同标准的路面构造。

④加工场的位置可选择在开拓费用最少之处等口。

(4)便利工人的生产和生活,合理地规划行政管理、文化生活福利和福利用房的相对位置,使工人至施工区所需的时间最少。

(5)要符合劳动保护、环境保护、技术安全和防火的要求。

工地内各种房屋和设施的间距,应符合防火规定;现场内道路应畅通,并按规定设置消防栓;易燃品及有污染的设施应布置在下风向,易爆物品应按规定距离单独存放;在山区进行建设时,应考虑防洪等特殊要求。

3.施工平面图设计步骤

1)施工平面图设计

施工平面图设计的一般步骤是:决定起重机械行走线路(施工道路的布置)—布置材料和构件的堆场—布置运输道路—布置各种临时设施—布置水电管网—布置安全消防设施。

2)搅拌站、加工棚、仓库及材料堆场的布置

(1)搅拌站的布置。基础工程是否需要设砂浆和混凝土搅拌机,以及搅拌机所采用的型号、规格、数量等,一般在选择施工方案和施工方法时确定。搅拌站的布置要求如下。

①搅拌站应有后台上料的场地,尤其是混凝土搅拌机,要与砂石堆场、水泥库一起考虑布置。

②搅拌站的位置应尽可能靠近垂直运输设备,以减少混凝土和砂浆的水平运距当采用塔吊进行垂直运输时,搅拌站的出料口应位于塔吊的有效半径之内;当采用固定式垂直运输设备时,搅拌站应尽可能地靠近起重机;当采用自行式起重设备时,搅拌站可布置在开行路线旁,且其位置应在起重臂的最大外伸长度范围内。

③搅拌站的附近应有施工道路,以便砂石进场及拌和物的运输。

④搅拌站的位置应尽量靠近使用地点,有时浇筑大型混凝土基础时,可将混凝土搅拌站直接设在基础边缘,待基础混凝土浇完后在行转移。

⑤搅拌站场地四周应设置排水沟,以利于清洗机械和排除污水,避免造成现场积水。

⑥凝土搅拌台所需面积约 $25m^2$,砂浆搅拌台约 $15m^2$,冬期施工还应考虑保温和供热设施等,需要相应增加其面积。

(2)加工棚的布置。木材、钢筋、水电等加工棚宜设置在建筑物四周稍远处,并有相应的材料及堆场。

(3)材料及堆场的布置。

①材料及堆场的面积计算。各种材料及堆场的堆放面积可由下式计算:

$$F = \frac{Q}{nqk} \tag{7-2}$$

式中:F——材料堆场或仓库所需的面积;

Q——某种材料现场总用量;

n——某种材料分批进场次数;

q——某种材料每平方米的储存定额;

k——堆场、仓库的面积利用系数。

②仓库的位置。现场仓库按其储存材料的性质和重要程度,可采用露天堆场、半封闭式(棚)或封闭式(仓库)三种形式。

A.露天堆场。用于堆放不受自然气候影响而损坏质量的材料,如石料、砖石和装配式混凝土构件等堆场。

B.半封闭式(棚)。用于储存需防止雨、雪、阳光直接侵蚀的材料,如堆放羊毛毡、细木零件和沥青等材料的堆放。

C.封闭式(仓库)。用于储存在大气侵蚀下易发生变质的建筑制品、贵重材料以及容易损坏或散失的材料,如用于储存水泥、石膏、五金零件及贵重设备、器具、工具等的仓库。

仓库的布置应尽量利用永久性仓库为现场施工服务。一般来说,水泥仓库应选择地势较高、排水方便、靠近搅拌机的地方;各种易爆、易燃品仓库的布置应符合防火、防爆安全距离的要求;木材、钢筋及水电器材等仓库、应与加工棚结合布置,以便就近取材加工。

③材料和构件堆场的布置

A.预制构件应尽量靠近垂直运输机械,以减少二次搬运的工程量。

B.各种钢构件,一般不宜在露天堆放。

C.砂石应尽量靠近泵站,并注意运输卸料方便。

D.钢模板、脚手架应布置在靠近拟建工程的地方,并要求装卸方便。

E.基础所需的砖应布置在拟建工程四周,并距基坑、槽边不小于0.5m以防止塌方。

3)运输道路布置

施工运输道路应按材料和构件运输的需要,沿其仓库和堆场进行布置。运输道路的布置原则和要求如下。

(1)现场主要道路应尽可能利用已有道路或规划的永久性道路的路基,根据建筑总平面图上的永久性道路位置,先修筑路基,作为临时道路,工程结束后再修筑路面。

(2)现场道路最好是环形布置,并与场外道路相接,保证车辆行驶畅通;如不能设置环形道路,应在路端设置倒车场地。

(3)应满足材料、构件等运输要求,使道路通到各个堆场和仓库所在位置,且距离其装卸区越近越好。

(4)应满足消防的要求,使道路靠近建筑物、木料场等易燃地方,以便车辆直接开到消火栓处,消防车道宽度不小于3.5m。

(5)施工道路应避开拟建工程和地下管道等地方。否则,这些工程若与在建工程同时开工时,将切断临时道路,给施工带来困难。

(6)道路布置应满足施工机械的要求。搅拌站的出料口处,固定式垂直运输机械旁,塔吊的服务范围内均应考虑运输道路的布置,以便于施工运输。

(7)道路路面应高于施工现场地面高程0.1~0.2m,两旁应有排水沟,一般沟深与底宽均不小于0.44m,以便排除路面积水,保证运输。

4)各种临时设施布置

施工现场的临时设施可分为生产性和生活性两大类。施工现场各种临时设施,应满足生产和生活的需要,并力求节省施工设施的费用。

临时设施的布置应遵循的原则是:

(1)生产性和生活性临时设施的布置应有所区分,以避免互相干扰。

(2)临时设施的布置力求使用方便、有利施工、保证安全。

(3)临时设施应尽可能采用活动式、装拆式结构或就地取材设置。

(4)工人休息室应设在施工地点附近。

(5)办公室应靠近施工现场。

四、地下工程施工工地用水量和用电量计算

1. 地下工程施工工地用水量计算

施工现场用水包括施工、生活和消防三方面用水。

1)施工用水量

施工用水量是指施工最高峰时期的某一天或高峰时期内平均每天需要的最大用水量,其计算公式如下:

$$q_1 = \frac{K_1 \sum Q_1 N_1 K_2}{8 \times 3600} \tag{7-3}$$

式中:q_1——施工用水量;

K_1——未预见的施工用水系数,取 1.0 ~ 1.15;

K_2——施工用水不均衡系数(现场用水取 1.5,附属加工厂取 1.25,施工机械及运输机具取 2.0;动力设备取 1.1;

N_1——用水定额;

Q_1——最大用水日完成的工程量、附属加工厂产量及机械台数。

2)生活用水量

生活用水量是指施工现场人数最多时期职工的生活用水可按下式进行计算:

$$q_2 = \frac{Q_2 N_2 K_3}{8 \times 3600} + \frac{Q_3 N_3 K_4}{24 \times 3600} \tag{7-4}$$

式中:q_2——生活用水量;

Q_2——现场最高峰施工人数;

N_2——现场生活用水定额,每人每班用水量主要视当地气候而定,一般取 20 ~ 60L/(人·班);

K_3——现场生活用水不均衡系数,取 1.3 ~ 1.5;

Q_3——居住区最高峰职工及家属居民人数;

N_3——居住区昼夜生活用水定额,每人每昼夜平均用水量随地区和有无室内卫生设备而变化,一般取 100 ~ 200L/(人·昼夜);

K_4——居住区生活用水不均衡系数,取 2.00 ~ 2.50;

$$Q = q_1 + q_2 \tag{7-5}$$

上述确定的总用水量,还需增加 10% 的管网可能产生的漏水损失,即:

$$Q_总 = 1.1Q \tag{7-6}$$

3）供水管网的布置

（1）布置方式。临时给水管网一般有三种布置方式，即环状管网、枝状管网和混合管网。

环状管网能够保证供水的可靠性，但管线长、造价高，它适用于要求供水可靠的建筑项目或建筑群；枝状管网由干管与支管组成，管线短、造价低，但供水可靠性差，故适用于一般中小型工程；混合管网是主要用水区及干管采用环状，其他用水区及支管采用枝状的混合形式，兼有两种管网的优点，一般适用于大型工程。

管网铺设方式有明铺及暗铺两种。为不影响交通，一般以暗铺为好，但要增加费用；在季或寒冷地区，水管宜埋置在冰冻线以下或采用防冻措施。

（2）布置要求。供水管网的布置应在保证供水的前提下，使管道铺设越短越好，同时还应考虑在水管期间支管具有移动的可能性；布置管网时应尽量利用原有的供水管网和提前建设永久性管网；管网的位置应避开拟建工程的地方；管网铺设要与土方平整规划协调。

2. 地下工程施工工地用电量计算

施工现场用电包括动力用电和照明用电。可由下式计算：

$$P = 1.05 \sim 1.10(K_1 \sum P_1/\cos\varphi + K_2 \sum P_2 + K_3 \sum P_3 + K_4 \sum P_4) \tag{7-7}$$

式中：P——供电设备总需要容量，kVA；

P_1——电动机额定功率，kW；

P_2——电焊机额定功率，kW；

P_3——室内照明容量，kVA；

P_4——室外照明容量，kVA；

$\cos\varphi$——电动机的平均功率因数（在施工现场最高为 0.75～0.78，一般为 0.65～0.7）；

K_1——电动机同期使用系数，电动机数量 3～10 台，取 0.7；11～30 台，取 0.6；30 台以上，取 0.5；

K_2——电焊机同期使用系数，电动机数量 3～10 台，取 0.6；10 台以上，取 0.5；

K_3——室内照明同期使用系数，取 0.8；

K_4——室外照明同期使用系数，取 1.0。

附　表

岩石等级划分　　　　　　　　　　　　　　　　　　　　　　附表1

岩石等级	饱和抗压极限强度 R_b（MPa）	耐风化能力		代表性岩石
		程度	现象	
硬质岩石	>600	强	暴露后一二年尚不易风化	1. 花岗岩、闪长岩、玄武岩等岩浆岩类 2. 硅质、铁质胶结的砾岩及砂岩、石灰岩、泥质灰岩、白云岩等沉积岩类 3. 片麻岩、石英岩、大理岩、板岩、片岩等变质岩类
	500~600			
软质岩石	50~300	弱	暴露后数日至数月即出现风化壳	1. 凝灰岩等喷出岩类 2. 泥砾岩、泥质砂岩、泥质页岩、炭质页岩、泥灰岩、泥岩、黏土岩、劣煤等沉积岩类 3. 云母片岩或千枚岩等变质岩类
	≤50			

围岩受地质构造影响程度等级划分　　　　　　　　　　　　　　附表2

等级	地质构造作用特征
轻微	围岩地质构造变动小，无断裂（层）；层状岩一般呈单斜构造；节理不发育
较重	围岩地质构造变动较大，位于断裂（层）或褶曲轴的邻近地段；节理发育
严重	围岩地质构造变动强烈，位于褶曲轴部或断裂影响带内；软岩多见扭曲及拖拉现象；节理发育
很严重	位于断裂破碎带内，节理很发育；岩体破碎呈碎石、角砾状

围岩节理（裂隙）发育程度划分　　　　　　　　　　　　　　　附表3

等级	基本特征
节理不发育	节理（裂隙）1~2组，规则，为原生型或构造型，多数间距在1m以上，多为密闭，岩体被切割呈巨块状
节理较发育	节理（裂隙）2~3组。呈X形，较规则，以构造型为主，多数间距大于0.4，多为密闭部分微张，少有填充物，岩体被切割呈大块状
节理发育	节理（裂隙）3组以上，不规则，呈X形或米字形，以构造型或风化型为主，多数间距小于0.4m。大部分微张部分张开，部分为粘土充填，岩体被切割呈块（石）碎（石）状
节理很发育	节理（裂隙）3组以上，杂乱，以风化型和构造型为主，多数间距小于0.2m，微张或张开，部分为黏性充填。岩体被切割呈碎石状

铁路隧道围岩分类　　　　　　　　　　　　　　　　　　　　　附表4

类别	围岩主要工程地质条件		围岩开挖后的稳定状态（单线）
	主要工程地质特征	结构特征和完整状态	
Ⅵ	硬质岩石[饱和抗压极限强度 R_b >60MPa（600kgf/cm²）]：受地质构造影响轻微，节理不发育，无软弱面（夹层）；层状岩层为厚层，层间结合良好	呈巨块状整体结构	围岩稳定，无坍塌，可能产生岩爆

地下工程施工

续上表

类别	围岩主要工程地质条件		围岩开挖后的稳定状态（单线）
	主要工程地质特征	结构特征和完整状态	
V	硬质岩石$[R_b > 30\text{MPa}(300\text{kgf/cm}^2)]$：受地质构造影响较重，节理较发育，有少量软弱面（夹层）和贯通微张节理，但其产状及组合关系不致产生滑动；层状岩层为中层或厚层，层间结合一般，很少有分离现象；或为硬质岩石偶夹软质岩石	呈大块状砌休结构	暴露时间长，可能出现局部小坍塌，侧壁稳定，层间结合差的平缓岩层，顶板易塌落
	软质岩石$[R_b \approx 30\text{MPa}(300\text{kgf/cm}^2)]$：受地质构造影响轻微，节理不发育，层状岩层为厚层，层间结合良好	呈巨块状整体结构	
IV	硬质岩石$[R_b > 30\text{MPa}(300\text{kgf/cm}^2)]$：受地质构造影响严重，节理发育，有层状软弱面（或夹层），但其产状及组合关系尚不致产生滑动，层状岩层为薄层或中层，层间结合差，多有分离现象；或为硬、软质岩石互层	呈块（石）碎（石）状镶嵌结构	拱部无支护时可产生小坍塌，侧壁基本稳定，爆破振动过大易坍塌
	软质岩石$[R_b = 5 \sim 30\text{MPa}(50 \sim 300\text{kgf/cm}^2)]$：受地质构造影响较重，节理较发育；层状岩层为薄层、中层或厚层，层间结合一般	呈大块状砌体结构	
III	硬质岩石$[R_b > 30\text{MPa}(300\text{kgf/cm}^2)]$：受地质构造影响很，节理很发育；层状软弱面（或夹层）已基本被破坏	呈碎石状压碎结构	拱部无支护时可产生较大的坍塌、侧壁有时失去稳定
	软质岩石$[R_b = 5 \sim 30\text{MPa}(50 \sim 300\text{kgf/cm}^2)]$：受地质构造影响严重，节理发育	呈块（石）碎（石）状镶嵌结构	
	土：1. 略具压密或成岩作用的黏性土及砂类土 2. 黄土(Q_1, Q_2) 3. 一般钙质、铁质胶结的碎、卵石土、大块石土	1、2 呈大块状压密结构；3 呈巨块状整体结构	
II	石质围岩位于挤压强烈的断裂带内，裂隙杂乱，呈石夹土或土夹石状	呈角（砾）碎（石）状松散结构	围岩易坍塌，处理不当会出现大坍塌，侧壁经常小坍塌，浅埋时易出现地表下沉（陷）或坍塌至地表
	一般第四系的半干硬～硬塑的黏性土及稍湿至潮湿的一般碎、卵石土、圆砾、角砾土及黄土(Q_3, Q_4)	非黏性土呈松散结构，黏性土及黄土呈松软结构	
I	石质围岩位于挤压极强烈的断裂带内，呈角砾、砂、泥松软体	呈松软结构	围岩极易坍塌变形，有水时土砂常与水一齐涌出，浅埋时易坍塌至地表
	软塑状黏性土及潮湿的粉细砂等	黏性土呈易蠕动的松软结构，砂性土呈潮湿松散结构	

普氏岩石坚固性系数分类表　　　　　　　　　　附表5

围岩类别	坚硬程度	地　　层	f_{kp}	$r(\text{t/m}^2)$	φ
I	极度坚硬	最坚硬、致密的石英和玄武岩，在强度方面为其他岩层所不及者	20	2.8 ~ 3.0	87°
II	很硬	很坚硬的花岗岩，石英质斑岩，很硬的花岗岩，硅质片岩比上述石英略弱的石英，最硬的砂岩及石灰岩	15	2.6 ~ 2.7	85°
III	坚硬	致密的花岗岩、很硬的砂岩和石灰岩、石英质矿脉，硬的砾岩，很硬的铁矿	10	2.5 ~ 2.6	82°30′

238

围岩类别	坚硬程度	地　　　　层	f_{kp}	$r(\text{t/m}^2)$	φ
Ⅲα	坚硬	坚硬的石灰岩,稍硬的花岗岩,硬的砂岩,硬大理石,黄铁矿,白云石	8	2.5	80°
Ⅳ	相当坚硬	普通砂岩,铁矿	6	2.4	75°
Ⅳα	相当坚硬	砂质页岩,砂岩	5	2.5	72°30′
Ⅴ	普通	硬的黏土质页岩,不硬的砂岩和石灰岩,软的砾石	4	2.4～2.8	70°
Ⅴα	普通	各种页岩,致密的泥灰岩	3	2.4～2.6	70°
Ⅵ	相当软	软页岩,软石灰岩,白垩,岩盐,石膏,冻结土,无烟煤,普通的泥灰岩,破碎的砂岩,胶结的卵石和砂砾,掺石土	2	2.2～2.6	65°
Ⅵα	相当软	碎石土,破碎的页岩,松散的卵石和碎石,硬煤($f=14～18$),硬化黏土	1.5	2.2～2.4	60°
Ⅶ	软地层	黏土(致密的),普通煤($f=1.0～1.4$),硬冲积土,黏土质土壤	1	2.0～2.2	60°

参 考 文 献

[1] 姜玉松,张志红,陈海明.地下工程施工[M].重庆:重庆大学出版社,2014.

[2] 徐辉,李向东.地下工程[M].武汉:武汉理工大学出版社,2009.

[3] 周文波.盾构法隧道施工技术及应用[M].北京:中国建筑工业出版社,2004.

[4] 吴巧玲.盾构构造及应用[M].北京:人民交通出版社,2011.

[5] 张彬.地下工程施工技术[M].北京:中国矿业大学出版社,2008.

[6] 中华人民共和国行业标准.TB 10003—2005 铁路隧道设计规范[S].北京:中国标准出版社,2005.

[7] 晏鄂川.大型地下水封储气库围岩变形破坏机制与锚喷支护研究[D].中国地质大学,2014.

[8] 陈启伟,王亚利,张建.针梁式全圆模板台车在海底引水隧洞工程衬砌施工中的创新应用[J].隧道建设,2015,33(8):690-695.

[9] 陈峰宾.隧道初期支护与软弱围岩作用机理及应用[D].北京交通大学,2012.

[10] 张永兴.明挖地下结构影响变形设置因素研究及工程应用[D].重庆大学,2012.

[11] 胡贺松.深基坑桩锚支护结构稳定性及受力变形特性研究[D].北京交通大学,2009.

[12] 王梦恕.地下工程浅埋暗挖技术通论[M].合肥:安徽教育出版社,2004.

[13] 刘国彬,王卫东.基坑工程手册[M].北京:中国建筑工业出版社,2009.

[14] 张庆贺.地下工程[M].上海同济大学出版社,2010.

[15] 黄明利.明挖地下结构影响变形设置因素研究及工程应用[D].北京交通大学,2015.

[16] 方勇,符亚鹏,周月超,等.公路隧道下双层采空区开挖过程模型试验[J].岩石力学与工程学报,2014,33(11):2247-2257.

[17] 溪泰岳.大变形巷道锚杆护表构件支护效应[D].成都:西南交通大学,2006.

[18] 夏明耀,曾进伦.地下工程设计施工手册[M].北京:中国建筑工业出版社,1999.

[19] 杨其新,王明年.地下工程施工与管理[M].成都:西南交通大学出版社,2005.

[20] 黄成光.公路隧道施工[M].北京:人民交通出版社,2001.

本书配套施工动画

	名称	简介	时长	页码
1	土钉墙	土钉墙施工,是在基坑边坡表面按设计位置每隔一定距离埋设土钉(粗钢筋),并在边坡表面铺设钢筋网、喷射混凝土,使其与边坡土体形成复合体的基坑支护作法。	0 分 52 秒	88
2	地下连续墙	地下连续墙施工是利用挖槽机械沿着基坑的周边,在泥浆护壁的条件下开挖一条狭长的深槽。在槽内放置钢筋笼,然后用导管法在泥浆中浇筑混凝土,如此逐段进行施工,在地下构成一道连续的钢筋混凝土墙壁。	05 分 50 秒	93
3	型钢水泥土搅拌墙	型钢水泥土复合搅拌桩支护结构技术(SMW 法)是通过特制的多轴深层搅拌机自上而下将施工场地原位土体切碎,同时从搅拌头处将水泥浆等固化剂注入土体并与土体搅拌均匀,通过连续的重叠搭接施工,形成水泥土地下连续墙;然后在水泥土凝结硬化之前,将型钢与水泥土复合墙体的施工方法。;	04 分 01 秒	97
4	正台阶环形开挖法	环形开挖预留核心土法施工,分为上部导洞开挖并预留核心土,下部导洞开挖,防水层及二次衬砌施工。首先采用超前小导管注浆预加固地层,然后开挖隧道上部土方并预留核心土、立格栅、焊纵向联结筋、绑钢筋网片、喷混凝土。上台阶施工一段距离后,再跟进施工下台阶,使隧道截面封闭成环,再继续施作防水层及二衬,即完成全部施工工序。	07 分 45 秒	105
5	单侧导坑正壁台阶法	单侧壁导坑法施工是指先开挖隧道一侧的导坑,并进行初期支护,再分布开挖剩余部分的施工方法。	03 分 27 秒	105
6	中隔墙法	中隔墙法(CD 法)施工是在软弱围岩大跨度隧道中,先分布开挖隧道的一侧,并施作中隔壁,然后再分布开挖另一侧的施工方法。	03 分 48 秒	105
7	交叉中隔壁法	交叉中隔壁法(CRD 法)施工是将大断面隧道分成若干个相对独立的小洞室,自上而下分布施工,待初期支护结构的拱顶沉降和收敛基本稳定后,自上而下拆除初期支护结构中的临时中隔壁及临时仰拱,再进行施工的方法。	03 分 58 秒	105
8	双侧壁导坑法	利用两个中隔壁把整个隧道断面分成左中右 3 个小断面施工,左、右导洞先行,中间断面紧跟其后;初期支护仰拱成环后,拆除两侧导洞临时支撑,形成全断面。两侧导洞皆为倒鹅蛋形,有利于控制拱顶下沉。	04 分 35 秒	105
9	中洞法	中洞法施工就是先开挖中间部分(中洞),在中洞内施作梁、柱结构,然后再开挖两侧部分(侧洞),并逐渐将侧洞顶部荷载通过中洞初期支护转移到梁、柱结构上的施工方法。	05 分 20 秒	105
10	侧洞法	侧洞法施工就是先开挖两侧部分(侧洞),在侧洞内施作梁、柱结构,然后再开挖中间部分(中洞),并逐渐将中洞顶部荷载通过初期支护转移到梁、柱结构上的施工方法。	05 分 21 秒	105

	名称	简介	时长	页码
12	柱洞法	柱洞法施工是先在立柱位置施作一个小导洞,当小导洞做好后,在洞内再做底梁,形成一个细而高的纵向结构,再开挖两侧导洞形成一个完整洞室的施工方法。	05分20秒	106
13	盖挖逆筑法	盖挖逆做法施工是由地面向下开挖至一定深度后,先施作维护结构、中间桩和柱、主体结构顶板,然后在顶板的保护下从上向下开挖土体,并从上至下施作主体结构的侧墙、中板横梁、纵梁、底板等的施工方法。	04分18秒	106
14	地下工程逆作法	同上(与13相同)	04分18秒	111
15	顶管法	顶管法是在施工时,通过传力顶铁和导向轨道,用支承在基坑后座上的液压千斤顶将管压入土层中,同时挖除并运走管正面的泥土;当第一节管全部顶入土层后,接着将第二节管接在后面继续顶进,这样将一节节管子顶入,作好接口,建成涵管。	05分29秒	121
16	沉管法	沉管法施工是先在船台上或干坞中制作隧道管段,管段两端用临时封墙密闭后滑移下水,拖运到隧道设计位置。再使其下沉至预先挖好的水底沟槽内的施工方法。	10分53秒	123
17	盾构法	盾构法施工是在隧道某段的一端建造工作井以供盾构机安置就位,盾构机从工作井的墙壁开孔处出发,沿着设计轴线向另一端掘进,同时完成隧道永久衬砌(管片)铺设的一种施工方法。	05分51秒	127